JN057881

創造的破壊の特許

世界の真の特許を守るために

佐々木信夫
Sasaki Nobuo

中央公論事業出版

まとめてきた多角的経済連携協定です。それが、二〇一七年一月二〇日、米国のトランプ大統領の登場によって、今や米国抜きの協定に様変わりしています。交渉項目には、元々特許を含む「知的財産」が組み込まれています。ＴＰＰの「知的財産」は現役時代（一九八七年前後）に関わったウルグアイ・ラウンドの知的財産項目に関するＴＲＩＰｓ交渉の発展形という印象でしたので、現役時代の思いに駆られＴＰＰ交渉の動向には注意深く関心を持ち続けてきました。

ＴＰＰ協定は、今や米国産業の思いが強く反映した特許の「知的財産」項目を保留し、米国の復帰を条件に保留項目が凍結された状態で米国抜きの一一か国によって、二〇一八年一二月三〇日に発効しています。ところが、国際ルールとして保留された特許の「知的財産」項目は全体として、これで十分というわけではなく通商関連の何らかの枠組みでいずれ他の特許項目と共に、再構築されることになると確信しています。

そのような意味合いを込め、このときの演題を『ポストＴＰＰの特許制度の課題』としたということです。

これを本書のタイトルとはせず「創造的破壊の特許―世界の真の特許を守るために―」とあえて異なるタイトルに切り換えた理由は、特許世界にあって、次のような通商世界の事象に関わる機会で得たことの思いによります。それは、ＷＴＯ（世界貿易機関）協定の附属書一Ｃに規定されたＴＲＩＰｓ協定（Agreement on Trade Related Aspect of Intellectual Properties―知的財産権の貿易的側面に関する協定―）の特許合意が国際ルールとしては未完のままで妥結し、それ

創造的破壊の特許

世界の
真の特許を
守るために

佐々木信夫
Sasaki Nobuo

中央公論事業出版

米寿を迎えられた
大塚文昭先生に捧ぐ

令和元年吉日

前書き

本書は、二〇一七年三月一〇日に行った日本弁理士会での講演内容を再検証し新たに起こした稿です。そのときの演題は『ポストＴＰＰの特許制度の課題』でしたので、最初にこの演題について少し触れておきます。

筆者は一九九九年六月に特許技監を辞し、当初は北海道で産学官連携に係り、その延長上で二〇〇一年末に札幌に特許コンサルティング会社を立ち上げ、二〇〇四年の夏には特許事務所を併設しました。日々特許実務に携わってはいますが、『ポストＴＰＰの特許制度の課題』なる演題が現役を離れて二昔になろうかとする筆者に相応しいものかどうかについて不安でしたので、講演に先立ち特許庁の国際政策課長に講演資料を手交し、自らの責任による講演であることを伝えました。

ＴＰＰとは、「環太平洋パートナーシップ協定―Trans-Pacific Partnership―」のことです。二〇一〇年三月からオバマ政権の米国主導で環太平洋地域の国々が経済の自由化を目的に散々議論しまとめてきた多角的経済連携協定です。それが、二〇一七年一月二〇日、米国のトランプ大統領の登場によって、今や米国抜きの協定に様変わりしています。交渉項目には、元々特許を含む「知的財産」が組み込まれています。TPPの「知的財産」は現役時代（一九八七年前後）に関わったウルグアイ・ラウンドの知的財産項目に関するTRIPs交渉の発展形という印象でしたので、現役時代の思いに駆られTPP交渉の動向には注意深く関心を持ち続けてきました。

TPP協定は、今や米国産業の思いが強く反映した特許の「知的財産」項目を保留し、米国の復帰を条件に保留項目が凍結された状態で米国抜きの一一か国によって、二〇一八年一二月三〇日に発効しています。ところが、国際ルールとして保留された特許の「知的財産」項目は全体として、これで十分というわけではなく通商関連の何らかの枠組みでいずれ他の特許項目と共に、再構築されることになると確信しています。

そのような意味合いを込め、このときの演題を『ポストTPPの特許制度の課題』としたということです。

これを本書のタイトルとはせず「創造的破壊の特許―世界の真の特許を守るために―」とあえて異なるタイトルに切り換えた理由は、特許世界にあって、次のような通商世界の事象に関わる機会で得たことの思いによります。それは、WTO（世界貿易機関）協定の附属書一Cに規定されたTRIPs協定（Agreement on Trade Related Aspect of Intellectual Properties―知的財産権の貿易的側面に関する協定―）の特許合意が国際ルールとしては未完のままで妥結し、それに先立つ日米特許対話でも合意に至らなかった特許問題が未解決のままで積み残されたことです。さらに特許庁を辞する数か月前にホテルオークラ東京で開催されたGセブンの特許庁長官による非公式会合において、ポストＴＲＩＰｓ協定の特許問題が議論されたのですが、それも一回限りで終わったことです。今からすると、現役時代に関わったこれらの事象は、いずれも不得要領のままの結末であったという思いに至ります。その思いとは、革新的発明は創造的破壊機能をもっており、そうした発明を創造的破壊の特許として保護する特許システムも当然、創造的破壊機能を有するものでなければならないというものです。

ＴＲＩＰｓ協定後の特許課題の一部は、ＴＰＰ交渉でも議論されてきました。今は、それらがＴＰＰ協定に限定されていますが、いずれは発明保護の国際特許ルールの一部となるべき特許課題であると考えています。一九九九年六月に特許技監を辞する数か月前にヨーロッパに出かけ、イギリス、フランス、ドイツの特許庁長官たちと面談し、加えて欧州連合（ＥＵ）が当時「特許によるイノベーションの促進」(Promoting innovations through patents) なるＥＵコミュニケを出して間もないときでしたので、知的財産政策担当のＥＵ次長とも特許に特化した意見交換をするなど、事前のやり取りを含めたＴＲＩＰｓ協定後の特許問題について、再検討の必要性を説いて回りました。その理由は、ウルグアイ・ラウンド交渉で特許の何が国際的保護ルールとして決められたのかというＴＲＩＰｓ協定の特許項目から容易に理解されます。

それは、実質合意に至った特許項目は「特許期間」または「特許の存続期間」のみであったということです。

今は令和元年の春、北国は新緑が眩しい季節の始まりです。

講演の原稿起こしに二年余りも要するとは、全く想定すらしていなかったことです。経験と思いを唯一の糧に浅学を省みることなく前後左右に振れながらまとめていると、あっという間に二年が経ってしまったというのが正直な感想です。

なお、講演時のデータまたは説明資料のうち更新可能なデータや曖昧な内容の説明資料は、本文中で補足するか修正を加えています。それ以外は、そのまま使用しました。

自社にて、筆者記す

令和元年五月三日

創造的破壊の特許 ―世界の真の特許を守るために―

目次

序　章　知的財産の中の特許―似て非なる特許―

唯一の特許マター

出願日から二〇年の特許期間

ＷＴＯ協定に組み込まれたＴＲＩＰｓ交渉で合意に至った特許マターは、発明保護に必要な一定期間いわゆる発明保護期間の「出願日から二〇年の特許期間」だけでした。

ＷＴＯ協定附属書一Ｃ（以下、ＴＲＩＰｓ協定と称す。）を詳細にみると、第二部第五節「特許」は、「特許の対象」の二七条から「方法の特許の立証責任」の三四条までの八規定で構成されています。ＴＲＩＰｓ協定の第二部が取り上げた知的財産（以下、「知財」と称す。）は、特許、著作権、商標、地理的表示、意匠、集積回路、営業秘密情報の七「知財」ですが、そうした「知財」で括られた中で「特許」は唯一、自らの「発明思想」（要は発明）を特許請求の範囲（以下、「特許範囲」と称す。）に定義した出願を特許庁に申請し、通常、審査官による当該発明の実体審査を経て認可される特徴を有します。

そのことは、「新規性、進歩性及び産業上の利用性のあるすべての技術分野の発明」を保護対象とする（二七条）と定められ、さらに「加盟国は、出願人に対し、その発明をその技術分野の専門家が実施することができる程度に明確かつ十分に開示することを要求する。」（二九条）と規定されていることから、容易に類推できます。

特許期間については、ＴＲＩＰｓ協定上「保護期間は、出願日から計算して二〇年の期間が経過する前に終了してはならない」（三三条）と規定されています。この規定は、要するに各国または各地域の特許庁に申請した「特許出願の日から少なくとも二〇年」の間、発明を特許という財産権（以下、「特許」と称す。）として保護するというものです。

ＴＲＩＰｓ協定の「知財」には、著作権から営業秘密情報まである中、あえて保護期間を「出願日」から計算して「二〇年」と定められた知財は、「特許」（または特許マター）以外にない。なぜでしょうか。それは、行政機関（特許庁）への「出願日」を基準に従来技術との比較考量に基づく二七条の実体審査をクリアした発明のみを対象とする「知財」として、特許マターを国際ルールにしなければならなかったということです。

「出願日から二〇年の特許期間」が過ぎると特許期間は満了し、特許は消滅します。特許が消滅すると、特許された発明は、誰もが自由に使用することができる技術または技術情報となって誰であれ模倣や利用が勝手次第となる「パブリック・ドメイン」に切り換わった公共財になります。

特許は、国際特許ルールとして、なぜ「出願日から二〇年の特許期間」に限ったのでしょうか。特許期間は通常、発明保護期間と認識されるものです。そうであるなら、国際特許ルールとして、なぜ「特許日から二〇年の特許期間」としなかったのか、という疑問が残ります。

現実は、「特許出願の日（出願日）」から有効な特許は存在しない。特許は全て、審査を経て特許登録を条件に有効と見做される財産です。特許期間は、世界の真の特許を守る世界共通の特許システムの創造的破壊機能を発揮させる条件の一つです。特許期間の発明保護期間は、二七条の実体審査が長引けば短くなり、結果、その創造的破壊機能を十分発揮できないという問題が浮上します。ここでいう世界共通の特許システムとは、各国特許法に共通する発明保護のための諸規定および運用システムを指し、または国際特許システムと略称します。

ウルグアイ・ラウンド交渉での発明保護の国際特許ルールとしては、背景に先進国間の対立があったため、特許関連項目では「出願日から二〇年の特許期間」以外には、実質上、何も合意されていないのです。

紳士協定の世界から通商協定の世界へ

ＴＲＩＰｓ協定の知財の一般条項をみると、知財に関する国際ルールの枠組みに最恵国待遇が導入され、それまでの知財に関する紳士協定ともいうべき工業所有権に関するパリ条約（以下、「パリ条約」と称す。）は凍結され、内国人と外国人とを差別しないという内外人平等の原則とか、同じ発明について第三国への（特許）出願が一年以内になされる場合には、その出願を自国の出願と同時になされたものと見做し、かつ、自国の出願と同等に扱うという「優先権」の主張を認める条項など、パリ条約の全ては、ＴＲＩＰｓ協定の通商条項に置き換えられています。

ＴＲＩＰｓ協定ではさらに、それに問題が生じたときには、互いに交渉するという紛争処理の枠組み（第六三～第六四条）が合意されています。この合意は、知財保護を各国の判断に委ねる紳士協定のパリ条約の世界から、各国に対し知財保護を誠実に履行する義務を課す通商協定の世界に移行したことを意味します。要するに、ルール違反に対してはＷＴＯ協定の紛争処理条項に基づきペナルティーが科せられます。ところがペナルティーが科せられる発明を保護するための国際特許ルールは、「出願日から少なくとも二〇年」とする特許期間に違反した場合のみであるということです。

Ｇセブンの特許庁長官会合

そこで先進国の特許庁長官会合の開催です。当時の伊佐山建志特許庁長官と共に、ＴＲＩＰｓ協定後の特許問題の再検討を想起し日本特許庁の主導で、Ｇセブンの特許庁長官による非公式会合を構想し未完のＴＲＩＰｓ協定を発明保護の確かな国際特許ルールに仕上げようと意図したのが、事の次第でした。それは、与謝野馨通産大臣のときでした。そのときの記念写真が自社の会議室に掛けてあります。それには真ん中に与謝野大臣、右側に伊佐山長官、左側に特許技監の筆者が立っています。イタリアは欠席でしたので、我々の間に米国、カナダ、ドイツ、イギリス、フランスの長官が立ち、日本を含めたGファイブ・プラス・ワンの六か国の特許庁長官が並んでいます。写真にはさらに、長官たちの後ろには、ヨーロッパ特許庁（EPO）と欧州連合（EU）のDG1（外交担当）のスタッフ二名が映っています。EPOは、自らが運用する欧州特許法条約（EPC）を提案する権限を持たない特許審査代行機関であり、このときはEPO長官といえども非公式会合のメンバーたり得ないという参加者の共通認識がありました。そうした状況の中で、一人はEPO長官の強い意向で傍聴者として参加させたEPO幹部であり、他の一人は伊佐山長官の強い要請によるEUの外交担当ディレクターでした。

先願主義と先発明主義との未調整

日米を含むGファイブ・プラス・ワンの非公式会合が、なぜ再開されなかったのでしょう。考えるに米国は、このときまでに発明の二重特許（ダブルパテント）回避の特許手続として先発明主義という「先に発明された発明」を優先して特許する手続を、他の先進国のように特許庁に対し「先に出願した発明」を優先して特許する手続の先願主義に切り換える法改正ができずにきたためだと思います。

TRIPs交渉における先進国間の対立もまた、これに起因していました。米国が特許システムを日欧の先願主義の特許手続に合わせてくれないと発明保護の国際特許ルールの枠組みの実現は無理というのが、そのときの特許世界共通の理解でした。この調整のために当時、日米の特許庁長官同士で随分と議論されました。

結果は当然のことですが、米国は、国連機関の世界知的所有権機関（―World Intellectual Property Organization―以下、ＷＩＰＯと称す。）における特許制度調和の議論の場では常に孤立無援であり、米国が一方的妥協を要求されるのではないかとの懸念を払拭することができないまま、米国内の反対論を論破することができずに先発明主義から先願主義に移行するという課題を乗り越えられなかったのだと思います。そのために先進国間で発明保護の国際特許ルールは、「特許期間の統一」に止まらざるを得なかったということになります。

ＴＲＩＰｓ協定上の「出願日から計算して二〇年の期間が経過する前に終了してはならない」とする特許期間については、今でも、ＴＲＩＰｓ交渉では米国が国際的に孤立無援になることを恐れた米国の一方的な譲歩の結果とみるべきである、と考えています。

当時の途上国の特許事情

次にみるべきは、ＴＲＩＰｓ交渉開始当初の途上国における特許事情はどうであったかです。今では信じ難いことでしょうが、ほとんどの途上国は特許法をまともに運用していなかった。先進国は、こうした国々にモデルとなる発明保護の特許システムを提示できずにＴＲＩＰｓ交渉を妥結させたことになります。

通常、各国特許庁が行う発明を保護するための審査システムは簡単に整備することはできない。独自に、物理、機械、化学、バイオ、情報など、それらの分野から生まれた発明の審査を担う審査官を育てることもまた、容易ではない。理由は、審査の運用は職権探知によって「発明」の特許性を独自に評価する理系の審査官によらずには事実上できないためです。この審査には論文の査読者であるピュア・レビュアーに近い機能が求められます。発明保護は、今は特許法があればあとは裁判所で裁けるというものではない。しかも審査の対象となる発明が先進国企業からのものが多いとなると、途上国は言うに及ばず新興国といえども発明保護に係る通商交渉に身が入らなかったことは明らかです。事実、TRIPs交渉の当初は、途上国グループはTRIPs交渉に「ガッタビリティーがない」(ガット・GATT交渉項目にならない、の意)と主張し、交渉に入ることすら抵抗しました。結果、TRIPs協定の三三条には注が施され「特許を独自に付与する制度を有しない加盟国」について特許期間を無審査状態の「出願日から起算するように定めることができるものと了解する」としています。TRIPs交渉では特許システムを運用できない届出制の無審査国の途上国を想定していたことからも分かります。

要するに、先進国間でしっかりとした発明保護の国際特許システムのモデル作りをしないと、所詮、発明を国際的に保護させることは無理というのが、当時にあってフレンズ・ミーティングといわれた先進国グループ会合での共通認識でした。

ポストＴＲＩＰｓ協定の特許マター

不思議な途上国「明治の日本」

本稿のテーマに通じる逸話を一つ紹介します。

明治の日本は、欧米が圧倒的な力で世界を支配していた帝国主義時代の典型的途上国でした。ときの日本特許庁の初代特許局長は、それから数十年後の二・二六事件で暗殺された、ときの大蔵大臣の高橋是清です。米国の経済史家のリチャード・Ｊ・スメサーストは大正から昭和の日本の経済政策を背景にした論策『高橋是清（日本のケインズ―その生涯と思想）』（二〇一〇年　東洋経済新報社）を上梓しています。

明治の日本は不思議な途上国でした。高橋是清も不思議な人でした。創設間もない農商務省にあって、当時の日本は米欧に関税自主権を奪われた状態であるにも関わらず、無謀にも欧米産業との間に経済的また技術的に圧倒的格差のある百数十年前の帝国主義時代に弱冠三〇歳の高橋是清は、農商務省の前田正名グループの協力を得て日本に特許システムを導入し、そのイノベーション機能を発揮させながら国内産業を活性化し、本気で欧米の先進国企業に対抗させようとしたのです。しかも当時、欧米で最も洗練され、最もイノベーション機能を発揮していた、具体的には米国には後れを取る欧州諸国の特許システムを十分に承知した上で、トーマス・エジソン時代の先発明主義の米国特許システムを日本に持ち込んだのです。

今や金融、経済学の世界では「東洋のケインズ」と評されている高橋是清の凄さは、創設間もない農商務省内の「先進国技術を模倣するのが先決だ」と主張する農商務省幹部たちの強い反対を押し切り、他人のアイデアや発明を窃盗する「盗んだら盗み勝ち」を決して許さない特許法を組み込んだ特許システムを創設したことです。

今やこれと対比されるのが、韓国企業や中国企業の巧妙な模倣によるビジネス展開です。さらにはトランプ政権が指弾する明らかに技術の窃盗行為を跋扈させている特許政策を組み込んだ中国の「赤い資本主義」の通商政策が、その典型であるように思います。

日米間の特許摩擦と新興国の登場

本稿では、一九八〇年代からウルグアイ・ラウンド交渉のＴＲＩＰｓ協定の合意に至る過程で、日米間の貿易摩擦に組み込まれ激しいやり取りを強いられた特許事案に実際に関わり、そのことが、ＴＲＩＰｓ協定を目指す貿易交渉の交渉官として交渉開始時の特許を含む知財関連の事前調整や議論展開を日本主導でなし得た要因であったことにも触れています。

米国では、日米貿易摩擦に組み込まれた特許摩擦に端を発しＴＲＩＰｓ交渉中の日米間の事前調整や議論展開を経て、二〇一一年九月一六日にオバマ政権によって米国特許法は改正されました。遂に、米国は発明の後先で特許する先発明主義の特許法を出願申請の後先で特許する先願主義の特許法に切り換えています。

それにより、それまでは不得要領でしたが、ようやく本格的な発明保護の国際特許ルールの枠組み作りの環境が整った、と実感することができるようになりました。

その間、現役時代から数えて十数年が経ちます。はっと気が付くと、アジアを中心とする新興国が高度経済成長を享受し世界経済の中核に躍り出てきた一方で、先進国が押し並べて低成長経済に呻吟する有様に驚くことになります。そのときに受けた特許プロの実践感覚は、巧妙な模倣と政策的外資導入により「正の連鎖」を作り出し高度経済成長を享受する新興国の登場に対し、巧妙な模倣と過当競争の価格破壊とによって「負の連鎖」を強いられ低成長経済を甘受するしかない先進国の有様でした。新興国の典型が韓国と中国であり、先進国は日本と米国という認識です。本稿の一つの結論は、先進国の「負の連鎖」を断ち、本来の経済成長に戻す特許戦略展開として国または企業は何をすべきかです。

特許システム再構築の時

二〇一五年に『ザ・エコノミスト』八月八日号は、イノベーションと特許システムとの関係について特集を組んでいます。イノベーションの開放（Set innovation free!）を念頭に、特許システムを再構築する時（Time to fix patent system）という主張です。

巻頭で「アイデアこそ経済を燃え立たせる。今日の特許システムはそれらに報いるには劣悪な方法」と断じ、「イノベーションは現代生活の豊かさを焚き付け、グーグルのアルゴリズムから嚢胞性繊維症に至る知識経済の知識を下支えするものであるが、欠陥品の特許システムのせいで決して現実化されないイノベーションによって失われる費用は、計り得ない」と指摘し、「環太平洋パートナーシップ協定を通じ、特許の保護は、世界貿易の三分の一をカバーするＴＰＰのような計画された取引にまで拡大していく。ＴＰＰの狙いは、欠陥特許システムをさらに拡散させるのではなく、確かな特許システムを再構築することにある」と大詰めを迎えたＴＰＰ交渉での特許システム再構築に期待する特集を組んでいます。

この特集は、いくつかの事例を挙げ、これまで営々と先進国間で形成してきた特許システム問題を洗い出し、創造的破壊機能が失われた欠陥特許システムのまま途上国や新興国に流布されグローバル化されていくことを懸念しているという印象です。ただ特許プロからすると、洗い出された特許システムの欠陥機能の分析が当を得たものかどうかは、なお一考の余地があるように思われます。

特許審査ハイウェイの展開

次に紹介するのは、特許審査ハイウェイ――Patent Prosecution Highway――の協力システム（以下、「ＰＰＨシステム」とも称す。）です。ＰＰＨシステムは新興国側の「正の連鎖」と先進国側の「負の連鎖」とを調整する有力な手段になり得るものだと考えています。端的にいうと、それは、同じ発明に対して一方の国が特許したときの審査結果を他方の国に提供し、それを受け取った他方の国の特許庁は、同じ発明に対する提供された審査結果を実質的に利用し特許するかどうかを決めるという仕組みの取決めです。

ＰＰＨシステムは、一般には馴染みのない特許実務に徹したシステムですが、ＴＲＩＰｓ協定後にあって発明保護の国際特許ルールの進展を促す通商上の協力システムの一つで、先進国が主導しながら、一方で途上国や新興国の審査が先進国の審査結果と平仄が合うように、他方では先進国間の審査のズレを標準化する戦略になり得るようにするものです。さらには各国での審査の早期化を確実にする二国間の協力システムにもなっているので、ここで予め紹介します。

（一）国際特許ルールに発展する可能性

最近のことですが、クライアントと海外、例えばインドシナ半島の国々に対し、ＰＰＨシステムを利用しクライアントのために特許の早期権利化ができないかといったテーマでミーティングを持ちました。因みに、ＰＰＨシステムは二〇〇六年頃から国内外のユーザーの出願人（または企業）に本格利用されている日本特許庁の発意による二国間の同一発明の審査協力ためのシステムであり、標準化されて発明保護の国際特許ルールに発展する可能性の高いものと評価されるものです。ＰＰＨシステムは、結論的には、将来、真の特許を世界的に成立させる仕組みをサポートする審査手続の取決めの一つになります。

(二) 最先端の科学技術の貴重な情報源

ＰＰＨシステムのイメージは、同じ発明に基づく複数国への重複出願に対し、相互に確認できるように同一発明に対する審査を標準化するサポートシステムに近いものです。特許法運用の経験の浅い途上国や新興国にとって先進国特許庁の生の特許審査結果は、途上国や新興国特許庁にとっては正に最先端の科学技術の貴重な情報源となるものです。それにより、先進国の審査官が最先端の発明をどのように理解し、進歩性を含む特許性をどのように評価したかが明らかになります。それを参考に自らの審査を可能にするシステムと評価されているので、特許プロの実務者の間ではＰＰＨシステムの利便性と重要性は十分に知れ渡っています。ＰＰＨシステムは、ともかくも特許法をまともに運用する途上国が存在しなかったＴＲＩＰｓ交渉以前には全く思いもよらない協力システムで、それは、同じ発明を複数国で同時または前後して審査するための国際協力システムです。途上国や新興国特許庁が発明保護の審査を本格化しようとする動き、また先進国特許庁間の同一発明に対する審査のズレに各特許庁が放置せずに何とかしようとする動きに、時代の変化を実感します。

本稿の全体像

特許は今や通商上の経済財

五章からなる章立ての第一章は「経済と特許―国際特許を活かす時代―」について、その背景を考えます。現行の経済政策は、イノベーションという観点からどのように認識されるものなのか。創造的破壊の特許は、今や通商上の経済財です。第二章は「国際特許を活かす時代」という認識に立ち、創造的破壊の特許をどう実現するかという論点に立って展開します。具体的には、創造的破壊の特許に値する発明は国際的にどのように保護されるのが望ましいのか、また誰しもが納得できる発明保護の在り様は、わが国の経済政策を左右する成長戦略に深く関わるべきものではないか、ということです。

国際特許は今や、通商特許と称することができます。特許を通商上の経済財として扱うことに、今は何らの違和感もないように思います。特許プロには当然のことですが、事業経営に携わる中小とか大企業の経営者たちあるいは研究や技術開発を束ねる人たちに、こうした時代背景と創造的破壊の特許についての理解が十分であれば、グローバルな経済活動の中では、誰も国際特許に値する発明の価値評価を見誤ることはないと確信します。第一章は、そうした時代を概観します。

国際特許システムの完成を目指すとき

第二章は、グローバルなイノベーションを保障する観点と、先進国も例外なく各国独自の様々な特許システムの現状および課題という観点とを考え、日米主導で世界の真の特許を守る国際特許システムの設計を推し進める必要性を問います。なぜ日米主導かは、具体的にはトムソンロイター社による画期的な「トムソンロイターデータ」による世界のイノベーティブ企業の七割以上が日米両国企業によって占められている現状に着目し、日米両国のイノベーション力を背景とする両国の特許政策に対する評価に基づくためです。そこから「日米主導による国際特許システム」設計の枠組みがクローズアップされます。

第二章ではまた、時代要請に後れる先進国地域の欧州における特許政策、具体的にはEU統一特許庁ではなくEU加盟国の各国も一締約国になる欧州特許法条約（EPC）のヨーロッパ特許庁（EPO）を概観し、先進国間の特許システムの調和を難しくしているEPOの発明保護の審査の実態を明らかにする一方で、特許データから韓国、台湾、中国の新興国を交え未だ独自の様々な先進国特許システムの現状と課題とを整理します。併せて巧妙な模倣に終始し「正の連鎖」を享受する新興国の特許政策と特許システムの現状および課題について言及します。本章は実態分析によって本稿の骨格をサポートするものです。

特許システムのための特許司法制度

第三章は「司法と特許―日本の特許司法制度の課題―」について、日本に特化した特許政策課題として創造的破壊の特許の価値を決定する特許司法の在り様を探ります。それはまた、特許を専門とする人たちを除くと、これまで世間の人々の関心を引くことが少なかった特許司法制度の実態に迫りながら特許システムにおける「特許司法制度」の重要性を再確認します。実態は一言でいうと、国際的に通用しない特許司法制度であって、このままでは将来、アジア地域におけるフォーラム・ショッピング国（選択される特許侵害訴訟裁判所の所在国）になることなど、あり得ないというものです。そこに提示される特許政策課題は、いずれも経済政策や技術政策を担当する人たちには勿論のこと、特許訴訟に係る専門の弁護士や弁理士たち、また通常のビジネスに携わる人たちにも容易に納得することのできるわが国の特許司法制度の実態分析に基づくものと確信します。本章は、実態分析によって本稿の他の骨格をサポートするものです。

本稿の骨格と実現の道筋

第四章は、「特許理念―発明公開代償の特許―」について国際的な発明保護の最低限の水準となる八つの国際特許ルールの枠組みを提示し、特許理念との整合性を再確認しながら総合評価します。それは、発明保護の理念（または「特許理念」とも称す。）に基づく六つの国際特許ルールと、さらには互いに監視できる二つの特許司法システムの整備とが挙げられます。それは、特許戦略を駆使しビジネス展開するビジネスマンたちに、また国富と国策を考える人たちに、さらに特許プロの人たちに創造的破壊の特許すなわち国際特許の在り様を提示するものです。

今は世界の真の特許を守るために我々は、未完のＴＲＩＰｓシステムをどうすべきかを考えるときです。具体的には協定または代替する枠組みの中に、特許のフリーライダー（ただ乗りする者）は決して許さないという国際特許ルールをいかに組み込み、いかに格上げしていくのか。新たな通商協定を日米両国が検討する際に、ＴＰＰで凍結された特許マターにＴＰＰに組み込まれていない特許マターを加え、日米が未完の国際特許システムを補完することによって国際的な科学技術や特許の巧妙な模倣戦略を阻止するしかないと考えるべきです。問題は、これで稼ぐという中国の通商特許戦略がみえてくることです。米経済学者のローラ・タイソンは、トランプ政権による米通商法三〇一条に基づく制裁関税について、二〇一八年七月七日号の『週刊東洋経済』のコラムで、背景には「中国は知的財産権を侵害したり、中国進出を望む外国企業に中国企業への技術移転を強要したりと、あらゆる手段を駆使し外国から技術を奪ってきた」と明言しています。そのモデルとなっているのが、国際特許システムの欠陥の隙間をついて高度成長してきた韓国財閥系企業であると確信しています。

第四章は、こうした背景を視野に、あるべき八つの国際特許ルールの枠組みを提示するものです。

結論の第五章は、「国際特許システムの在り方」について、誰しもが納得できる方向性を探り、八つの国際特許ルールの枠組みをどのように実現するかの道筋について、特許先進国の日米両国または日米ＥＵ三極が主導権をもって押し進める方策に関する見解を「まとめ」として提示するものです。

第一章　経済と特許—国際特許を活かす時代—

ＴＰＰの運命

米国抜きのTPP協定

米国の大統領選挙直後、二〇一六年一一月一七日の日本経済新聞（以下、「日経」と称す。）の記事では、ブルッキングス研究所のミレヤ・ソリス日本部長は、「米国抜きのＴＰＰは価値がないと結論付けるのは早計」といい、「日本のリーダシップでＴＰＰを成立させ、米国に復帰の道を残す」ようアドバイスし、ＴＰＰ協定を「いずれ米国が保護主義では問題解決しないと気付いたときの貿易協定の受け皿に」するようにと提案しています。この提案は、ミレヤ・ソリス日本部長が景気低迷で米国はいずれ行き詰まるだろうとみており、行き詰まったときにきちんとした受け皿となる貿易協定の枠組みを作っておく必要があるという内容になっています。

事実、その後のTPP協定は、離脱を宣言した米国抜きのTPP一一か国(以下、TPP一一と称す。)の締結になっています。

その動きの中で大変興味深いのは、米国の意向が強く反映した知財関連の中の特許、医薬データ保護、著作権保護、情報処理関連の凍結項目が米国に復帰の道を示すことを象徴しているように思われます。これらの凍結項目から想定されるのは、今は、TPP一一を「米国に復帰の道を残す」暫定的取決めに止めているようにみえることです。凍結項目を含むTPP合意の特許関連項目は、イノベーションの深化と波及の観点からすると未だ十分に練り上げられているとはいえないまでも、TPP一一に限るのではなく、可能ならWTOのTRIPs協定に組み入れ国際特許システムの一部にすべきものです。

TPP合意の特許マター

TPP協定の内容は、平成二七年(二〇一五年)一〇月五日に「内閣官房TPP政府対策本部」が全体を三〇章にまとめ、その第一八章に一般規定の「一条 定義」から最終規定の「八三条 最終規定」まで知財として特許関連項目(以下、「特許マター」と称す。)を含む知財項目(以下、「知財マター」と称す。)を公表しています。それには当然、特許マター(三七条~五四条)と他の七知財マターである著作権(五七条~七〇条)、商標(一七条~二九条)、地理的表示(三〇条~三六条)、意匠（五五条、五六条）、営業上の秘密（七八条）、通信情報を含む情報処理（七九条～八二条）とを列挙し、特許と七知財をカバーする行政上と司法上の権利行使マター（七一条～七七条）も規定されています。その中に、不正商品などを水際で処置する国境措置マター（七六条）が含まれます。

現在のＷＴＯの世界は、特許マターと知財マターを「国際交渉を含む国際ルールメイキング問題」と位置付け、特許マターを国際貿易ルールの対象として取り上げています。今回凍結された特許マターは、いずれは国際貿易ルールの対象になり得るものです。主要な三項目を解説します。

（一）医薬品関連（四八条～五四条）

最初は、医薬品データを五年または生物製剤の医薬品データを八年間保護する取決めです。特許とは関係のない医薬関連マターにみえます。医薬などの安全・安心に係る最先端の技術分野においては、特許が成立していても実際に特許を実施できる期間が限られてしまうケースが多々あります。その典型は、市販されるクスリの基本特許は五年とか六年程度で特許切れになるケースです。そうなると創薬メーカーとしては、僅かな特許期間中に投資資金を回収し、利益を上げる必要があります。科学雑誌『ネイチャー』の記事（二〇一七年三月二日号）によると、高額なＣ型肝炎治療薬に対し、インドとアルゼンチンで、クスリの低額化を求める訴訟が提起されたようです。これは、米国で市販されたＣ型肝炎疾患が十二週間程度で完治するという画期的医薬品ですが、米国議会でも十二週間分のクスリ代が八万ドルはいくらなんでも高すぎるとして問題にされました。

クスリ開発の資金回収ができなければ、創薬は成立しないのは事実です。これは、そうした視点による「医薬品データ」の保護期間が特許期間の満了いわゆる特許切れになることを想定した取決めになります。クスリの特許切れが生じると、通常、特許医薬品はジェネリック医薬品（後発のコピー医薬品）に蹂躙されます。認可等に手間取った医薬であれば、国によって五年間の特許期間の延長が認められる場合があります。それでも、特許延長期間を加えても特許が実際に実施できる特許期間の二〇年間を遵守する国は存在しない。医薬データを八年間保護する意図は、特許医薬品の臨床等の医薬データを八年間情報管理する義務を加盟国が負い、たとえ特許切れが生じてもジェネリック医薬品を直ちに承認しないようにする取決めです。

（二）特許期間の回復（四六条）

医薬の特許期間以外に、特許の正当な権利を保障する取決め、つまりは失われた特許期間の回復措置があります。例えば、日米特許摩擦に関わっていた頃に発明保護のための特許期間を巡って、米国政府から問題にされたアモルファス事件という個別ケースがありました。特許庁の国際課長のときでしたが、そのために三週間、ワシントンＤＣに缶詰状態で交渉したことがあります。

アモルファス事件には、二件の特許、アモルファス金属の製法特許と物質特許が関連しています。どちらも特許として有効であった期間、具体的には特許成立から特許消滅までの権利行使できる特許期間が八年とか九年しか残されていませんでした。特許マターが、貿易相手国の不公正な取引慣行に対して米国の通商法三〇一条で提訴されたアモルファス事件の一部を構成した事件です。こちらの言い分は、止むを得ない事情で特許審査がそれだけ長引いたということです。旧通産省の通商政策局の一課に加え、鉄鋼、エネルギー、特許担当の課長が一体となって本交渉に対応したのですが、その過程で米国通商代表の特許マターに対する主張は、「分かった。日本特許庁は誠実に法律規則・基準に準拠して審査し特許したことは理解した。理解したけれども、出願人であるアライド社のせいで審査が遅延したわけではない。それは日本特許庁の事情によると理解した。日本の特許法は、出願から二〇年間または特許成立から一五年間、出願の発明を保護すると規定しているのだから、特許成立に要した失われた特許期間は返してほしい、そのための法律を作ってほしい」と、およそこのような内容の主張に対しては返す言葉も少なく、困惑の極みであったことを思い出します。

出願人らの事情以外で発明保護のための特許期間が抹消されたら、それは理不尽といわざるを得ない。そのため財産を構成する失われた特許期間は回復されなければならないという議論があって、それがウルグアイ・ラウンド交渉でWTOのTRIPs協定合意の少なくとも「出願日から二〇年の特許期間」とする特許マターになり、今は、それが加盟国で遵守されているかどうかを検証すべきときであると思います。今回のTPP合意は、それをさらに強化すべく失われた特許期間の回復措置を取り決めたことになります。

(三)研究論文発表の猶予期間「グレース・ピリオド」(三八条)

これは、科学技術研究と特許との調整に関する、いわゆる特許出願に先立つ研究論文発表の一年間の猶予期間を許容する「グレース・ピリオド」という耳慣れない特許マターの取決めです。これは、科学技術の研究で論文発表に鎬を削る日々を送る研究者にとっては、自らが論文発表した研究成果を特許にするための手続に係る特許マターであると理解されています。

特許法は、通常、先願主義か先発明主義かを問わず、先に出願手続をした発明を優先的に審査し、他の出願手続をした同じ概念の発明との間で両発明の後先を判断し、同一発明の二重特許(ダブルパテント)を発生させないように特許します。そうした特許手続を上回る厳しさで区別されるのが科学技術論文の後先です。二番手の論文が世に出ることはない。それは、アカデミアにおける研究競争の激しさと研究成果の評価に対する厳格さに由来するものです。要するに、特許出願するタイミングは論文発表に先立つことは好ましいのですが、そうするのは研究競争との兼ね合いからおよそ現実的ではない。

米国は、これまで特許出願に先立つ論文発表の猶予期間を一年と定めており、米国特許法を先発明主義から先願主義に切り換えた際にオリジナル発明者(または出願人)のイノベーション力を削ぐことがないよう国内説得するために論文先行の一年の「グレース・ピリオド」を、先願主義に矛盾させることなく審査手続に組み入れ継続させています。ところが、これを先願主義に矛盾しない出願のみを救済するという「緊急回避手段(フェールセーフ)」手続とする考え方があります。これは「新規性規定の例外」というものです。

「緊急回避手段（フェールセーフ）」手続は、先願主義を優先する発明保護であって後述する発明保護の理念（特許理念）に矛盾する決め事ということです。世の中に誰よりも先に公表した本人の発明は、一年以内に特許庁に出願することを条件に、たとえ本人の論文発表後に他人が同じ発明を先行して出願しても、先に出願手続をした他人の発明に対し本人の発明が優先して扱われます。要するに本人は他人より遅れて出願手続をしても、本人の出願には先願主義手続は適用されない。この手続は「先公開主義」と称され、先願主義に優先し発明保護においてオリジナル発明（または発明者）を優先する「特許理念」の一形態です。正に当然の扱いです。

詳細は第四章に譲りますが、科学技術研究の成果は次なるイノベーションの素材となるオリジナル発明を保護するという観点から「先公開主義」の発明保護は、当然の措置の一つとなります。

米国は、ＴＲＩＰｓ交渉において先願主義に移行するかどうかを巡る議論でも「先公開主義」の特許理念の導入に拘ってきたのは、そのためです。欧州特許法条約（ＥＰＣ）においては、論文発表を優先させるとそれに含まれる発明は、たとえノーベル賞クラスのものであろうと全く特許化されない。各国特許法を含む欧州は、押し並べて発明の出願手続を科学技術研究の論文発表に優先することを強いるシステムを採用しています。先願主義の手続と矛盾するためという理由だと思いますが、欧州がなぜ科学技術研究者の意欲を削ぐこのような発明保護の先願主義システムを維持しているのかは、よく理解できません。

一方、日本特許法の第三〇条には「新規性の喪失の例外」に係る規定があります。これは、発明が含まれる科学技術研究の論文発表をしても一年以内に当該発明を本人自らが出願すると新規性ある発明として扱う救済システムで、当該発明の特許化を可能にします。この救済システムは、一見すると出願までの一年の猶予期間「グレース・ピリオド」に類似しています。しかし発明保護システムとしては、「先公開主義」ではない。

これまで先進国間での調整が不調に終わっているのは、両者の違いによります。具体的には、本人が論文発表をした一年以内に、他人が同じ発明を出願するかまたは同じ発明を含む論文発表をした場合、両者の措置は決定的に違います。「グレース・ピリオド」はオリジナル発明（または発明者）を保護する「先公開主義」という発明保護の理念（特許理念）の一形態です。本人の論文が先行していることは、すなわち本人の発明が誰の発明よりも先行していることになります。「グレース・ピリオド」は、先願主義の救済手続ではなく、公表される本人の発明の特許化を他人の発明によって妨げられることがないようにする手続です。科学雑誌『ネイチャー』、『サイエンス』、『セル』などにみられるように研究がグローバルに展開され、その中で研究者が鎬を削らざるを得ない現実からすると、「グレース・ピリオド」の手続は当然、国際特許ルールになるべきものです。

日本の「新規性喪失の例外」規定の救済システムは、例えば、一年以内に他人による同じ発明の出願があった場合にどうなるのか。日本の場合には本人の論文が公知文献となるため、他人による先行出願はこの公知文献によって拒絶されます。では、本人の出願は特許になるのでしょうか。本人の出願は当該規定により自分の論文が公知文献とならないので特許になりそうですが、本人の出願より先行した他人の出願があると先願主義手続によって拒絶されることになります。本人の出願は、他人の先行出願に対し後発出願に位置付けられるため特許化されません。他人の出願も自分の論文が公知文献となり特許化されないのです。共に特許化されないという審査は、発明保護よりも同一発明の二重特許（ダブルパテント）を生じさせない先願主義を優先させた結果です。これは、オリジナル発明を保護するという観点からは本末転倒ということになります。これは、本人の発明も他人の発明も特許化されないという発明保護の理念（特許理念）とは完全にバッティングする摩訶不思議な事態になります。両発明が公開され「パブリック・ドメイン」とされると、誰が漁夫の利を得るのでしょうか。

長い間、米国に先願主義の審査手続導入を逡巡させてきた理由の一つは、研究成果を出願に優先して論文発表すると特許化できない欧州特許システムや本人の論文発表の一年以内に当該論文に含まれる発明を他の研究者の他人によって先行して出願されると本人の発明も他人の発明も特許化されないので発明に全く無関係な第三者が自由に実施でき漁夫の利を得る日本システムについて、オリジナル発明を保護する猶予期間の「グレース・ピリオド」を維持してきた米国で国内説得することなど、まず不可能であったためだと思います。

科学技術研究とイノベーションとの関係の深さの重要性を考えるとき、「グレース・ピリオド」は発明保護の国際特許ルールとして「先公開主義」による先願主義手続に平仄を合わせて見直されるべき特許マターになります。それは、決して、「緊急回避手段（フェールセーフ）」手続で片付けるものではないことは明らかです。

米国議会での総理講演

ただ乗りする者は決して許さない

安倍晋三総理が二〇一五年四月に米国議会の両院会議で行った講演は好評を博したと理解しています。ここで、その中の特許プロであれば誰しもが感銘を受けたであろう「その営為こそがＴＰＰに他ならない」に始まる知財に対する考え方の表明に、言及しておきたい。

その部分を要約すると、「最初は米国によって、次は日本によって育まれたものは戦後の繁栄であり、その繁栄こそが平和の苗床そのもの」であるといい、「戦後、自らの市場を開放した米国主導の自由経済システムによる最大の便益国は日本であった」ことに言及し、一九八〇年代に入り新興国の勃興に「今度は、日本もそれらの国々に資金や技術を提供し、彼らの産業発展を資するよう努力してきた」と続きます。最後に、環太平洋マーケットにおいて「我々は搾取されたものや環境を破壊するものを見逃すことはできない—We cannot overlook sweat shops and burdens on the environment—」といい、さらに力強く「知的財産のフリーライダー（ただ乗りする者）を決して許さない—Nor can we simply allow free riders on intellectual property—」と結んでいます。

「知財にただ乗りする者は決して許さない」という政策理念は、国際経済活動の常識として繰り返し表明されるべきものです。なぜなら、国際特許が通商特許と称される今や「特許のただ乗りは許さない」という決意は、世界共通の特許理念として徹底し定着させる大原則になると考えるからです。

国際経済と特許

新興国の登場

時代背景で指摘すべきことは、ウルグアイ・ラウンドの開始前には今でいう特許システムをまともに運用する新興市場国（以下、「新興国」と称す。）は存在しなかったということです。その頃は、WIPO（世界知的所有権機関）のパリ条約の世界にあって、途上国の人たちは「自分たちの国で実施をしない先進国の技術すなわち特許を自分たちのために収用する」といい、国際経済に、先進国発の特許に対する強制実施権の発動要求に象徴される、南北問題や東西関係が色濃く反映していた時代であったためです。日米欧の先進国以外の国々では、一部の国を除くと自らが特許システムをまともに運用しようとする事態を元々想定していなかったのです。当然、世界市場は米欧が中心であることは説明するまでもないことです。

ところが今は、東西関係は消滅し南北問題も希薄化しています。新興国の登場によってわが国の貿易がアジア地域に軸足を移していることに象徴されるように、二〇〇〇年以降、国際貿易の中心はアジア地域に完全にシフトし、WTO協定の効果と評価されるグローバル化する国際経済の中で特許関連を含めた知財マターは、新興国を巻き込んだグローバル視点で再度TPP交渉に取り上げられたということになるのだと思います。離脱を宣言した米国抜きのTPP協定は、凍結された特許関連項目が暗示する「米国に復帰の道を残す」暫定的取決めであって、一見漂流しているようにみえますが、いずれ特許関連を含む凍結項目は米国の復帰と共に新通商問題として再登場してくるはずです。

例えば、元米国通商代表部（USTR—Office of United States Trade Representative—）次席代表のロバート・ホリマンは、「トランプ大統領が脱退を決めて環太平洋経済連携協定（TPP）に、米国はいつかの時点で復帰すると思うがいつかはわからない。（トランプ氏が二〇二〇年に再選されれば）二〇二四年の大統領選挙後になるかもしれない。（略）米国が抜けた後は日本がTPP交渉を主導した。米国がいずれ多国間の枠組みに戻ることを期待している。」と、日経記者とのインタビュー（二〇一九年二月二二日　日本経済新聞「グローバルオピニオン」）で米国のTPPへの復帰の見通しを述べています。同記事の中で米中の貿易紛争についてホリマンは「USTRがまとめた中国の知的財産権侵害などについての報告書は私のかつての同僚も関わっており、正確なものだ。外国からの投資に対する中国の閉鎖性は、米国だけでなく他の国にも悪影響を及ぼしている。」と言及しています。

経済政策関連の評価

図表1の「長期にわたるわが国のデフレ環境をみる」に引用した二つのグラフは、一九九〇〜二〇〇九年のリーマンショック前までのデータです。

そこからは二〇年に及ぶわが国のゼロ成長が極めて特異であったことがみて取れます。低成長が続

図表1　長期にわたるわが国のデフレ環境をみる

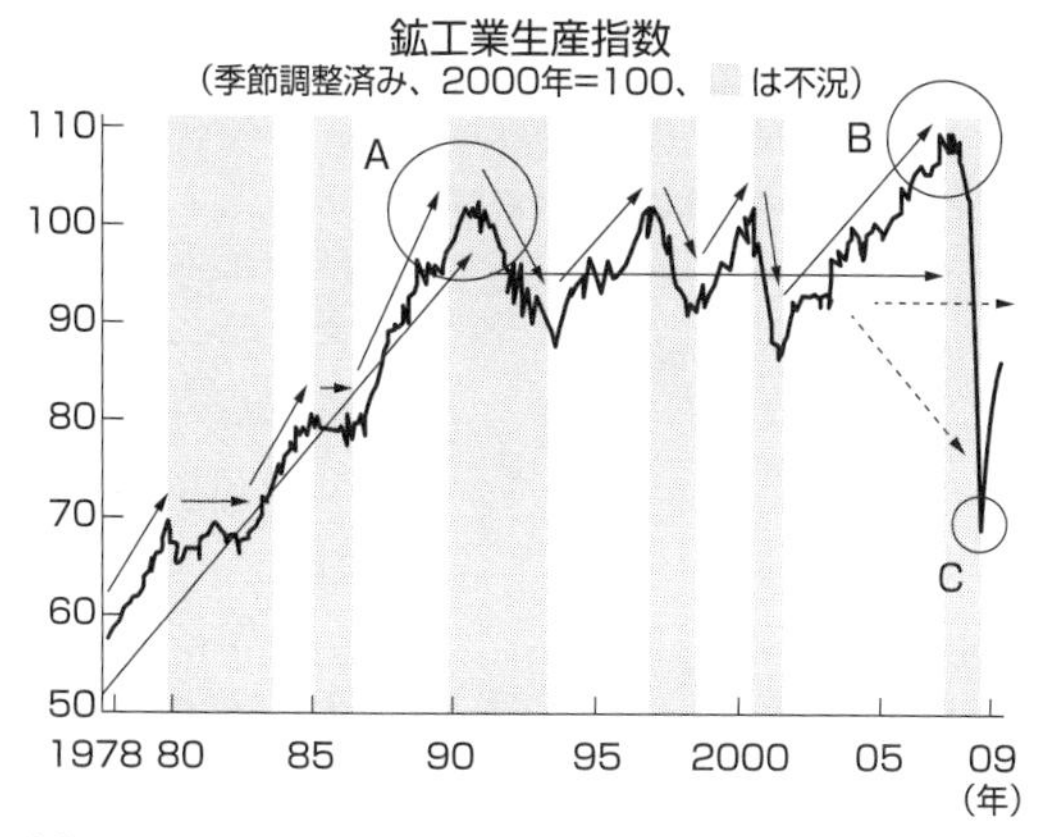

出典：経済産業省・内閣府（「日本経済新聞」2010年2月16日付）

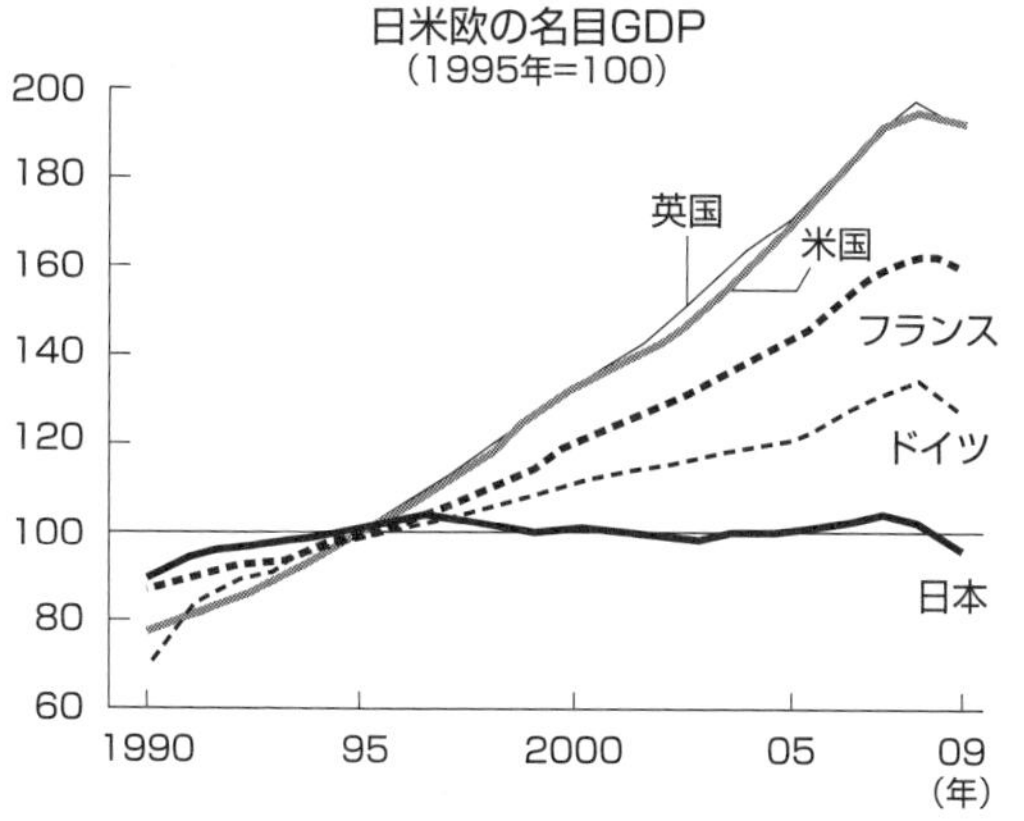

資料：国際通貨基金「世界経済見通し」、09年は実績見込み
（「日本経済新聞」2010年1月26日付）

図表2　経済政策展望

・箪笥貯金：100兆円を超える（要：成長戦略）
・金融政策：雇用環境の改善（実績：失業率の低下）
・財政政策：5年間で「財政投融資」 30兆円（参院選挙）

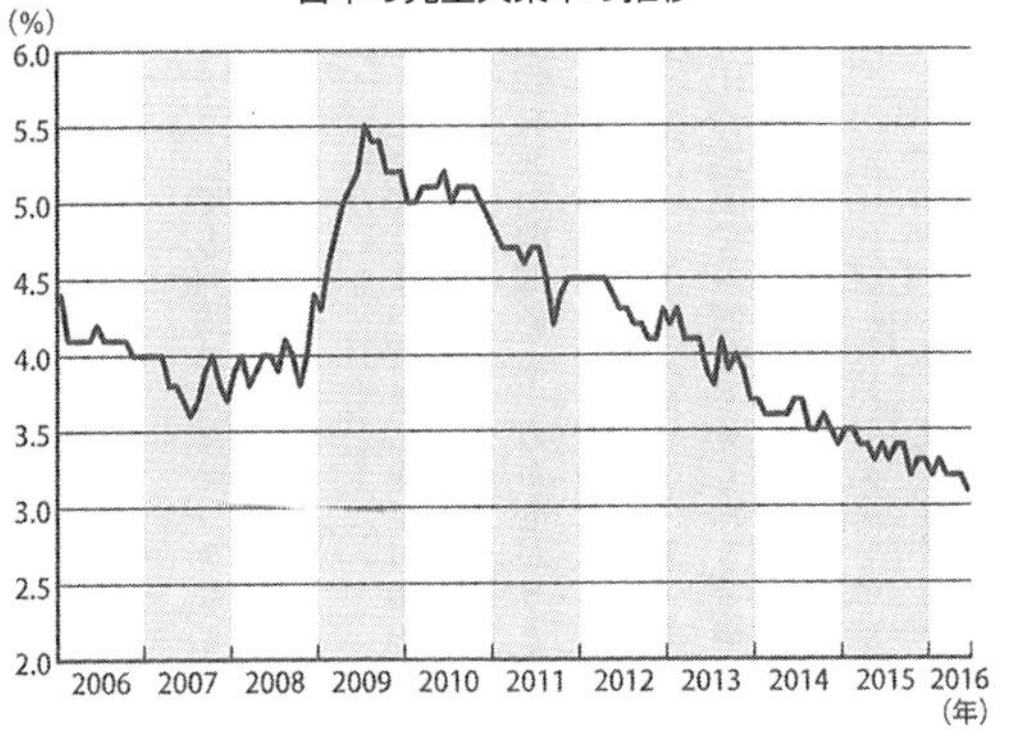

出典：「労働力調査結果」総務省統計局（髙橋洋一『これが世界と日本経済の真実だ』悟空出版、82頁）

鉱工業生産指数の動向

平成28年10月の鉱工業生産指数は98.4（前月比0.0%）と横ばい

（22年=100、季節調整済）

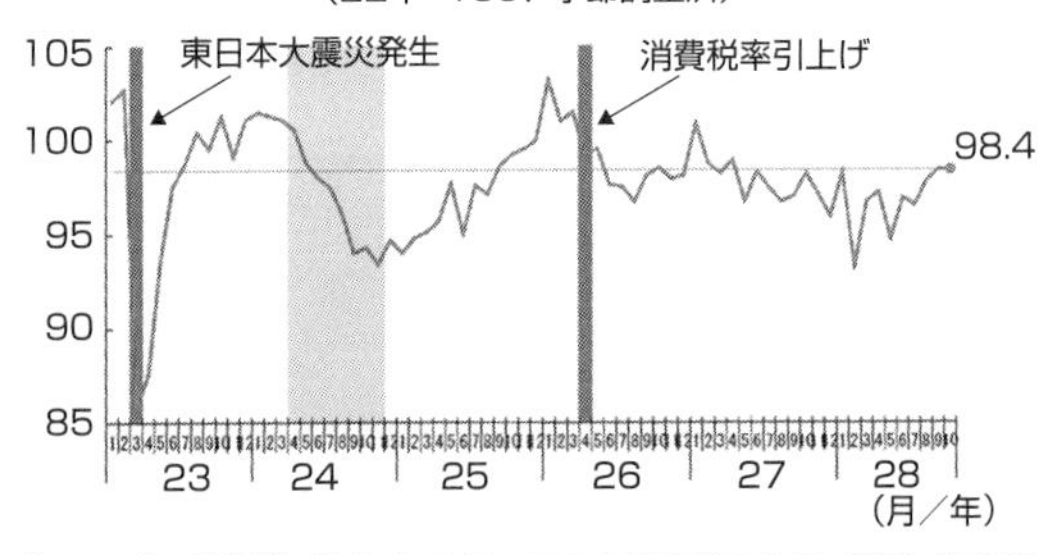

注：1. 鉱工業指数（11p）とは、月々の鉱工業の生産、出荷、在庫等を基準年（現在は平成22年）の12か月平均=100として指数化したもので、事業所の生産活動、製品の需要動向など鉱工業全体の動きを示す代表的な指標。
2. 薄いシャドー部分は景気後退局面。
出典：経済産業省『平成28年10月の鉱工業活動　図表集』

いた他の先進国でさえ一九九五年からの二〇年で、名目GDPは倍増しています。当時、このグラフをみたときの印象は、なぜゼロ成長が日本でこれほど長期にわたり続いたのか、経済評論家たちに、その間の日本経済の事象をどう説明されているのか、ぜひ聞いてみたいと思ったものです。

最近の経済情報を拾ってみると、図表2の「経済政策展望」に示すように、わが国の箪笥貯金は優に一〇〇兆円を超えているという。浜田宏一は『アメリカは日本経済の復活を知っている』（二〇一二年　講談社）の中で、わが国企業は一九九七年以降、内部留保を溜め続けていると指摘しています。成長戦略の筋道ができれば、この内部留保の何割かは消費と投資に回り、日本の経済成長を底上げするだろうとの見解は理解しやすいことです。

失業率はすでに底を打ち、また鉱工業生産指数の推移をみると、消費税八％導入（二〇一四年）までは、順調な経済回復傾向にあったことがみて取れます。原油の暴落が影響したとの見方もありますが、消費税八％導入がわが国の成長戦略の足枷になったとの見方は、そのときを起点に鉱工業生産指数が完全に腰折れ状態になっている推移からすると説得的であるように思います。

日本の経済政策の今後の展開、特に成長戦略は注目されます。将来に対する消費者や企業の不安は、払拭されるのでしょうか。それは、成長戦略がうまくいくのかどうかにかかっているように思われます。

その鍵となるのが、日本でイノベーションが発揮しにくい岩盤分野に挙げられる農漁業・畜産・林業、医療、産業インフラの訴訟・係争支援サービス業などの産業にメスを入れ、ＡＩやＩｏＴを駆使したグローバルサービスを組み込み、成長戦略の一翼を担えるようにできるかどうかだと思います。

今注目すべきは、わが国がゼロ成長から脱出できなかった二〇年間にアジア諸国の経済成長はどうであったかです。韓国、台湾は倍々ゲームを実現し、久しぶりの台北に行き、そこでハッと気が付くことは、台北の生活水準は我々の上をいく様相で、町は奇麗、洒落た歩行者の服装、繁盛している高級レストラン、安心、安全な夜の繁華街など、ここ二〇年の台湾における経済成長を実感し、彼我の差を痛感します。

先進国と新興国との成長率ギャップ

次は図表3の「先進国と新興市場国とのGDP成長率」のグラフに注目です。これは、先進国と新興国とのGDP比較、米国のオバマ政権が二〇一二年大統領経済報告で用いたデータです。データは古いのですが、今もこの傾向に大きな変化はない。事実、図表4の二〇一八年の『通商白書』に掲載された「先進国及び新興・途上国の実質GDP成長率推移」からも、このことは明らかです。このグラフの実線は、韓国、台湾、中国他を含む新興国に位置付けられた国々のGDP成長率（年率換算四半期変化率％）を表したものです。破線は、同じく日米EUの先進国のGDP成長率を表しています。二つの線が交わることはない。

なぜだという疑問が湧きます。これほどの成長率のギャップは、先進国に対する新興国の「後進性の利点」（成長の伸び代）を考慮したとしても、所与のものと見做すことはできないように思われるからです。

二〇一八年の『通商白書』（167頁）には「先進国及び新興・途上国の実質GDP成長率推移」として同様の図表4のグラフが掲載されています。この図は、前図と対比すると大変興味深いことを示唆してくれます。

図表3　先進国と新興市場国とのGDP成長率

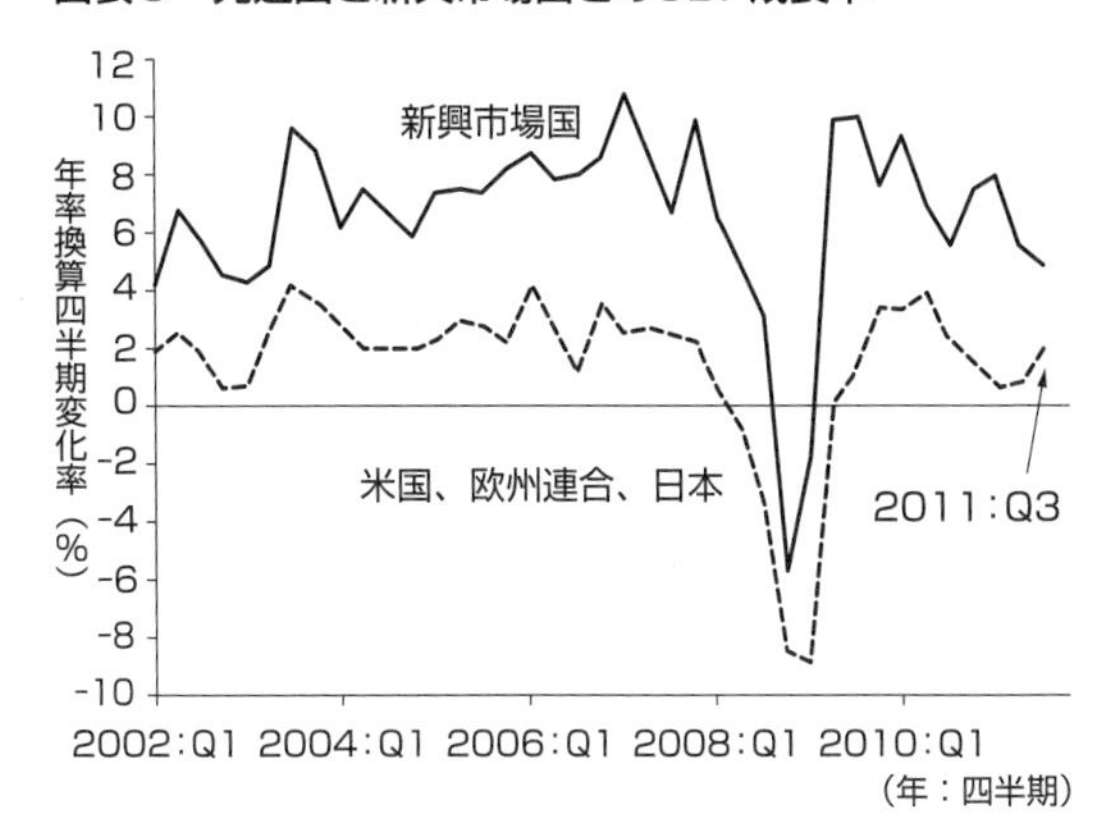

出典：2012年大統領経済報告：2012年経済諮問委員会年次報告
（「第5章　国際貿易と国際金融」図5-1、エコノミスト、
2012年5月21日号より引用）

図表4　先進国及び新興・途上国の実質GDP成長率推移

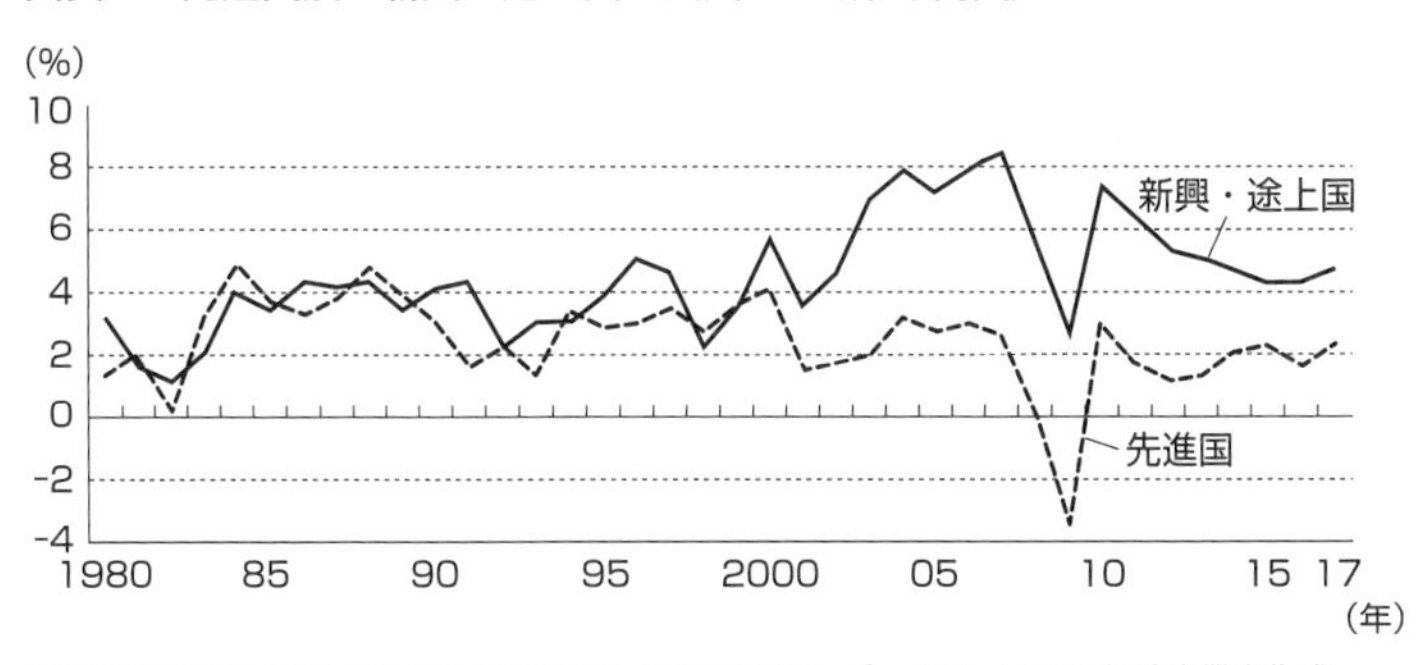

資料：IMF "World Economic Outlook, April 2018" データベースから経済産業省作成

前図に示された事象は、二〇〇〇年以降の現象であるということです。要するに二〇〇〇年はWTO協定の本格的実施の起点となった年です。二〇〇〇年以前の事象は、先進国と新興国・途上国の実質GDP成長率が互いに均衡していたという現象です。

こうした事象は、二〇〇〇年以降の先進国と新興国・途上国とのGDP成長率落差は決して所与のものではないということ、を表していることになります。

巧妙な特許模倣システム

国家資本主義のキャッチアップ戦略を問う

図表5の模式図は、アジアの国々が経済成長に成功した理由の一つで、財閥経済中心の韓国が先鞭を付け、それに倣う共産党独裁の中国企業が専ら展開してきたキャッチアップ戦略です。

ITインフラが整備された今日、デジタル技術に切り換わったビジネス環境の中で先進国または先進国企業は、自らが展開するイノベーションに対し、巧妙な模倣と価格破壊とによる尽きない新興市場国のキャッチアップ戦略に有効な対抗手段はなく、苦しい対応を余儀なくされていることを、図表6の模式図は示しています。

要約すると、先進国または先進国企業は、完全な国家主導による新興国の巧妙な模倣によって過当

図表５　新興国または新興国企業の「正の連鎖」

新興国または新興国企業は、

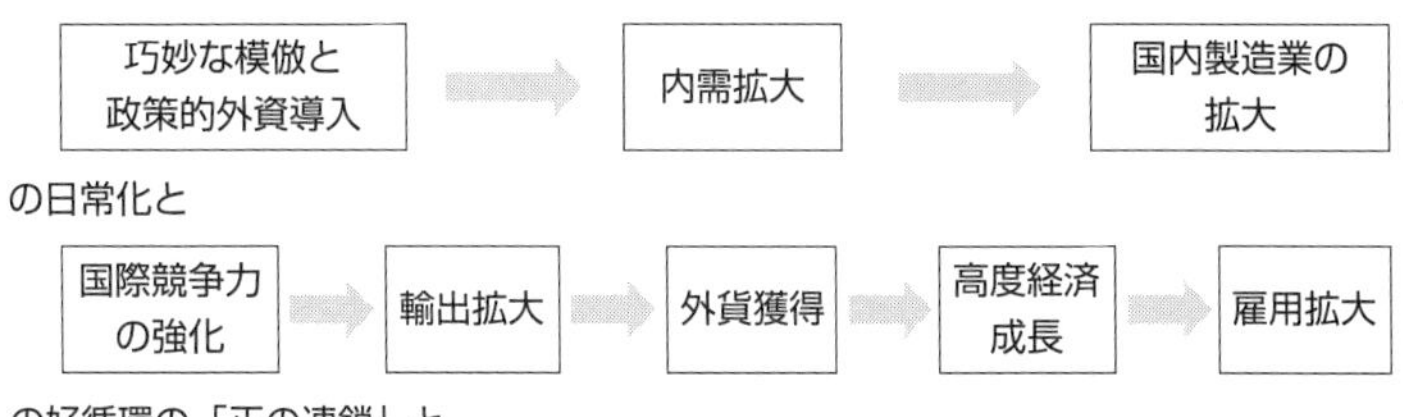

の好循環の「正の連鎖」と

を享受している。これが先進国と新興市場国とのGDP成長率のギャップの要因の一つであり、「後進性の利点」（伸び代の利点）があるとしても、当該ギャップは所与の条件とみることはできない。

図表６　先進国または先進国企業の「負の連鎖」

先進国または先進国企業は、

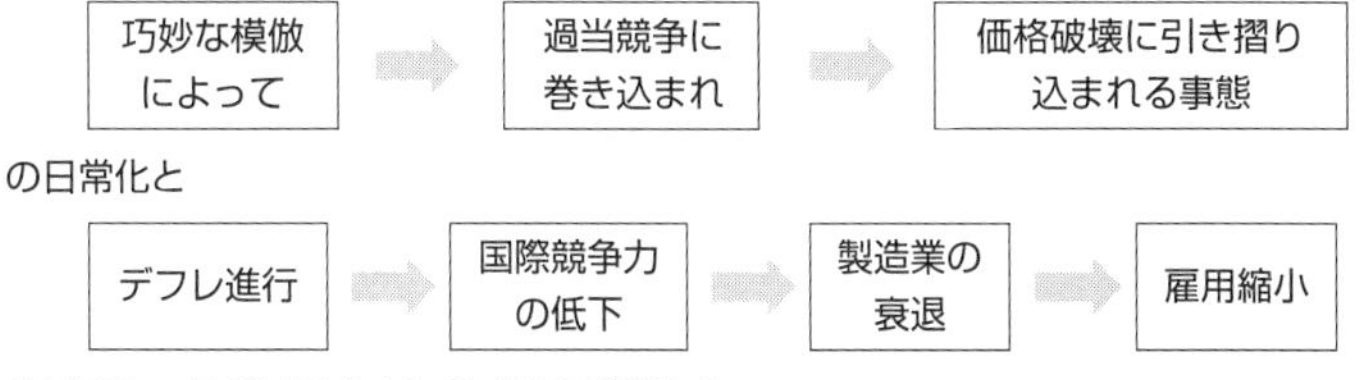

のデフレ・スパイラルという「負の連鎖」と

を断ち切るための成長戦略を再構築することによって、製造業の復活と成長路線への回帰が可能になる。

競争に巻き込まれ価格破壊に引きずり込まれる事態が招来され、それが日常化し国際競争力の低下、製造の衰退、その結果が雇用縮小により失業率が高まるというデフレスパイラルの「負の連鎖」です。

「負の連鎖」を断つ戦略展開

「負の連鎖」を断ち切れなければ、先進国または先進国企業のまともな成長戦略の絵は描けない。二〇一〇年に、沈滞する地方経済を再生する方策を切歯扼腕する思いで雑誌に投稿したことがあります。そのときに「知財政策こそ、二〇年続く脱デフレの要」であり、わが国の「成長戦略に組み込まれるべき知財政策」であることを提示し、さらに米国の知財政策の展開を次のように紹介しました。

それは、「一九八〇年から二〇〇〇年にかけ、米国経済を再生させた成長戦略は、グローバル競争を前提に知財保護の強化と科学技術の奨励とを一体に促す政策によるものでした。政策は、民主党カーター大統領から二人の共和党大統領を経てクリントン大統領に続く、四代の大統領によってほぼ完全に実現されたと思います。その精神は、二〇〇七年の競争力強化法に継承されています。政策の連続性と実行力は、我々に強烈な印象を与える」というものです。それに続き、「アジアにシフトするグローバル競争」と「台頭する新興国」の中で巧妙な模倣戦略を前提とする「アジア型ビジネスモデル」に言及し、「国際的に適正ルールに則っているかどうかは微妙」と指摘しました。その上で、これに対する対応戦略を提示しています。その基本は、「先進国と新興市場国とのGDP成長率」のグラフから想定されるように、本来あるべき発明保護が国際的にルール化されていたなら、これほどのＧＤＰ成長率のギャップは生じなかったのではないか、これを「所与の条件」と考えるべきでないということに尽きます。

日本は今、超円高環境から解き放された経済政策が展開される中、「負の連鎖」を断ちイノベーティブな製造業を復活させるタイミングを迎えているのだと思います。このことが簡単でないことは、新興国が「正の連鎖」を享受してきたことから容易に理解できます。「正の連鎖」は、完全な国家主導による新興国の巧妙な模倣と政策的外資導入などを駆使した新興国の企業展開であり、その典型は韓国と中国の企業行動にみることができます。結果は、内需拡大と国内製造業の勃興および拡大の日常化に伴い、為替操作や膨大な補助金を駆使し、価格破壊によって輸出を拡大し、国際競争力を強化し、外資を獲得しながら高度成長を享受し、それにより、雇用を拡大するという連鎖であって、正に新興国の「正の連鎖」というべき好循環です。

こうした新興国が代償なしにこれを放棄するとは考え難いことですが、これは、先進国と新興国とのＧＤＰ成長率のギャップの要因の一つです。成長の伸び代という後進性の利点からキャッチアップする側が優位であることは確かなことですが、国際貿易のための未完成な国際特許ルールであるＴＲＩＰｓ協定を前提に「正の連鎖」を所与の条件とすることは「パクリ経済」を無条件に同意することであって、とても納得できるものではないということです。

「非市場経済圏」のイノベーション

二〇一六年一一月二五日の日経記事によると、トランプ政権は中国をＷＴＯの「市場経済国」に認定しない方針とのことです。これは、為替相場や生産活動を統制している国を「非市場経済圏」と認定しダンピング等の対抗処置をしやすくするためだといいます。

中国の巧妙な特許政策に対しては、経済評論家の田中直毅が指摘する「赤い資本主義」による「非市場経済圏」の視点で、レビューされるべきです。田中直毅は『中国大停滞』の中で、中国のＷＴＯ加盟を認めたことが「ＷＴＯの原則を内側から変更されつつある」新局面を招来していると警鐘を鳴らしています（同書　二〇一六年　日本経済新聞社　270頁）。

その一方で、神戸大学教授の梶谷懐は、二〇一七年三月二日付日経の「経済教室」の中で中国経済を展望し、「民間のダイナミズムが鍵」、「知財保護・法の不備を逆手に」というように、深圳市の電子産業などでの「イノベーション」について分析しています。分析に基づく「第一の特徴は、それが知的財産権の保護が十分でない状況の下で生じている点」であり、全国に普及している「パクリ携帯の流行」を捉え「法の支配が貫徹せず不確実性の大きな市場で大手ＩＴ企業が『情報仲介者』としてプラットホームを提供し、安定した取引を成立させる仕組みが働いている」と分析し、「パクリ経済」による「中国でのイノベーション」を展望しています。

それはあたかも「赤い資本主義のイノベーション」を解説しているかのように聞こえてきます。

公然たる盗作を放置するのか

「パクる行為」は、「法の支配」のない地域で本人の了解を得ることなく「盗んだら盗み勝ち」という、人の特許を窃盗する行為です。これを正当な経済行為と認めるのであれば、特許システムは、最早、過去の遺物と化すことになります。特許プロであれば当然の感慨です。『ザ・エコノミスト』前編集長のビル・エモットは『変わる世界、立ち遅れる日本』（二〇一〇年　ＰＨＰ新書）の中で、「中国の成長発展を支えたのは、外国からのアイデアやテクノロジー、また、ライセンス供与と海外からの直接投資、それに公然たる盗作である」と指摘しています（122頁）。この指摘から八年が経ち、ようやく米国が動き出しました。

二〇一九年四月二五日付けのワシントン発の日経記事によると、米司法省は同月二三日に米ＧＥの企業秘密を盗んだ罪で中国系米国人の元技術者らを起訴したと発表し、「世界第2位の経済大国が国ぐるみの窃盗に関わっている」と、中国政府の関与も指摘し、さらに司法省高官は声明で「米国企業の知的財産を強奪する中国政府の戦略を示す見本のような一例だ」と中国政府を糾弾したとのことです。具体的には、航空機エンジンなどに使うタービン部品の設計図などの情報を中国に持ち出した疑いで一四件の罪で米連邦捜査局（ＦＢＩ）による本人らの事情聴取など捜査に本格的に乗り出したと報じ、起訴状は中国のハイテク産業育成策「中国製造２０２５」に言及し、タービン技術が重点産業分野に関連すると指摘したとのことですが、中国は当然、産業スパイへの関与を否定していると報じています。

新技術や特許・ノウハウ等の「盗んだら盗み勝ち」は決して許さないという米国政府のメッセージは今や、明快です。

創造的破壊の特許システム

技術開発競争のパラドックス

特許システムは、一方でオリジナル発明を特許し、他方で二番手、三番手の改良発明や応用発明に対しても特許要件の充足次第で、それらをオリジナル発明の特許範囲、すなわち、権利範囲と絶妙にバランスさせた特許範囲で改良特許や応用特許に仕上げる仕組みになっています。

特許として「発明」を特許範囲によって定義する仕組みの長い歴史をみると、オリジナル発明の事業化は、新機軸の技術や新商品を市場に提供するものであって、新市場開拓の努力や事業の立ち上げに多大な投資が求められます。その一方で、技術の実用性の観点からは、オリジナル発明の粗削りな技術に対抗する二番手または三番手の洗練された改良技術または応用技術の発明によって、一番手の事業化は簡単にキャッチアップされます。

特許範囲で定義された「発明」の特許次第で一番手は、二番手または三番手に取って代わられてしまうという技術的宿命を負っています。これまで、市場において後発組が先発組に取って代わり得る特許システムの特徴を「技術開発競争のパラドックス」であると紹介してきました（『我が国の特許制度―国際標準化を目指して―』BUSINESS REVIEW［イノベーションと特許］一九九九年　一橋大学イノベーション研究センター編　東洋経済新報社発行　9～10頁）。しかも、二番手、三番手が負うべき一番手が生み出した新市場に参入しようとする努力やキャッチアップ投資は、はるかに容易かつ安価です。通常は、一番手が事業化に要した投資の数分の一であることが多いといいます。日本にも、リスクの大きい一番手を目指すより二番手、三番手でいくべきと主張する経営者はいます。また経営者が先行する技術や商品を分解分析し巧妙に模倣盗用する「リバースエンジニアリング戦略」こそ「わが戦略」と披瀝する有名な新興国企業もあることは承知しています。

オリジナル発明者の一番手と遅れてきた改良または応用発明者の二番手または三番手が異なる場合に、一番手の発明に係る新製品や新技術が新市場で注目を浴びている時期に、二番手または三番手の特許が一番手の特許と共に成立し、成立した特許間に抵触（特許侵害）関係が生じないとすれば、一番手の発明者は、特許を取得しても全く報われないことになります。

その場合に、二番手または三番手の事業者は、一番手の特許に抵触（特許侵害）しない特許を取ることによって、一番手の事業者に取って代わり、彼らに続く四番手や五番手の後発組事業者をも牽制できるというような圧倒的に優位な立ち位置になることは明らかです。そうなると、一番手の発明者が特許を取るために、「出願公開制度」という出願してから一八か月後に行われる強制公開によって、自分の発明を特許にする前に、競争相手に自分の発明を再現できるよう教唆する特許出願を申請することなどは、競争相手にせっせと塩を送るようなもので馬鹿げた行為となります。このことは、イノベーティブ企業の経営者であれば、特許常識として当然承知しておく必要があります。

特許システムは本来、そうならないように両者を絶妙に調整する仕組みになっています。ところが、巧妙な模倣が跋扈する仕組みで運用されている場合も少なくないのが現実です。一方で仕組み自体を見直すことは勿論必要なことですが、他方で二番手や三番手に巧妙な模倣をさせないようにするために一番手の発明を特許に仕上げる特許生産方法に、オリジナル発明者（または企業）は十分な注意を払われなければならないということです。

イノベーティブな一番手の発明は、本来、各特許庁において特許特有の進歩性がないとか記載要件が不十分などといって後知恵的に簡単に排除させてはならないのです。当然のことですが出願人側も、そうした指摘を受けないように如何なる従来技術からも想定できない技術的特徴を有する具体的な実施例によってサポートされたイノベーティブな発明に仕上げておくことが肝要になります。実践感覚、費用と時間を勘案すると、それは容易なことではないということです。

技術革新の要をなすピンの特許

『日本再興戦略』（二〇一六年版）の「日本産業再興プラン」をみると、特許システムは「技術でもビジネスでも勝ち続ける」世界最高の知財立国のインフラに位置付けられています。特許は、国際競争力を左右する技術革新の要をなすものです。

戦う特許をいかに世界に向けて発信できるかが、わが国の経済政策の要をなす成長戦略または国際競争力強化策の鍵になります。そのための特許行政、特許司法制度、特許弁護士や弁理士の機能などの特許システムの全機能が、今、問われているのだと思います。

知財の中の特許をみると「特許はピンからキリまである」ことは、特許プロなら誰でも知っていることです。特許プロの力量は、例えば発想段階で提示された「発明」（研究開発成果）について特許になるかどうか、またどの程度の特許に仕上げることができるものかなどの目利きをするのみならず、その「発明」をビジネスで戦えるピンの特許に仕上げることができるかどうかまで見極めることで、その評価が決まります。「戦う特許」を定義すると次のようになります。

戦う特許のための特許システム

今や知財に関するデータベースは完備されています。様々な機能が装備されたデータベースによって、例えば調査対象となる意匠、商標、著作物が新しいものかどうかを見分けるのに、専門家でなくとも、それほどの困難性を感じることはないと思います。これらの客体は主に図柄が判断の決め手になりやすいからです。ましてや習熟した知財プロであれば、意匠製品や商標を付した市販品、著作物件を検証し、真正であるか偽物であるかの黒白を付けることも、それほど難しいことではないはずです。

ところが、特許は他の知財と違います。通常は、特許製品をみただけで客体となる「発明」について、直ちに何が発明で、当該発明がなぜ特許になったのかを理解することは、たとえ特許プロであっても容易ではない。発明は、特許出願手続で願書と共に提出される特許明細書の特許請求の範囲（以下、「特許範囲」と称す。）に相当する「クレーム」と通称される「請求項」に「発明思想」（アイデア）として過不足なく定義されています。それが、特許として特許範囲に定められた発明になります。それはさらに、特許プロが実際に再現できるように開示された「発明思想」（アイデア）の具体的「実施例」によってサポートされた「記載要件を満たす発明」であって、過去の特許文献や技術文献にはない「新規性要件を満たす発明」で当該技術分野の専門家であっても、発明時（要は出願時）の技術水準または過去の文献からはどう組み合わせてもとうてい想定し得ない「進歩性要件を満たす発明」であることが必要です。

　それが、特許性の三要件を満たす特許として「特許範囲」に定められた発明になります。特許製品をみただけで直ちに「特許範囲」の発明を理解できる特許製品は極々稀であるのは、そのためです。

　誰も思いつかない一番手発明の特許オーナーたち、例えば事業者は通常、多額の費用をかけ発明の技術内容を十分に練り上げ戦えるピンの特許に仕上げた上で、特許製品または特許技術を市場に提供します。それでも市場がそれを受け入れれば、競争相手や新規参入事業者は、直ちに対抗策を考え、類似製品または類似技術を同市場に送り出すことは間々あることです。そうなると、誰もが特許侵害訴訟を想定するはずです。

必要な特許戦略

特許は他の知財にない扱いの難しさがあります。他の知財では極稀なことですが、特許は特許要件違反で特許無効になる事例が少なくない。また特許侵害事件になると、特許オーナーは特許範囲の「クレーム」または「請求項」に定義づけられた発明思想（アイデア）が侵害行為の物件の技術を含むかどうかを巡る権利解釈について特許毎に、場合によっては各国毎に、争うことを強いられます。もちろん専門の弁護士や弁理士が扱うことになりますが、この争いは真正商品とフリーライド（ただ乗り）の偽物商品とを物品比較し、黒白を付けるようなわけにはいかない難しさがあります。

特許オーナーたちが特許訴訟に踏み切る決断は、現行の仕組みでは、訴える相手側の対応に比べると圧倒的なリスクと困難とを伴います。こうした現実から、特許オーナーたちは、常日頃から権利行使が確実にできる「戦う特許」を着実に増やし、また特許管理システムに「戦う特許」を縦横無尽に戦略化する目利きのできる創造的知財人を社内外に配置しておく必要があります。

すでに指摘したように、一番手発明と二番手または三番手発明との違いは、とにかく、一番手発明の具体的な「実施例」は粗削りなままの技術になりがちです。その一方で、二番手または三番手発明の具体的「実施例」は洗練された技術になりがちです。また設計変更程度で誤魔化した迂回するためだけの模倣技術は、一時的なもので粗製乱造と過当競争によっていずれ市場から駆逐される場合が多く、恐れるに足らないという見方もできます。ですが、二番手または三番手の改良発明や応用発明は市場の評価次第で、具体的には一番手発明の特許範囲によって牽制されることのない二番手または三番手発明の新技術や新商品であるときは、当然の帰結として二番手または三番手発明が一番手のオリジナル発明に取って代わることになります。マクロ的にはこういう現象の連鎖がイノベーションであり、「創造的破壊」を生むということになります。

特許オーナーたちのベストの対応は、二番手または三番手発明を自ら生み出し「戦う特許」をさらに進化させ強化しながら競争相手やライバル企業との技術開発競争で鎬を削るしかなく、さらには連続する技術開発の先陣争いに先んずるしかない。それが特許システム本来のイノベーション機能です。そのときに最大のハードルとなるのは、詳細は後述しますが、特許要件の進歩性適用で自らの連続する発明が排除されることです。

特許システムは発明の単なる登録システムではない。しかし不完全な特許システムで運用が不適切であれば、巧妙な模倣によるパクリ経済を蔓延させるだけで、制度・運用としての特許システムはその存在理由を失います。

特許システムの経済論

ノーベル経済学者のジョセフ・E・スティグリッツは、「適切に設計されていない知財は諸刃の剣、一方で技術革新を生み出すための研究投資の動機付けを与え、他方で知識の拡散を阻害する要因としても働く」と指摘しています。これは、発明保護の特許期間を出願日から二〇年に限った仕組みの経済的根拠を示すものです。スティグリッツ流には、「発明のインセンティブを高めるには、発明者が自分の仕事に対して財産権を付与される必要がある。財産権が侵害されやすいものならば、すなわち、研究を行おうと計画する企業が、これから創出する新しい工程や機械や製造方法による便益を確保できるかどうかが不確実ならば、研究や新しいアイデアの創造には、僅かな資源しか投資されないだろう。」と説明されています。また、「知識やアイデアは公共財と考えることができる。また他の多くの公共財と同じく、それを生産するインセンティブを与えるという課題と広く利用に供するという課題との緊張関係がある。われわれの社会ではこの緊張関係について特許権で対処している」というように、「技術進歩と不完全競争の関係」の中で解説しています（『スティグリッツ　ミクロ経済学　第四版』二〇一三年　東洋経済新報社　626～627頁）。

一番手発明の特許生産方法

通俗的には特許範囲の「クレーム」または「請求項」で定義された発明は、「具体的発明技術からクレームまたは請求項にアップされた発明」ということができます。以下、これを「クレームアップ発明」と称することにします。

我々の理解を複雑にしているのは、特許範囲を表す「請求項」の通称「クレーム」で発明を定義する記載方法にあります。端的には、困難な技術的課題に挑戦し発明された一つの上位概念の発明思想（アイデア）から具体化された個々の発明技術、要は発明の具体的「実施例」の全ては、複数の「クレームアップ発明」に区分され、一つの出願で申請することができます。それは、一九八八年の特許法改正によって導入された「多項制」という特許範囲を表す「発明」の定義方法です。なお、「多項制」の導入については、大正一〇年（一九二一年）特許法以来「ガラパゴスの世界」に入ったと評される、日本特許法の象徴的手続の「特許請求の範囲には発明の構成に欠くべからざる事項のみを一項に記載すべし」とする「単項制」手続をようやく「多項制」手続に切り換えることができた画期的な特許法改正であったことを付言しておきます。

特許範囲についてスティグリッツの解説を引用すると、「特許で保護する対象範囲をどれだけ広く定めるかという問題は、特許が存続する特許期間の長さと同じく重要な問題である」と、指摘しています。そこではまた、「特許が広範囲であるほど、最初の発明者は自分の発明がもたらす収益のより多くの割合を獲得できる。しかし特許の範囲が広すぎると、それ以外の人々や企業は、最初のアイデアに付加する開発を進めても、その収益が最初の発明者に支払う特許権使用料によって減らされると考えるので、技術革新の試みを抑制することになる」というように、特許範囲について経済学的なトレードオフ関係で解説しています（上掲書　631頁）。

特許はクレームアップ発明

特許プロは、発明者やビジネス従事者と一体で特許化を検討する過程で、「発明」を発明思想（アイデア）から具体化された個々の発明技術の全てについて、場合によっては、請求項数が五〇項や一〇〇項に及ぶ「クレームアップ発明」に区分し定義することがあります。そうすると特許成立後の区分けされた「クレームアップ発明」の各々が特許になるため、それはあたかもクラスター特許とも称すべき特許の集合体になります。なぜクラスター特許にする必要があるのか。

それは、特許侵害になるかどうかは特許明細書のクレームまたは請求項にアップされた「クレームアップ発明」特許の権利解釈に依るため、その解釈に疑義が生じないように発明を多面的に定義する必要があるからです。

特許プロは、特許を同定するためには区分けされた「クレームアップ発明」を技術的に理解する必要があります。その際に例えば特許がオリジナル出願から枝分かれした分割出願等の場合であれば、その「クレームアップ発明」がオリジナル出願の「クレームアップ発明」と重複して二重特許（ダブルパテント）にならないように定義しなければならない。その分割出願の適法性を確認し、類似する商品や技術がその特許を侵害しているか、または、その特許とは非侵害であるかを見極めることが必要です。そのために、それは分割出願の「クレームアップ発明」を構成する要件の各々と、類似商品や類似技術を構成する要件の各々とを比較考量し、かつ「クレームアップ発明」を文言解釈、すなわち権利解釈を行い、そうした思考過程を経て、類似商品や類似技術が特許侵害しているか特許非侵害であるかを判断することになります。因みに、この知見は、いずれ第三章で詳しく解説するキルビー特許事件として名高い二〇〇〇年（平成一二年）四月の最高裁判決を理解する上で役立つものです。

そうした手続は、典型的には特許侵害訴訟の開始時の手続にみることができます。他の知財との違いは、大雑把ですが、このことからも理解できると思います。

特許庁での審査は、当たり前のことですが、特許プロ同士すなわち特許庁側の審査官と、通常は出願人側の代理人弁理士とが、区分けされた「クレームアップ発明」の各々について、記載要件、新規性要件、および、進歩性要件の三特許要件を満たしているかどうかを巡り、主に書面等で交渉事に近いやり取りをします。結果、審査官側は自らの職権で必要な証拠を提示する職権探知の審査で特許を否定する文献等を提示する一方、出願人側は補正手続などを駆使し全ての要件で審査官と合意したときに、特許庁側が行う特許手続によって、特許範囲の「請求項」で定義された個々の「発明」の特許は成立します。

次に、こうした発明保護の審査を各国毎に行う手間と掛かる費用とを想像してみてほしい。特許プロは、各国の主権に係る行政手続であって致し方ないものと見做しています。ところが、すでに紹介した二〇〇六年から本格利用されているＰＰＨシステムは、要は同じ発明に対して一方の国で特許したときの審査結果を、他方の国に提供しそれを受け取った他方の国の特許庁は同じ発明に対する提供された審査結果を、実質的に利用し特許するかどうかを決するという取決めです。利便性は言うに及ばず経済合理性にも適うものとして今や特許プロが着目していることは頷けるはずです。

「創造的破壊」の連鎖か「パクリ経済」の蔓延か

このようにして誕生した特許が「戦う特許」として盤石で、市場において新分野を生み出すほどの、または沈滞市場を再活性化するほどの新機軸の新製品や新技術を支えるように仕上げられたとします。

次に想定される事態は、「創造的破壊」の連鎖になります。要するに新製品や新技術の評価が高いほど、次にはそれを乗り越えようとする競争相手やライバル企業が登場してくる確率は高くなります。例えば、スマートホンを巡る Apple 対 Samsung の特許紛争にみられるように、技術開発競争は通常は、そうはさせまいとする一番手の特許オーナーと二番手または三番手の競争相手となるライバル企業との改良発明または応用発明を巡る競争になります。

一番手のオリジナル発明は、技術的にはとかく粗削りで完成度がいま一つのものが多く、それを改良または応用を重ねていくことによって技術的に洗練され完成度が高まっていくのが通例です。そうなると当然のことですが、市場は、安価でより洗練された完成度の高い改良発明または応用発明の新商品や新技術の方をオリジナル発明の新製品や新技術よりも高く評価するようになります。改良発明または応用発明の新製品や新技術がそれらに取って代わる現象は、正にヨーゼフ・シュンペーターのいう「創造的破壊」の連鎖ということになります。

産業革命以来、制度としての特許システムがキャッチアップを目指す新興国を巻き込んだ先進国中心に連綿と引き継がれてきたのは、特許システムにこうした機能があるがためだと考えています。制度としての特許システムが十分に機能しない未完成なまたは時代遅れの仕組みであるとどうなるかです。中国の「赤い資本主義のイノベーション」がその典型です。スパイ行為を含め特許製品や特許技術の巧妙な模倣やデッドコピーが何の咎めも受けないのであれば、パクる側の窃盗行為が大手を振ってまかり通り、パクリ経済の蔓延は火をみるより明らかです。

「法の支配」が脆弱な社会で模造技術商品いわゆるデッドコピー商品が出回ると、どういう事態になるかは説明するまでもないことです。模造技術商品に比べ割高な真正技術商品または真正技術に基づく製品は、市場からあっという間に駆逐されていきます。また模造技術商品が出回る市場に真正技術商品を流通させることの難しさは周知のことです。「法の支配」が機能する社会であっても、制度として特許システムが不完全で、かつ、その運用が不適切であるとどうなるのか。例えば新機軸の新製品や新技術を市場に提供した一番手のピン特許になるべきオリジナル発明がもし特許庁の審査・審判段階で矮小化されキリ特許にされたらどうなるのか。二番手または三番手は、これ幸いとばかりに間を置かずにキリ特許の改良発明または応用発明で一番手との競争に参加してくるはずです。

よく聞く話ですが、巧妙な模倣者は特許を設計変更程度で誤魔化す迂回するためだけの模倣技術や模造技術商品で競争に参加してくることや、また特許特有の特許要件違反で特許オーナーに対し特許無効の争いに持ち込み紛争を長引かせるなどの一時しのぎをしながら和解で事を収めさせるようなビジネスが展開されています。ましてや特許侵害事件がビジネス的に微々たる費用と損害賠償で済むなら、こうした出来事は日常茶飯事になります。それはまた、ニセモノ天国を「パクリ経済」として正当化する話にもなりかねない。それは経済的には本来あってはならない不正行為による過当競争を生み、それがまた粗製乱造を誘発し、価格破壊と相俟って市場を混乱させることになります。それはまた消費者にとっても決して好ましい事態ではない。

そうした事態は、真正技術商品や真正技術に基づく製品を市場から駆逐し、研究開発者の開発意欲を削ぐことは、最早避けがたいことになります。そうなると「創造的破壊」の連鎖は起こりようがない。不完全な仕組みの特許システムは、まともなイノベーションは望みようもなくなり、市場には不正行為による過当競争と粗製乱造による混乱を提供するだけということになります。

世界的イノベーションの停滞を打破する上で通商特許となる発明保護の国際特許ルールは、今やグローバル時代の申し子的経済インフラになります。日本の特許システムは、そのためのモデルとなり得るのかどうか。第三章で詳細分析されるように、そこにこそ問題があると考えています。

特許システムの変遷とＷＴＯの特許世界

ＴＲＩＰｓ協定発効の前後

発明を保護する国際特許ルールの実現こそ世界的イノベーションのための欠くことのできないグローバル経済システムの一つになります。その第一弾が、一九九五年（平成七年）のウルグアイ・ラウンド交渉で成立したＴＲＩＰｓ協定です。その前年の一九九四年に、日米両国は特許摩擦を巡る貿易交渉を経て特許合意に至ります。それは、両国特許庁長官がサインしたLehman-Asou Accordです。背景には日米間で紛争化した相当数の個別の通商特許問題があり、そのときの両国の要求項目は、次のようなものでした。

米国の対日要求項目の概要

第一は、日本特許法に英語出願手続を導入することです。これは背景に、米国特許出願の「発明の構成要件」を巡り技術用語の誤訳の結果に基づく記載要件違反とした日本特許庁の特許審査について争われた事件があります。これは米国特許出願の原文にまで遡って技術用語を補正するのを認めないとした日本の最高裁判所（以下、「最高裁」と称す。）の判決に由来するものです。

第二は、公衆審査付きの特許審査を採用していた日本特許法によって仮特許（特許公告）された発明に対し、第三者が異議申立のできる再審査システム（特許前の異議申立制）を特許後の再審査システム（特許後の異議申立制）に切り換える要求項目です。背景には、日本企業による多数の異議申立によって特許審査を大幅に遅延させた米国出願人のｔＰＡ（血栓溶解剤）特許事件、コダック特許事件、アモルファス特許事件の物質特許に係る個別事例などがありました。

例えばアモルファス特許事件の物質特許についてみると、この物質特許に係る発明は、一九七三年になされた出願で一九八〇年に審査官による最初の特許審査をクリアし仮特許（特許公告）されたのですが、それにも拘わらず、日本企業の特許前の異議申立によって仮特許発明が審査官によって今度は同じ発明について仮特許が否定され拒絶されました。その結果について特許オーナーのアライド社は、この拒絶に対し不服審判で争い、一九八四年には特許を成立させています。この物質特許は、特許無効審判で日本企業とさらに争われ、アライド社が勝訴したのは一九九〇年でした。ここに至って、ようやく特許オーナーが安心して特許の権利行使をすることができたということになります。当然、仮特許による権利行使は無理です。特許が成立していれば特許無効訴訟で負けるリスクはありますが、特許は権利行使できます。本件特許は、特許期間は僅か九年です。本件特許は特許無効訴訟に勝訴してから三年後の一九九三年には特許切れ、いわゆる特許期間が満了し消滅しています。

第三は、厳しい条件付きの早期審査手続の改善要求になります。当時の日本特許庁は、特許審査の遅延に影響する審査手続の法改正や特許審査能力を高める特許審査官の大幅増員もままならない状態で審査遅延は目に余るものがありました。一九八九年に始まった日米構造協議（ＳＩＩ）で、こうした米国側の要求に対し日本政府として「五年以内に平均審査処理期間を二年に減ずる」処置をとることに合意しています。

特許庁の国際課長のときでした。真偽のほどは定かではないのですが、ときの米国通商代表部（ＵＳＴＲ）は、財政当局の旧大蔵省に日本特許庁の特許審査官の大幅増員の必要性を訴えたという話もあります。

日本の対米要求項目

日本の主要な対米要求項目は、「サブマリーン特許」と「ＩＴＣによる特許製品の水際措置に関する通商法三三七条」の問題に尽きます。

まず米国関税法三三七条に触れておくと、日本側が米国問題としたのは、米国の税関が行う水際処置手続について、米国関税法三三七条に基づく当事者が行う国際貿易委員会（ＩＴＣ）の特許侵害訴訟手続が被提訴側（外国企業）にとって事実上対応困難な手続を含むことでした。この問題は後に日本がEUに働きかけEUのガット提訴を介し米国に対応させた経緯があります。

また「サブマリーン特許」は、出願から秘密のまま長期間経過した後に浮上する特許のことをいいます。先発明主義手続の旧米国特許法では、特許期間は「特許日」から数えて一七年間でした。この特許システムでは、なぜ「サブマリーン特許」が発生するのか。大雑把な説明ですが、それは特許期間の起算日を「特許日」としていることに由来します。先発明主義手続において発明の後先を決めるのは「発明日」です。そのため、先願主義手続において発明の後先を決める「出願日」を特許期間の起算日とすることはできない。起算日を「発明を公開する代償」となる「特許日」とするのが最も合理的です。そうなると、出願人（発明者）側は産業界の動きをみながら審査を長引かせる手続、例えば分割、補正、継続出願手続などを繰り返すことによって「特許日」を遅らせることができます。結果として特許オーナーは特許の権利行使を後ろ倒しにすることによって、ビジネス的には優位な立ち位置を獲得できることになります。これが「サブマリーン特許」と謂われる発明で、事実、当該技術が日欧で普及してから米国で出願から二一年目に突然浮上し特許として権利行使された有名な一チップマイコンの基本発明のハイアット特許とか、出願から三三年目に浮上し同じく権利行使された電子画像の自動解析の基本発明のレメルソン特許などを挙げることができます。

旧米国特許法には出願後一八か月で出願が自動公開される出願公開システムを採用していなかったため、それらは米国出願から二〇年後、三〇年後に突然浮上した米国特許になります。極論すると、日欧では当たり前に使用されていた技術に相当すると考えていたハイアット特許とかレメルソン特許の特許期間が米国で突然開始され権利行使されるという異常事態が発生します。これが、先進国間の国際競争関係が深化する中で浮上してきた「サブマリーン特許」の謂れです。当然、先進国間の通商問題になっていました。

「サブマリーン特許」を発生させないシステムは、先願主義への審査手続の転換であることは論を待たないことでしたが、米国の国内事情がそれを許さない。日米間での合意は、第一は発明保護を「出願日から二〇年」とする特許期間に合意すること、第二は他の先進国が採用する出願時から一八か月経過後に出願を自動公開する出願公開制度を導入することでした。

それ以外に、第三として日本側要求を受け入れた形で特許成立後に第三者の異議申立による再審査システムの採用が含まれています。

主要国の知財動向

図表7に挙げた主要国の知財動向項目は、ＴＲＩＰｓ協定の発効と前後して日米韓の動向に加え、台湾および中国のＷＴＯの同時加盟などがあります。一九九四年の日米特許合意事項である米国の出願公開制度は、一九九九年に至り一部例外を認める出願公開制度として法改正されています。

それから一〇年以上過ぎた二〇一一年に至り、オバマ大統領によって「先公開主義に基づく先願主義への転換」の法改正がなされています。それには一九九五年の「出願日から二〇年の特許期間」と

図表7　日米特許合意後の主要国の知財動向

- ・平成5　(1993)年　[日本] 特許法改正
- ・平成6　(1994)　日米特許合意 (Lehman-Asou Accord)
- ・平成6　(1994)　[日本] 特許法改正 (TRIPs対応含む)

1995　WTO協定発効

- ・平成7　(1995)　〔米国〕出願から20年の特許期間の採用
  - 〔日本〕科学技術基本法制定 (第一次科学技術基本計画)
  - 〔韓国〕TRIPs対応の特許法改正 (含：特許法院の設立〈1998〉)
- ・平成10 (1998)　〔中国〕国家知識産権局 (国務院)
  - 〔日本〕大学等技術移転法の成立
  - 〔日本〕損害賠償の強化
- ・平成11 (1999)　〔米国〕早期公開制度の採用
  - 〔日本〕産業再生法 (日本版バイドール法の制定)
  - 〔日本〕権利侵害に対する救済措置
  - 〔日本〕特許審査請求期間の短縮 (7年→3年)
- ・平成13 (2001)　〔中国〕WTO加盟
- ・平成14 (2002)　〔台湾〕WTO加盟
- ・平成23 (2011)　〔米国〕先公開主義に基づく先願主義への転換

一九九九年の「一部例外を認める出願公開制度」とが組み込まれていますので、一九九九年の時点ですでにサブマリーン特許問題は解消しています。

中国のWTO加盟は二〇〇一年であり、翌二〇〇二年に台湾の加盟が認められています。ここから台湾および中国の経済成長がWTOの枠組みで本格化していきます。

二〇一一年のオバマ大統領による米国特許法の改正によって、ようやく国際的な発明保護のための国際特許ルールについて議論できる環境が整ったという印象です。

米国の先発明主義から先願主義への特許法の切り換えについては、TRIPs交渉が本格化する直前の一九八七年初頭に日本特許庁の黒田明雄長官と米国特許商標庁のドナルド・J・クイッグ長官との間で非公式協議が行われています。二〇〇七年四月号の社団法人日本工業倶楽部の会報（第二二〇号）に寄稿された『先願主義への統一』の中で、黒田元長官が二〇年前のクイッグ長官との生々しい攻防について先進国が「先ず特許制度の根幹を揃えることこそ肝要」と指摘し、クイッグ長官をして「米国も先発明主義から先願主義に移行する」との宣言を引出し、そのことが「瓢箪から駒が出た」と二〇年前の強烈な印象を開陳しています。そのことを黒田元長官は、会報の中で「山は動かなかった」といい、「米国が先願主義に転換すれば夢の『世界特許』への扉が開かれる。私は、なお、見果てぬ夢を見続けている。」と、結んでいます。

黒田元長官が指摘したことは、途上国を説得することができるように、まず先進国が発明保護のための理念（特許理念）に適う特許ルールに平仄を合わせ、それをもって国際特許ルールとすべきであるというものでした。米国特許商標庁のクイッグ長官も流石に「分かった。米国も先願主義に移る」と答え、その代わり日欧に対する一八項目のクイッグ提案をしています。これがオバマ大統領による法改正のときを遡ること四半世紀前の日米特許対話での出来事です。四半世紀前のこのことは、その後の日米欧三極の特許対話に至っていない。欧州はヨーロッパ特許庁（ＥＰＯ）です。このことは、先進国が率先して国際特許ルールの確立を進める上での足枷または障害となった問題の根底にあるということです。

端的には、ＥＰＯは米国が先願主義に移行するための条件とした「グレース・ピリオド」を含む一八項目のクイッグ提案を黙殺したということです。銘記すべきは、ＥＰＯを加えた日米ＥＰＯ特許庁間で特許システムを扱うことはできないということです。これは今や、隠しようのない事実です。

米国の特許戦略

レーガン政権時代の「米国の特許戦略」を表す図表8のフローチャートがあります。これは、カーター政権末期からTRIPs交渉開始までの米国の知財動向を表す、ウルグアイ・ラウンド交渉に先立ち「日本の知財戦略」を審議したときの資料の一部です。左上段に、今ではよく知られた産学連携の基本法のバイ・ドール法があり、右上段に、カーター大統領による米国産業再生のためのイノベーション教書が示されています。いわゆるカータードクトリンに基づく政策展開は、「創造的破壊」を連鎖する特許システムを中心に据えていることがみて取れます。

「米国の特許戦略」は、プロパテント（特許重視）政策、具体的にはCAFC（合衆国連邦巡回区控訴裁判所）の設立に始まり、「ヤングレポート」の勧告による米国特許商標庁（USPTO）の強化策を含む知財に関する国内法の整備に続き、知財マターの国際展開として一方では「アメとムチ（Carrot & Stick）」を駆使した途上国戦略と、他方では日本との国際特許庁創設までも視野に入れた具体策が示されています。それは、驚くほど周到で、かつ、戦略的です。

プラザ合意後の日本経済

一九八五年九月にレーガン大統領が発表した貿易政策行動計画（TRAP）に端を発するGファイ

図表8 米国の特許戦略

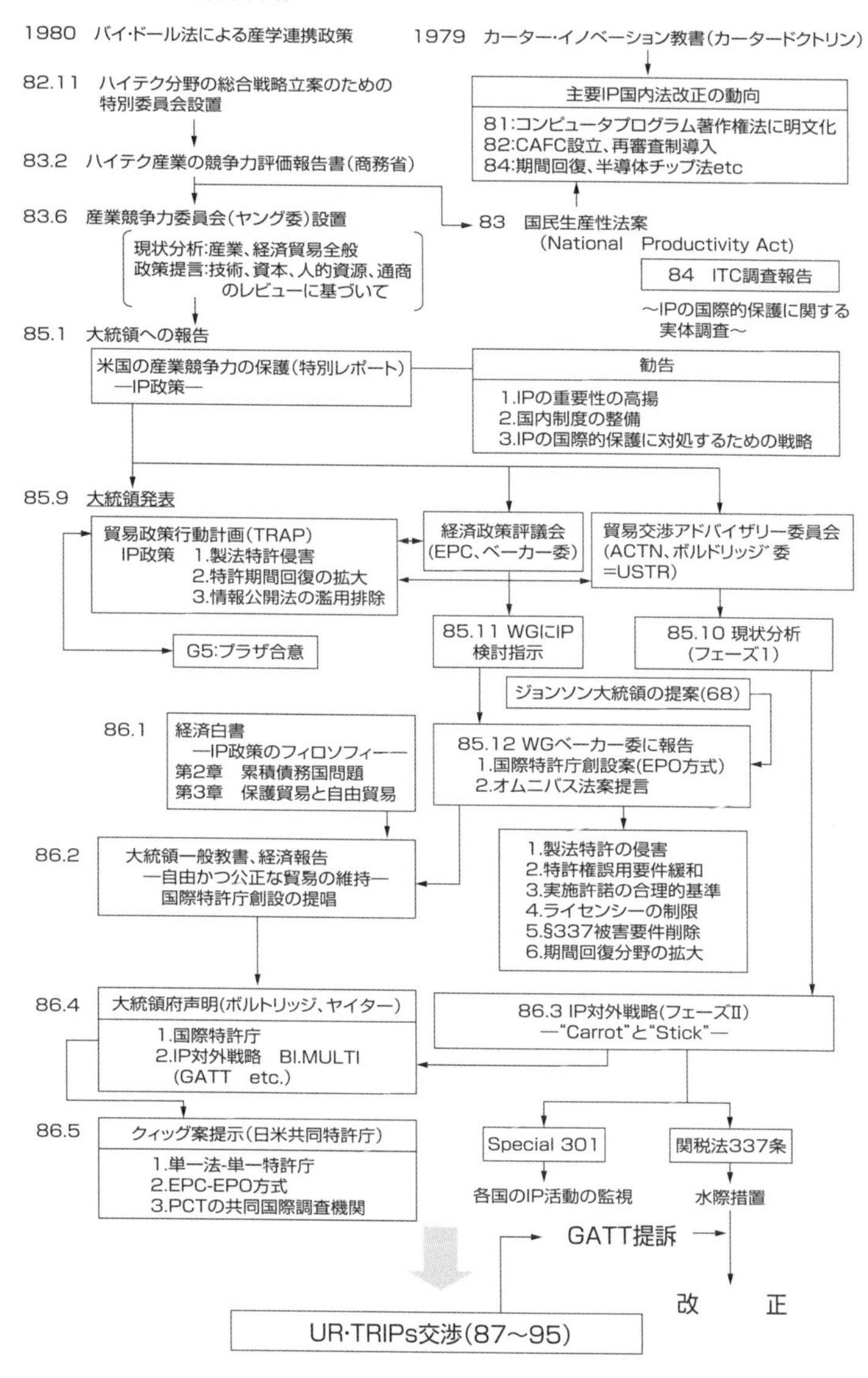

1980 バイ・ドール法による産学連携政策
1979 カーター・イノベーション教書(カータードクトリン)
82.11 ハイテク分野の総合戦略立案のための特別委員会設置
主要IP国内法改正の動向
81:コンピュータプログラム著作権法に明文化
82:CAFC設立、再審査制導入
84:期間回復、半導体チップ法etc
83.2 ハイテク産業の競争力評価報告書(商務省)
83.6 産業競争力委員会(ヤング委)設置
83 国民生産性法案 (National Productivity Act)
現状分析:産業、経済貿易全般
政策提言:技術、資本、人的資源、通商のレビューに基づいて
84 ITC調査報告
〜IPの国際的保護に関する実体調査〜
85.1 大統領への報告
米国の産業競争力の保護(特別レポート) —IP政策—
勧告
1.IPの重要性の高揚
2.国内制度の整備
3.IPの国際的保護に対処するための戦略
85.9 大統領発表
貿易政策行動計画(TRAP)
IP政策 1.製法特許侵害
2.特許期間回復の拡大
3.情報公開法の濫用排除
経済政策評議会 (EPC、ベーカー委)
貿易交渉アドバイザリー委員会 (ACTN、ボルドリッジ委 =USTR)
G5:プラザ合意
85.11 WGにIP検討指示
85.10 現状分析 (フェーズ1)
ジョンソン大統領の提案(68)
86.1
経済白書 —IP政策のフィロソフィー—
第2章 累積債務国問題
第3章 保護貿易と自由貿易
85.12 WGベーカー委に報告
1.国際特許庁創設案(EPO方式)
2.オムニバス法案提言
86.2
大統領一般教書、経済報告 —自由かつ公正な貿易の維持— 国際特許庁創設の提唱
1.製法特許の侵害
2.特許権誤用要件緩和
3.実施許諾の合理的基準
4.ライセンシーの制限
5.§337被害要件削除
6.期間回復分野の拡大
86.4
大統領府声明(ボルトリッジ、ヤイター)
1.国際特許庁
2.IP対外戦略 BI.MULTI (GATT etc.)
86.3 IP対外戦略(フェーズII) —"Carrot"と"Stick"—
86.5
クィッグ案提示(日米共同特許庁)
1.単一法-単一特許庁
2.EPC-EPO方式
3.PCTの共同国際調査機関
Special 301
関税法337条
各国のIP活動の監視
水際措置
GATT提訴
改 正
UR・TRIPs交渉(87〜95)

ブの「プラザ合意」は、あまりにも有名です。参加したドイツは西ドイツ時代でした。

この合意は、国際経済における日本の一人勝ちに対し、「ドル安円高容認」を時の竹下登蔵相が呑んだか呑まされたというものです。要するに自由貿易を維持する観点から米国が為替に介入した結果、日本の輸出産業が最早国内では対応できない円高環境の中、日本企業の多くは、韓国、台湾、ASEAN諸国、そして中国へと生産拠点を移し海外展開に活路を求めたようにみえます。アジア市場の拡大と新興市場国の登場は、こうした日本企業の貢献なくして存在しなかったはずです。浜田宏一は、前出の著作の中で、超円高対応を強いられる日本企業とウォン安で対応できた韓国企業とでは、どう足掻いても日本企業に勝ち目がなかったことを実証しています。一ドル七〇~八〇円の為替レートは、企業努力の限界を超えた為替レートであったということです。極論すると、政策的準備は滞り、このようにして日本の技術やノウハウがアジア地域に流布され、それらが現地企業への技術移転と現地人の巧妙な模倣とによってアジア諸国の工業化を促し、アジア諸国の経済成長に貢献したという見方になります。

これは「パクリ経済のイノベーション」によるとの見解があり、それを助長する仕組みの一つに特許システムにあることは、意外と等閑視されていたように思います。皮肉なことに特許システムがその一翼を担っていたということです。

具体的一例として、特許出願から一八か月後に出願申請した「発明」の全てを強制公開する「出願公開制度」の不完全な仕組みを挙げることができます。この不完全な仕組みは、運用問題ではなく制度問題です。この情報化時代に特許審査の評価をせずに無審査状態で特許出願の全ての「発明」を一方的に世に公開してしまう制度問題です。詳細は第四章で解説します。

日本特許庁の「二〇〇五年特許行政ビジョン」

一九九八年作成の特許行政ビジョン

これは約二〇年前の話です。一九九八年に日本特許庁は「二〇〇五年特許行政ビジョン」を提示しています。そのときのキャッチフレーズは、「プロパテント時代を活かす」と「特許を見れば世界がわかる」というものでした。これは、ときの荒井寿光長官および清水啓助特許技監と共に進めた二〇〇五年を目標とする政策提言です。

(一) リアルタイム・オペレーションの実現

提言の第一は、「リアルタイム・オペレーションの実現」でした。改めてこうした政策提言をする背景に、日本特許庁に特許出願の膨大な審査案件の滞貨の山があったということです。日米構造協議等で取り上げられた日本の特許出願の審査の遅延問題は、『一九九五年USTR外国貿易障壁報告書』の中で「特許出願の最初の提出から特許に至るまでの合計時間は、通常五~六年であり、さらにしばしばそれ以上である。これとは対照的に、米国特許商標庁は出願日から特許発行まで平均一九か月を要している。この日本における冗長な遅延は、製品寿命のサイクルが特に短くなりやすいハイテク分野において著しい被害を与えている。」と指摘されています。一九九七年に開催された座長有馬朗人による『二一世紀の知的財産権を考える懇談会』の基本コンセプトは、発明の創造に始まり特許の権利設定を経て特許活用に至る「知的創造サイクル」の原動力を実現するということでした。「リアルタイム・オペレーションの実現」は、こうした視点に立った特許、意匠、商標等の知財の権利設定のための審査を抜本的に改革する提言です。当時にあって特許審査はとりわけ待ち時間が長く、通常で三年から四年待たないと審査が始まらなかったのです。審査官の大幅増員がままならない中、審査官の審査をサポートする審査調査官制度の採用、民間の特許サーチ機関の活用、最終的には審査を適正化する特許法改正など、徹底してその実現可能性を詰め、「リアルタイム・オペレーションのサービスを提供する」という提言にまとめたものでした。

これをもって国内のクスリ業界をはじめ産業界他にも説明に回りました。米国特許商標庁にも出かけ、また米国の米国知的財産法律家協会（ＡＩＰＬＡ）にも説明に行きました。そこでの特許プロたちのコメントを紹介すると、それは「日本特許庁は本気か」というものでした。日本の実態を十分に知り尽くしていた彼らだからこその感想であったのだと思います。

（二）サーチエンジンの開放

提言の第二は、特許審査官が日々利用する日米EPO三庁の特許データベースと日本特許庁のサーチエンジンを、無償開放することでした。「発明」を「戦う特許」に仕上げるためには、「発明」と従来技術との徹底した差別化が必要です。そのためのデータベースとサーチエンジンは、発明を特許に仕上げるための必然のインフラです。特許情報サービス会社はすでに営業していましたが、当然、有料サービスで初歩的サーチエンジンによるものでした。従来技術との徹底した差別化作業に多額の費用を要するのは問題であるとの観点から、これは日米EPOの三庁が協力し推進したプロジェクトの前倒し提案になります。当時、日本特許庁は既存の印刷公報の電子化を完了し、発明保護の審査実務も端末PCで処理するペーパーレス環境に入っていました。それは、出願人や弁理士などのユーザーに特許庁の審査官と同じ環境を提供することを意図したものです。

(三) **審査請求期間の七年から三年への切り換え**

提言の第三は、「審査請求期間の七年」を「審査請求期間の三年」にする法改正でした。特許審査の遅延に関わり日米特許対話で問題にされた仕組みの一つです。(一) および (二) 同様、今では当たり前の特許庁サービスのインフラです。

(四) **特許の「侵害し得」規定の見直し**

提言の第四は、米国の特許高等裁判所に相当する特許などを専属管轄する合衆国連邦巡回区控訴裁判所（CAFC）に類する知的財産高等裁判所を、二〇〇五年を目途に設立し、欧米に比べ特許に対する「侵害し得」の損害賠償の認定規定の特許法一〇二条「損害額の推定等」を見直すということでした。この規定の見直しは一九九八年に法改正されており、知的財産高等裁判所の設立は二〇〇五年に実現しています。

現実は、これによって「侵害し得」が大いに改善されたといえるかどうかです。第三章で、今やそれが極めて深刻な事態であることを説明します。

（五）出願構造の国際化

提言の第五は、米国から「パテント・フラディング（特許洪水）構造」との指摘を受けた日本の出願構造、端的には基本発明の周辺を膨大な出願で囲い込み基本発明の実施を脅かす日本企業の出願ビフェイビアの是正を促す一方で、グローバルな経済活動の中「出願に占める海外出願の割合の少ない」日本企業がその軸足を海外出願へと切り換えるよう促すものでした。

パテント・フラディング（特許洪水）構造は、一九八八年の特許法改正による「多項制」という特許範囲を表す「発明」の定義方法の採用で一つの出願にまとめる発明数の増加傾向から今では相当改善は進んでいるように見受けられます。

ところが、「出願に占める海外出願の割合」は依然として不十分であることは、「二〇一五年データ」の大企業の出願動向から明らかです。外国出願を除く全出願の九割は日本の大手企業によるものです。それにも拘わらず日本の大手企業の外国出願比率は未だに三〇％程度です。国内出願の七〇％は、如何なる企業戦略に基づくものなのでしょう。

出願すると、出願から一八か月後の出願公開によって発明内容の全ては、強制的に世界に向けて公開されます。国内市場に限ったビジネス展開に終始しているとは、とても考え難いことです。そうであるなら国際展開は当然のことです。出願から一八か月後の出願公開前に出願人自らが取下げ手続をしない限り、発明内容の全ては強制公開されます。さらにいえば、特許化せずに世界に向けて公開する出願は何のためのものなのでしょう。世界に向かって自らの発明や技術ノウハウを無償公開することがいかなるビジネス価値をもたらすのか、これは全く理解し難いことです。

新興市場国企業の追い上げに手を焼いている日本企業の経営者たちは、この事実を承知しているのでしょうか。油断しているようにしかみえない。まともな特許プロは、クライアントに実施予定の立たない発明は出願しないか、たとえ出願した場合でも、出願公開前に取り下げるようアドバイスします。手掛ける出願は、できるだけ出願公開前に特許化を試みます。それは、クライアントのための「戦う特許」群になると信じるからです。競合相手が気付いたときはすでに特許になっていることが、特許戦略展開の一つの鍵になります。

ガラパゴス知財

特許の価値評価と特許司法

国際特許を活かす時代背景として指摘すべき課題の一つは、日本で生まれた特許の価値評価だと思います。あえていう「ガラパゴス知財」は、特許プロの実務者からは咎めを受けそうなフレーズと承知しています。ですが、日本特許を巡る損害賠償とか特許価値が米国相場は勿論のこと、新興国での相場と比べてもびっくりするほど安い。米国相場の数十分の一とかいわれる日本の損害賠償は、新興国の損害賠償もこれほど安くはないとまでいわれる有様です。しかも特許訴訟で特許オーナーが勝てる確立は二割という吃驚するようなデータが第三章で示されます。それは当然、特許オーナーが特許庁で散々苦労して成立させた特許による訴訟の勝率です。

日本における特許の価値評価は、要するに権利行使するほどの価値にもなっていないということです。二〇〇五年に設立された知的財産高等裁判所（以下、「知財高裁」と称す。）は、損害賠償や製造差し止めの仮処分など、本来的機能を十分に果たしていると評価されているのでしょうか。そこで、大村智と中村修二博士たちのノーベル賞受賞者への喝采と画期的な発明を巡る話題性を取り上げてみました。

大村智博士は、米製薬大手のメルク社と共同開発した抗生物質の「イベルメクチン」が「重い熱帯病を撲滅寸前まで追いやっています。」と馬場錬成著『大村智物語』（二〇一五年　中央公論新社）は伝えています。馬場錬成は、その中で「大村はこれまで国際的な産学連携に取り組み、約二五〇億円の特許ロイヤリティー（特許使用料）を研究現場に還元」（108頁）したという。さらに、米国企業から二〇〇億円以上の特許ロイヤリティーを引き出させたという衝撃的な事実（119頁）も伝えています。これを巨額とみるのかどうかです。特許価値からすると当然とみることもできます。

これと対比される、通称「４０４特許」で知られる「高輝度青色発光ダイオード製造において結晶成長の過程で利用できる技術」に関する帰属を巡る日本の特許訴訟が象徴的です。一審の東京地方裁判所（以下、「東京地裁」と称す。）は、二〇〇二年九月一九日に「４０４特許」を被告の日亜化学工業に帰属するものとの中間判決を出し、損害賠償の判決は、「４０４特許」の対価は六〇四億円という計算に基づき、その五〇％をその価値と見做し原告の要求額である二〇〇億円の支払いを命じるものでした。これも衝撃的でしたが、特許プロからみて納得のいく常識的判断に基づく判決でした。もちろん被告の日亜化学工業は控訴し、知財高裁の設置直前の二〇〇五年一月に、東京高等裁判所（以下、「東京高裁」と称す。）は判決を出さずに両当事者に和解勧告し、両者の和解を成立させました。東京高裁が一審判決の二〇〇億円強の賠償額を僅か六億八五七万円で和解させたことに特許プロならずともその非常識さに驚きます。発明者中村修二は納得せず、泣く泣くの和解であったと報じられています。

長谷川龍三（大阪市立科学館学芸員）は『青色ＬＥＤ裁判は何だったの？』（大阪市立科学館友の会会報誌「月刊うちゅう」二〇〇六年七月号）の中で、「特許の対価が大幅に変わった一因は、日亜化学の貢献度を95％、中村氏の貢献度を５％としていることです。しかしこの数字はどれだけ貢献したかという判断で決まったのではなく、なんと特許の対価があまりに高額にならないように決められたようなのです。このような内容で、よく和解が成立したもんだなぁと思います。」とコメントしています。事件は、そう評されても致し方のない結末になっています。事実上和解を強いた判事は本訴訟を弁論主義によらずになぜ和解勧告をしたのか、すなわち判決によらずになぜ和解勧告をしたのかを問いたいものです。ばつの悪いことには、中村修二のノーベル賞受賞は和解後の出来事です。和解勧告がもしノーベル賞受賞後であったら、判事は同じ評価をしたでしょうか。

こうした事例が氷山の一角だとすれば、日本の特許訴訟は、言い過ぎですが「ガラパゴス知財」ということになるように思います。超低額損害賠償に加え和解勧告、これが強要かどうかについてはいろいろと議論があるにしても、今や国際特許を活かす時代にあってこうした特許裁判システムを放置しておいていいのでしょうか。

裁判所は弁論主義で裁かれるもので、職権主義または職権探知主義で裁かれるものであってはならないはずです。裁判所の一方的判断で上訴できない和解勧告で特許対価を提示するのは、弁論主義と矛盾します。ビジネス的国際相場を勘案しない判事が和解勧告で特許対価を提示するのは筋違いというのは、言い過ぎでしょうか。特許価値の矮小化は、特許を貶め、特許システムのイノベーション機能を奪い特許庁をして単なる登録機関になさしめるものです。

この有様では、日本市場でのハイテク分野のベンチャービジネスなどは、特許戦略も展開できずにアーリーステージで消えていくしかないように思います。

国際特許ルールのロードマップ

揺籃期の日本特許システム

ウルグアイ・ラウンドが始まる前に、特許システムをまともに運用していた途上国はありません。彼らはイノベーティブな先端技術は先進国または先進国企業で生まれ、追いかける二番手、三番手の技術も先進国または先進国企業同士の競争から生まれてくるものと信じていた印象が強い。

冒頭で紹介したように揺籃期の日本は、不思議な途上国です。明治日本の不思議さと大胆さは、欧米で最も洗練された米国の特許システムを導入し、地場産業中心の担い手たちを鼓舞し、産声を上げたばかりの国内産業を帝国主義時代の欧米諸国の産業に対抗させようと試みたことです。先進国に奪われた関税自主権を復活させてもらえない一途上国に過ぎない日本の試みは、無謀とも思えるものでした。またドイツ帝国が成立して間もない当時にあって、国内産業を自立させるインフラとして米国の特許システムを日本に持ち込んだ高橋是清の凄さは、創設間もない農商務省内の強い反対を押し切って模倣盗用を決して許さない特許システムを創設したことです。巧妙な模倣盗用に明け暮れる新興国のビヘイビアをみるにつけ、特許プロたちがそのことを不思議と思わないことが不思議です。

日本の特許システムは、大正一〇年（一九二一年）の法改正で欧州の新興国であったドイツ帝国の特許システムに倣い先願主義に切り換えています。先発明主義から先願主義への切り換えに是非はありますが、先願主義に切り換えた日本特許法は、戦時法制を経て、戦後の経済インフラに位置付けられ、運用されてきました。ウルグアイ・ラウンド以前の国際特許システムの統一化の動きが日米欧三極で決まる理由は、ここにあります。TRIPs協定に代わる発明保護の理念（特許理念）に立脚した国際特許ルールの実現は、グローバル競争の適正化という観点からは、今がタイミングだと思います。

本来なら、これは日米欧の先進国主導で進めていくしかない。ところが、模範となるべき先進国の特許システムおよび運用はバラバラで、特許システムとして不完全です。また、模範となるべきイノベーション政策の特許戦略は様々であり、他方で経済政策論でも巧妙な模倣盗用による新興国の経済成長をまともな経済行為であるかのごとき扱うなど、未完の国際特許システムにメスを入れるタイミングは今しかない。実は、半世紀前にも同じような試みがありました。

国際特許のルール化を巡る主導権争い

ウルグアイ・ラウンド以前の国際特許のルール化は、一九八五年以前の「統一化の動き」の図表9

図表9　国際的特許システムの統一化の動き（1985年以前）

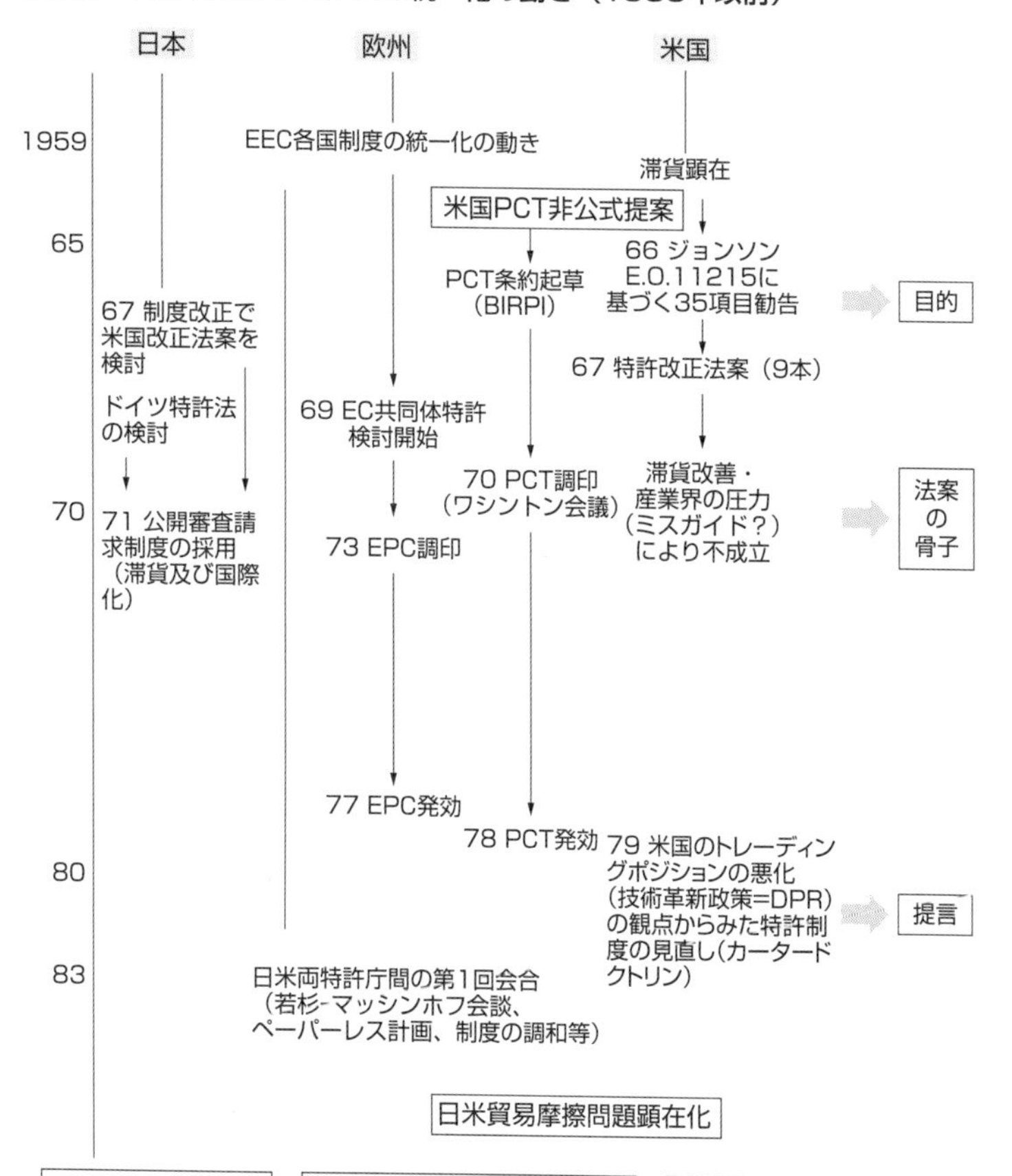

目的
万国特許権の設定委員会勧告（18）
(1) プラクティスの国際調和
(2) 地域ブロック体系のグループ化
(3) 情報検索万国組織網

法案の骨子
(1) 先願主義の採用（インターフェアランスの廃止）、グレース・ピリオド
(2) 早期公開制及び仮保護
(3) 出願から20年の存続期間
(4) インベンターシップの変更
(5) 情報提供制度（ex-parte）
(6) その他

提言
(1) CAFCの設置
(2) 再審査制の採用
(3) オートメーションプログラム
(4) 料金値上げ・特会
(5) 新保護領域の立法化
(6) その他

にあるように日米欧三極が中心でした。「三極」それぞれは対等のようですが、一九六〇年代の後半に入り、発明保護の仕組みを共通化する国際的動きは、米欧二極の主導権争いの様相で進展していました。もちろん日本はそれに参加できる実績もなくその立場でもなかった。日本は、戦後復興に続く高度経済成長期にあって傍観者のようにその動向に遅れまいと、当時の特許プロたちは必死に国内対応をしていたのでしょう。図表9の「国際的特許システムの統一化の動き（1985年以前）」で三極の動向を解説すると、左側が日本で、中央が欧州で、右側が米国です。

まず一九六〇年代後半の特許や著作権などの知財動向についてみると、当時は「工業所有権に関するパリ条約」（一九世紀末の万博時代に締結された発明の国際的保護ルール、「パリ条約」と通称される。）と「著作権に関するベルヌ条約」の戦前から続く国際的事務局（ＢＩＲＰＩ）を発展的に解消し、より強固な国際機関を設立する機運が欧米中心に盛り上がり、最終的には一九六七年に、国際連合の一四番目の専門機関として世界知的所有権機関（ＷＩＰＯ）が誕生しました。

ＷＩＰＯ運営の主導権を米欧のいずれが握るのか、そのための米欧それぞれの発明保護の国際特許ルール化戦略は、図表9から推測されます。

（一）米国の動き

当時米欧の動きをみていた日本特許庁は、その分析ペーパーに、米国の動きが、図表にあるように、一九六六年にジョンソン大統領のエクゼクティブ・オーダーに基づく三五項目の勧告を詳細に分析し、目的が「万国特許権の設定」であると理解しています。その内容は、第一にプラクティスの国際調和、第二に地域ブロック体系のグループ化（地域特許庁創設）、第三に情報検索（サーチエンジン）万国組織網、というように古めかしいフレーズで、解説されています。

さらにその翌年に、九本の関連特許法案が米国議会に提出されました。結論をいうと、全て廃案になります。いずれも成立しなかった法案のそれらは、日米特許対話で議論した先発明主義を先願主義に切り換えることを骨子とするものです。

それは、次のような項目を骨子とします。列挙すると、第一に特許出願の一八か月経過後の出願公開制度、第二に特許期間について「特許日」から起算した一七年を「出願日」から起算した二〇年間とする特許期間の切り換え、第三に当事者系で弁論主義の特許無効訴訟とは異なる第三者による情報提供システム、要するに職権探知主義による特許後の再審査制度の導入等を含むものでした。

明らかなことは、これは完全に欧州の特許システムに平仄を合わせたものです。当時の米国がなぜ先発明主義に基づく手続と対置する先願主義に基づく手続へと一八〇度転換する必要があったのでしょうか。この法改正は米国内で総反発を食います。

（二）欧州の動き

欧州の動きは、一九六六年の米提案に係る特許協力条約（Patent Cooperation Treaty―ＰＣＴ）構想から推測することができます。

欧州（ＥＥＣ）域内は、米提案に先だち、一九六二年にローマ条約に基づき「欧州共同体単一特許」、要は「欧州単一特許」の共同体特許法条約（ＣＰＣ―Community Patent Convention―）について第一次草案が作成されていました。その一方で一九六四年には、当時欧州共同体（ＥＥＣ）に不参加の英国など欧州自由貿易連合（ＥＦＴＡ）は、ＣＰＣとは別途に締約国の指定国のみに有効な特許を指定国数の特許群「欧州各国特許の束」として設定する欧州特許法条約（European Patent Convention―ＥＰＣ）について提案していました。このＥＰＣには「欧州各国特許の束」、要するに「ＥＰＯ特許」を設定するヨーロッパ特許庁（ＥＰＯ）を創設する条項を含むものでした。ＥＰＣは、単一のヨーロッパ特許庁（以下、「ＥＰＯ」と称す。）の手続によって各締約国の特許を設定する特許審査を代行する欧州の地域特許法条約です。他方で、ＣＰＣは、欧州共同体単一特許（欧州単一特許）、要するに「ＣＰＣ特許」を設定する共同体特許法条約であって単一特許庁と単一特許裁判所とを一体で構築する必要があるため、未だ実現されていない特許システムです。勿論ＣＰＣの単一特許庁は特許審査代行機関ではないので、現行のＥＰＯとは異なる権能と機能を有することになります。

現在のＥＰＣは、特許紛争を加盟国裁判所に委ね、発明の特許審査のみをＥＰＯの審査官に代行させる特許法を組み込んだ欧州の特許システムになっているのです。発明審査の最終処分、具体的には申請された発明について特許を認めないとする拒絶決定に対する不服審判の審決と、特許後に第三者の特許発明に対する異議申立で当該特許を否定する決定とで、ＥＰＯの特許審査は完結しています。そのためＥＰＯは、未だ特許裁判所とは連動しない特許審査代行機関ということになります。欧州の現状は、ＥＰＯを締約国の特許審査代行機関に位置付ける一方で、締約国のイギリスやドイツなどは、別途に特許審査を行う国内特許法と国内特許庁および特許訴訟を裁く裁判所とを有するなど、要するに審査のダブルトラックのシステムになっています。

例えばドイツ国内には、ＥＰＯで成立したドイツ国指定の「ＥＰＯ特許」とドイツ特許庁で成立した「ドイツ特許」が渾然一体となっています。ＥＰＯとドイツ特許庁の特許性に関する審査基準は異なるにも拘わらずドイツ国内には特許性に関する基準を異にするＥＰＯ特許群とドイツ特許群が併存しているということです。特許訴訟はいずれもドイツ裁判所で裁かれます。

欧州のこうした現状は、発明保護の国際特許ルールの観点からすると、中途半端な地域特許システムという印象を拭うことができません。

また現行のＥＰＣは、「出願日から二〇年の特許期間」で発明を保護する先願主義の審査手続を骨子とし、ビジネス的にはほとんど実施不能と評される「補償金請求権」とを一体に組み込み、未審査のまま出願から一八か月経過後に自動的に発明を公開する出願公開制度を採用し、出願から二年以内に行う審査請求手続によって出願公開後に特許審査を開始する制度を合わせて採用しています。二年以内に審査請求手続がされないと出願は全て、出願取下げの扱いになります。

(三) 日本の動き

一九七〇年（昭和四五年）に、日本は、当時の西ドイツの特許法に倣い、特許審査の滞貨増と審査遅延対策の観点から「補償金請求権」付の「特許出願から一八月経過後の出願公開制度」と審査遅延制度と評される「七年間の審査請求制度」とを一体的に併用する法改正をしています。

因みに米国は、審査遅延（deferred examination）を前提とする審査請求制度は発明保護の理念（特許理念）と矛盾すると見做していたようです。現行の米国特許法においても「出願から一八月経過後の出願公開制度」は採用されていますが、日欧他の先願主義を採用する各国が採用する審査請求制度は導入されていません。要するに米国特許法は、唯一出願された全ての出願の発明が出願と同時に審査されるシステムを採用しています。

補償金請求権と出願公開

実施不能と評される補償金請求権が付与された出願公開のシステムは、なぜ考え出されたのでしょうか。特許未成立で特許範囲が確定していない、すなわち出願から一八か月後に出願公開された発明はどのようにすれば補償金請求権を行使できるのでしょうか。特許範囲が未確定なままの発明をあたかも特許が成立しているように擬制しての請求権行使は、どう考えても実施不能と評するしかない。一九六四年にオランダが突然「補償金請求権」付与の「出願から一八月経過後の出願公開制度」を「七年間の審査請求制度」と一体的に採用しました。誰が考えたのかを調べてみましたが不明です。当時の西ドイツが一九六八年にこれを導入しています。

実務的には、未審査のままの発明を世の中に公表する出願公開制度のシステムは、補償金請求権が付与されているとはいえ、発明保護の実態はなく、発明保護の理念（特許理念）に反するだけではなく現在のようなインターネットや大型ＤＢ利用の時代の到来を全く想定していなかったときに考え出されたシステムだと思います。出願から一八か月後の出願公開システムが、これほどに巧妙な模倣と盗用の「パクリ機能」を助長することに加え競業他者を牽制するためだけの騙しの特許出願を出現させることになるなど、誰も想定していなかったことです。

救いは出願から一八か月経過後の出願公開前に特許審査が決着すれば、こうした事態の多くは回避できることです。

米国内の特許理念を巡る論争

米国は欧州の動きを横目で眺め「万国特許権の設定」を目論むＰＣＴ構想の提案に整合するように国内の法改正をしようとしたのだと思います。

一九六六年のＰＣＴ構想には、「権威ある特許審査機関が特許性基準に基づき審査し、そこで作成された国際特許性証明書を各関係国に送達すると当該特許庁が拒否しない限り当該国の特許にするという特許審査システム」が組み込まれていました。

これは、現行のＰＣＴ条約とは似て非なるこうした構想によって当時の欧州の動きを牽制しようとした米国の動きであって、この動きこそ、図表９に示された米国の特許法改正案が廃案の憂き目にあう背景にある事実です。これがもし実現していれば、今の発明保護の国際ルールは、全く異なった姿になっていたであろうと考えます。

このときの米国の特許法改正案は、国内的には建前上特許を成立させる行政手続を簡素化し、それにより特許審査の遅延問題を抜本的に解消しようとするものでした。端的には、それは審査に付される出願の在庫増に起因する審査および特許公報の発行による特許公開の大幅な遅延、それに伴うイノベーションの停滞を打破し、国際競争力を維持しようとする意図で提案されています。しかし、次の論点によって法案は全て廃案の憂き目にあいます。

論点の第一は、先発明主義手続の正当性です。真正の最先に発明をした（オリジナル）発明者が当該発明の実施に向け発明の具体的実施例の実現を図るように誠実に努力しているにも拘わらず他人による特許庁への最先の特許出願の発明によって特許されない可能性が生じることは、発明保護の理念に反することになるというものです。

論点の第二は、特許出願された発明の公開は「特許」という一定期間の独占権を保証する特許登録によって代償されるのであって、特許出願の手続によって代償されるといった片務的なものではないということです。これは、特許法のバックボーンである「発明を公開した者に独占権を与えて保護する」という「発明公開代償」説を論拠とするまともな意見でした。

特許審査の遅延対策は、審査能力を向上させるのが本筋であることは明らかです。出願から一八か月後の出願公開制度に特許審査の遅延対策機能を期待するという議論の余地は、今や全くない。特許法改正案が廃案となった結果、米国では審査官の大幅増員が認められ、先願主義への手続移行の話は

図表10　国際的特許システム［TRIPs協定の前後］（1986～1995年）

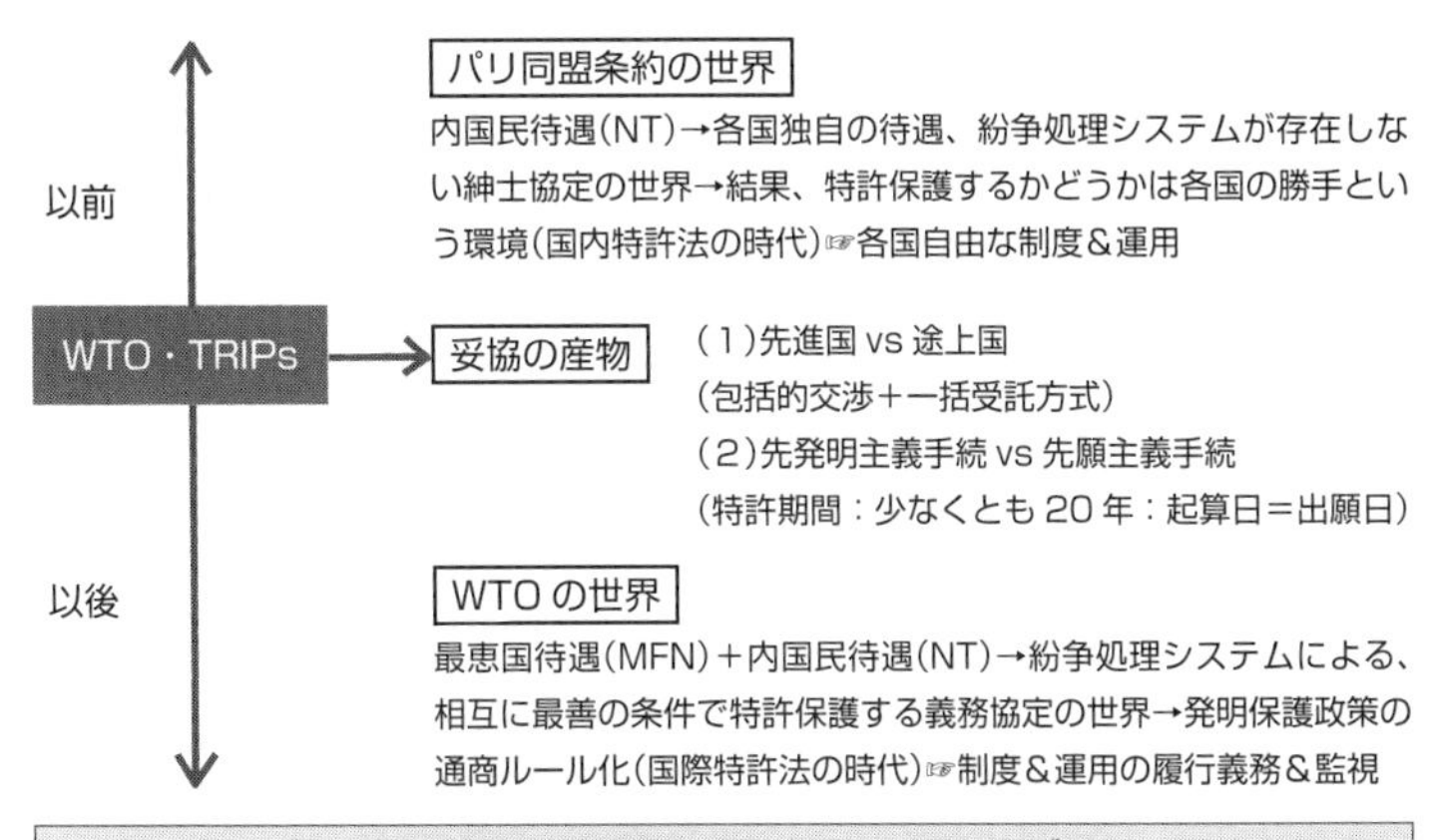

立ち消え、二〇一一年成立の現行の米国特許法は、こうした経験を踏まえた先願主義法制になります。

国際特許ルール実現の分水嶺

国際特許システム実現

図表10の模式図に示したように、TRIPs協定は、未完の国際特許ルールに止まってはいますが、国際特許システム実現の突破口であったことは疑いようのない事実です。

一般原則に最恵国待遇が導入されました。その背景に知財に関する他の加盟国には適用されない一方的な米韓取決めがありました。こうした二国間取決めが他の加盟国にも適用されるようになると、制度として各国の特許システムは当然のことながら標準化されていきます。

紳士協定の終焉

ルール違反に対しては、厳しい対応が要求されます。最早、各国の勝手は許されない。パリ条約の紳士協定は終焉しました。国際特許ルールは、発明の保護期間の少なくとも「出願日から二〇年の特許期間」だけですが、厳格に適用される紛争処理規定や常に監視される義務協定の世界であり、行き着く先は相互主義です。ウルグアイ・ラウンド交渉は、正に知財の国際的保護の分水嶺であったということになります。それ以前と以後の世界は、ルールが異なる世界です。ＴＲＩＰｓ協定がドーハ・ラウンドで交渉停止という状態になっている今が、日米両国の主導権で、ポストＴＰＰの枠組みの国際特許システムの構築を目指すタイミングであると考えます。

第二章　日米主導による国際特許システム

国際特許のルール化

模範となるモデルの提供

国際特許のルール化は、国際特許システムを設計することと同義です。その要諦は、発明保護と特許執行とが一体となってグローバルにイノベーション機能を発揮する国際特許システムに仕上げることです。ウルグアイ・ラウンドのＴＲＩＰｓ交渉では、発明保護はノルム（norm）という保護基準を保障し、特許執行はエンフォースメント（enforcement）という特許の独占的実施を保障するというルール化が図られています。しかし、結果は未完のままです。

なぜ未完というのかは、国際的には、いとも簡単に特許の模倣盗用が跋扈する事態を招来し、特許の独占的実施が保障されているかどうかを確認することすらできていないことから、明らかです。一定基準の発明保護と特許の独占的実施のいずれか一方でも機能不全になると、国際特許システムは、グローバルにイノベーション機能を発揮できなくなります。それどころか、極論すると設計次第また運用次第で国際特許システムは、イノベーションをグローバルに刺激するように働くかまたはグローバルにいとも簡単に模倣盗用を誘発するように働くかのいずれかになるということです。

ＴＲＩＰｓ交渉の結果は、ノルムの保護基準としては「出願日から二〇年の特許期間」が唯一の合意事項です。またエンフォースメントの特許執行は、紛争処理機能が十分に働くという想定であったのですが、これも監視機能が不十分で現実は期待通りにはなっていないということです。

問題は、国際特許システムの新たな設計を従前のようにマルチの特許世界の主導で進めて実現できるのかどうか。それは、徒労に終わるであろうことは、ほぼ想定されます。これまでもＷＩＰＯ（世界知的所有権機関）におけるパリ条約改正会議の場あるいは通商上のバーター取引のない中で各国特許法のハーモナイゼーション（制度調和）を進めようとした専門委員会等の場で、何度も経験済みのことです。国際特許システム設計は、どのように詰めて決着させるのが望ましいのか。

第一に、そもそも特許先進国の日米両国が模範となるモデルを提供できるのかどうか。第二に、提供できるモデルを日米欧韓中の五極で詰め切れるのかどうか。それが難しい場合に、先進国間の日米欧三極で詰め切れるのかどうか。現状のままの枠組みでは、どうしても悲観的にならざるを得ない。しかし、ＴＰＰの枠組みから米国が離脱したことによって保留されることとなった特許マターからすると、最初に日米二極で国際特許システムの基本骨格を詰め、それを国際モデルとして日米のそれぞれが、通商マターとして、バイ・ラテラルまたはトライ・ラテラル交渉で提示しながら特許項目を積み上げ、最終的に例えば「米国に復帰の道を残す」ようアドバイスしたブルッキング研究所のミレア・ソリス日本部長が指摘する多国間のＴＰＰ協定の枠組みに持ち込むのが最も実現性が高いように思われます。現状では、このような交渉プロセスを経ないで直接ＷＴＯのＴＲＩＰｓ協定に新たな特許項目を組み入れるのは、先進国と途上国との対立を招くだけで当然無理な想定になります。

世界のイノベーター

日米両国の主導で国際特許システムの基本骨格を詰めるべきとする根拠の第一は、日米両国の産業が世界のイノベーターの中核を成しており、より具体的には、イノベーターの中核を担うのが日米両国のイノベーティブな企業群だということです。それ故に、日米は共に自由貿易体制を堅持し自らの経済成長を実現し世界経済をけん引していく役割を担うべきと考えるからです。

ここに二〇一七年三月の講演で用いた図表１の棒グラフと折線グラフを重ねた「トムソンロイターデータ」を提示します。「トムソンロイターデータ」から明らかなように、イノベーションを担う世界的企業または機関（以下、「企業」と称す。）の占有率は、日米二か国の企業に集中しています。図表１のデータは若干古いのですが最新の「トムソンロイターデータ」においても、その傾向に変化はない。

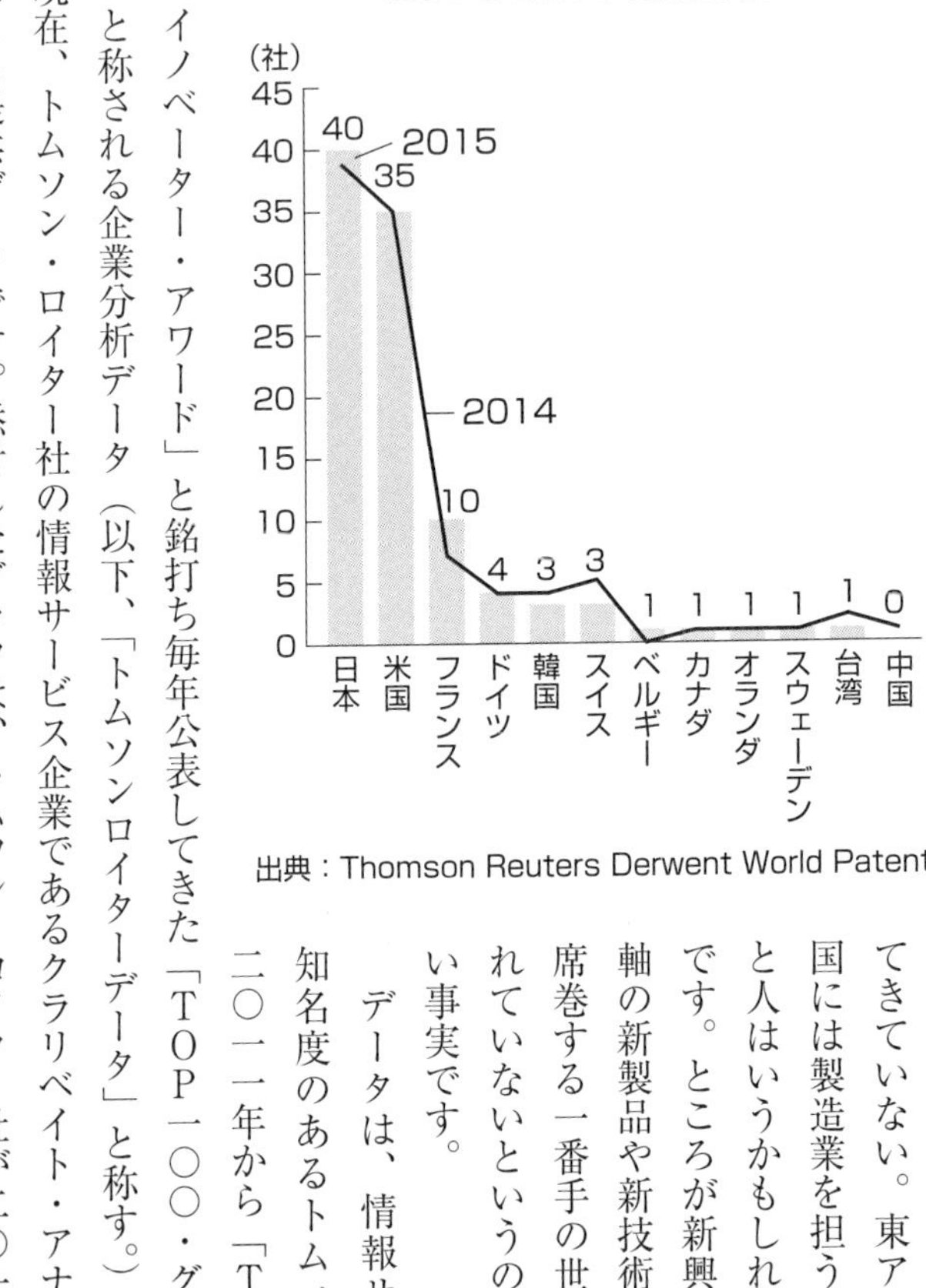

図表1　TOP 100・グローバル・イノベーター 2014/2015 国別比較

出典：Thomson Reuters Derwent World Patents Index

　例えば、新興国には一部例外を除くと、イノベーションを担う企業はやはり生まれてきていない。東アジアの韓国、台湾、中国には製造業を担う大企業が生まれていると人はいうかもしれない。事実はその通りです。ところが新興国企業には、未だ新機軸の新製品や新技術を世界に提供し市場を席巻する一番手の世界的企業は一つも生まれていないというのもまた、反論のできない事実です。

　データは、情報サービス分野で世界的知名度のあるトムソン・ロイター社が、二〇一一年から「TOP一〇〇・グローバル・イノベーター・アワード」と銘打ち毎年公表してきた「TOP一〇〇・グローバル・イノベーター」と称される企業分析データ（以下、「トムソンロイターデータ」と称す。）です。

　現在、トムソン・ロイター社の情報サービス企業であるクラリベイト・アナリティクス・ジャパン社による提供データです。添付したグラフは、トムソン・ロイター社が二〇一四年年と二〇一五年の二か年のイノベーションを担う企業（以下、「イノベーティブ企業」とも称す。）としてノミネートされたグローバル企業の地域的占有率を示すトムソンロイターデータの一部です。

たまたま、二〇一三年の夏にトムソン・ロイター社の日本支社で主に企業スタッフの人たちに本稿と同趣旨の講演をしました。そこでは、特許に関する日米貿易摩擦の対応を「特許制度に内在する特許保護手続に起因する問題を相互に浮き彫りにした日米政府間の攻防」であったと解説し、その上で、それは、技術革新政策と特許政策との関係を互いに深化させ、グローバルな技術革新に貢献する国際競争ルールに位置付けるように発明保護の理念（特許理念）に立脚したシステムを探る日米間の特許対話と評し得る攻防であったと紹介しました。さらに、オバマ政権による米国特許法改正によって「日米で最大の懸案であった先発明主義と先願主義という特許化の手続原則に関する対立は解消され、日米間で協力の枠組みについて話し合いができる土壌ができた」ことに言及し、国際特許システムの設計は、日米特許対話方式で進めるしかないということを強調しました。

トムソンロイターデータから想定できるのは、世界市場に提供される主にイノベーティブな日米両国の企業の新機軸の新製品や新技術に対する巧妙な模倣盗用に終始する韓国と中国を含む日米欧韓中五極の特許庁をコアとする特許対話方式はまず論外ということです。次に、それに代わるイノベーションの先進地域である日米欧三極の特許庁をコアとする特許対話方式はどうか。ＥＰＣ（欧州特許法条約）締約国のヨーロッパ特許庁（ＥＰＯ）は締約国のための特許審査代行機関であって、欧州連合（ＥＵ）の特許庁ではない。統一特許庁を持たないＥＵは、ＥＰＣ締約国からマンデートを得た上で通商の特許マターを扱う代表を担わない限り、日米の特許マターのカウンターパートにはならない。このようにみると、日米欧三極特許庁をコアとする特許対話方式は成立しないということになります。

三極の特許対話方式の限界

日米両国の主導で国際特許システムの基本骨格を詰める根拠の第二は、日米欧三極による特許対話の難しさです。EPOは、EPC締約国の特許審査代行機関です。EPC締約国はEU加盟国とも一致していない。EPO特許は、指定された締約国の特許ですが、指定されていない他の締約国の特許にはならない。そのため欧州の特許システムのEPCがEUの技術革新政策にリンクさせたEUの特許システムになることはない。またEPO特許に関する特許侵害訴訟は、締約国の通常の裁判所で裁かれます。しかしEPCは、EPOの特許審査または審判の異議申立あるいは不服申立で拒絶された発明について、締約国の裁判所で争うことができない仕組みです。要するに、EPOの行政処分に対し不服があるときに、EPOの行政処分の適否を問う訴えを提起する裁判所は存在しないということです。

日米特許対話の当初に、米国特許商標庁のドナルド・J・クイッグ長官は、すでに一九八七年の初頭に三極特許庁間で平仄を合わせて三極が特許法を改正することを含めた米国提案をしています。それは、米国が特許取得手続の原則を先発明主義から先願主義に切り換え、日欧特許システムと制度調和する条件として、日本とEPOの両特許庁に対し出願猶予期間の「グレース・ピリオド」など、一八項目の特許システムについての要求項目でした。ところが、ＥＰＯはＥＵの交渉当事者でないばかりかＥＰＣ締約国を代表しＥＰＣ（欧州特許法条約）について、適宜、法改正を提案する権能が与えられた機関でもないので、そのときの特許庁間対話はＥＰＯを加えた日米欧の三極特許庁をコアとする対話となることはなく、結果は、日米両国の特許庁と通商当局をコアとした合同チームによる対話に終始しています。

日米欧の三極特許庁の対話方式は、本稿の冒頭で紹介した「Ｇセブンの特許庁長官会合」および／または通商対話形式によらなければ成立しないということです。

トムソンロイターデータ

イノベーション力の新たな評価方法

政府機関でも非営利団体でもないトムソン・ロイター社は、個別企業の分析データを基に、グローバル企業で経済活動が世界的なイノベーティブ企業を選別し企業表彰を行っています。それと同時に、トムソンロイターデータによる分析データの概要が公開されています。個別企業のイノベーション力に関する一民間の情報サービス企業が行うこれほど画期的な分析データは、正に稀有のものです。分析手法の詳細は細部に至る数式までは開示されていないのですが、そのことは今後に期待します。それでも同社の試みには頭が下がります。通常、技術開発動向等の分析は、マクロの国別や産業別、ミクロの企業別の特許出願データや科学技術データなど、各国の自主的報告を取りまとめた特許行政年次報告書（以下、『特許庁年報』と称す。）や科学技術白書類に頼るしかない。この分野のグローバルデータは、ＷＩＰＯの統計（以下、「ＷＩＰＯ統計」と称す。）が主要なものです。その「ＷＩＰＯ統計」すら、経済の規模また技術開発力で韓国に匹敵する台湾の情報を外す致命的な欠陥を有するデータであることは否定できない。

「国際特許のルール化」と評し得る国際特許システムの新たな設計は日米両国の主導によるべきとする根拠は、「ＴＯＰ一〇〇・グローバル・イノベーター」のトムソンロイターデータを分析することによって得られる企業または国のイノベーション力を測る最適データの地域性データから、明らかになります。それは、ＷＩＰＯ統計による企業または国の国際競争分析に比べてもはるかに説得的です。

トムソンロイターデータの概要

トムソンロイターデータは、トムソン・ロイター社が蓄積した特許データによって、大学や研究開発機関を含む企業または機関（以下、まとめて「企業」と称す。）を世界的に格付けしたものです。特に最先端分野で鎬を削るイノベーティブ企業にとっては客観的に評価されるだけに、ノミネートされた企業はグローバルビジネスで高く評価されたことになります。トムソン・ロイターＩＰ＆Ｓｃｉ ｅｎｃｅ社の上席副社長デービッド・ブラウンは、二〇一五年のトムソンロイターデータの企業分析ペーパーにおいて、「本プログラムは、特許データおよび分析に基づいた科学的方法論で世界の技術革新を明らかにし、特許の数量、成功率（特許の登録率）、グローバル性および引用による特許の影響という四つの評価軸に着目して独創的な発明のアイデアを特許によって保護し事業化を成功させることで、世界のビジネスをリードしている企業および機関を見出す客観的な方法を開発し、二〇一一年からグローバル・イノベーター企業および機関を一〇〇社選出し、表彰している。」と、表明しています。

「四つの評価軸」

トムソンロイターデータの企業分析ペーパーによると、評価軸は、直近五年間で一〇〇件以上の特許を取得した全ての企業を分析対象として次の四つの評価軸から構成される、と説明しています。

（一）特許データＤＷＰＩ（Derwent World Patents Index）の数量データを用いること。

（二）それにより特許登録率を計測し、そのデータを組み合わせてビジネス化の成功率を推定すること。

（三）推定値の「ベーシック特許」の特許ファミリーを基に四つの主要市場（日米欧中）への特許出願の数量データから、開発された新技術や新製品のグローバル性を測定すること。

（四）他社の発明に引用される特許された発明の引用頻度データ（Derwent Patents Citation

Index）から競争相手市場への影響力を推定すること。

トムソンロイターデータのユニークさは、分析対象の企業評価について、対象企業の国内外への特許出願の数量のみによらずに、むしろ一〇〇件以上の特許を所有する企業の①特許登録率、②特許の数量、③「ベーシック特許」の出願数量の国際展開、④特許された発明の引用頻度を用い、①～④を総合的に評価するようにしたことです。

台湾企業データが欠落したWIPO統計に基づくPCT出願の数量を単純に比較する企業分析データとの決定的違いは、ここにあります。

これらの評価軸でベンチャーや中小企業の動向をみることは無理ですが、これらの評価軸を適正に組み合わせた企業分析によって、イノベーション力あるいはイノベーション機能に特化して世界的規模で活動するグローバル企業に加え、それら企業を含む国または地域の在り様がみえてきます。トムソンロイターデータのグローバル・イノベーターは、間違いなく世界的企業であり、それらの企業の技術開発力や国際競争力を表す格付データとしては、他に類を見ないものです。イノベーション力の地域性は、二〇一一年～二〇一七年にトムソンロイターデータによって明らかになります。

特許先進国の日米と非特許先進地域の欧州

図表2　TOP 100・グローバル・イノベーター 国/地域別分布（2017年と2016年の比較）

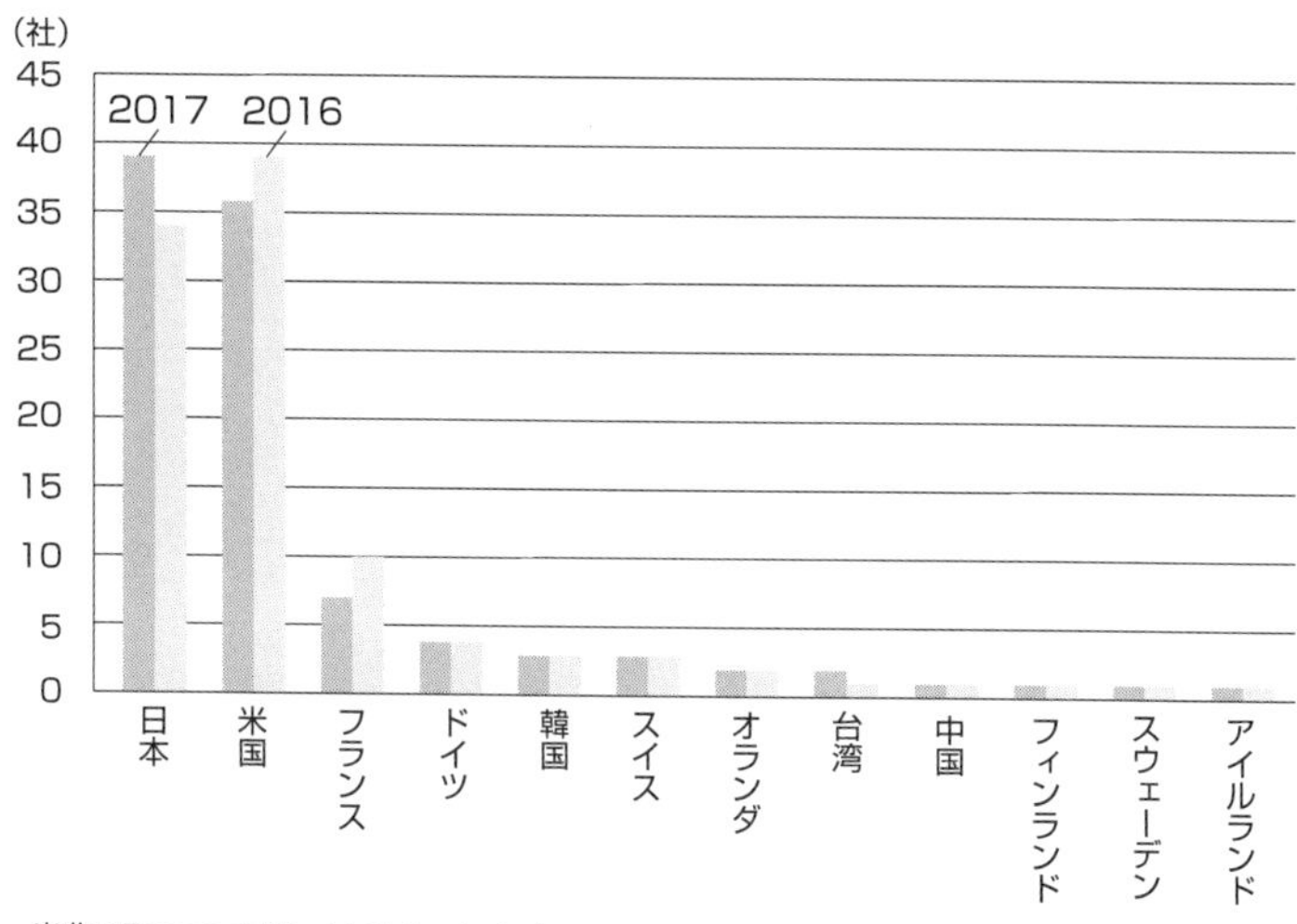

出典：Derwent World Patents Index

グローバル・イノベーターの地域性

トムソンロイターデータはノミネート企業等を一〇〇社に限っているため、国または地域毎のノミネート数は、国または地域毎のイノベーター占有率になります。

図表2は、図表1の「2014／2015国別比較」に続く最新データの「2017年と2016年の国別比較」(Global Innovators Report 2017・Clarivate Analytics TPO 100)のグラフです。

(一) 七割を超える日米による占有率

まずは日米両国の占有率はどうか。それは、二〇一一年では例外的に全世界の六七％でしたが、二〇一二年以降二〇一七年までの六年間の日米両国の占有率は、全世界の七三％、七三％、七四％、七五％、七三％、七五％というように、全世界の七三%〜七五%を占有しているという事実です。これは、驚くべき総合評価です。

日米両国は、他の先進国の追随を許さない圧倒的な特許先進国であるということです。正にグローバル・イノベーターは、日米両国に集中しています。

これは、今のWIPO統計から導き出すことが不可能な分析結果です。ここに、二〇一七年度版『通商白書』の「イノベーション能力の国際比較」の図表3を提示します。資料は、WIPO等の「Global Innovation Index 2016」から作成されています。これとトムソンロイターデータに基づく各国または各地域のイノベーション力の評価とを比べると、この格付けには相当の違和感を感じます。例えば、個人所得の高い都市国家がなぜイノベーション能力があると評価されるのでしょうか。個人

図表3　イノベーション能力の国際比較

順位	国　名	前年順位
1	スイス	1
2	スウェーデン	3
3	英国	2
4	米国	5
5	フィンランド	6
6	シンガポール	7
7	アイルランド	8
8	デンマーク	10
9	オランダ	4
10	ドイツ	12
11	韓国	14
12	ルクセンブルク	9
13	アイスランド	13
14	香港	11
15	カナダ	16
16	日本	19
17	ニュージーランド	15
18	フランス	21
19	豪州	17
20	オーストリア	18
21	イスラエル	22
22	ノルウェー	20
23	ベルギー	25
24	エストニア	23
25	中国	29
(29)	イタリア	

備考：グローバル・イノベーション・インデックスで128か国中上位25位までを表示。G7及び中国に網を付した。
資料：WIPO等「Global Innovation Index 2016」から経済産業省作成（『通商白書』2017年度版、82項）

所得の多寡とグロスでのイノベーション能力とは直接関係はしていないとすると、図表3の格付けは理解に苦しみます。またWIPO統計は、国際的に標準化された特許データであるはずです。ところが、「特許の国際出願（PCT出願）件数」の企業ランキングにWTO加盟国の台湾企業は掲載されていない。トムソンロイターデータには、こうした差別的扱いがないことを、特に付言しておきます。

（二）二割に過ぎない欧州の占有率

次には、日米企業を除く残りの二五％のイノベーター占有率はどうであるか。欧州地域の企業が占める割合の多いことは当然です。しかし、フランス、ドイツ、スイス、オランダ、スウェーデン等、欧州で分け合う占有率を合算しても、図表1も図表2も全世界の二〇％前後に止まります。日米のいずれにも遠く及ばない。これも驚くべき事実です。その中でフランス企業が一〇％を占有し、スイス、ドイツ、北欧企業がそれに続きます。フランス以外はいずれも五％以下であり、五社に満たないイノベーター企業数です。また英国企業がノミネートされていないことも注目されます。この点について、二〇一四年のトムソンロイターデータの企業分析ペーパーによると、イギリスが二〇一三年に研究開発に費やした投資額は日本の四〇分の一にすぎないと報告されています。いうまでもなく固定経費のR&D（研究開発費）支出の大きさは、その国がどれだけ競争的であるかを決定する要因の一つです。

(三) 欧州の凋落—全欧州のイノベーション力—

人口五億人を超える欧州市場の全域をカバーする全欧州における企業を合算したノミネート数と、人口一億人強の日本における企業のノミネート数とを対比すると以下のようになります。二〇一一年の全欧州企業のイノベーター占有率は二九%であり、それは日本企業の二七%のイノベーター占有率を二ポイント上回ります。ところが、それ以降は全く異なる様相を呈します。二〇一二年以降は、日欧の立場が逆転し、日本企業が二五%に対し、全欧州企業が二一%です。二〇一三年には、日本企業が二八%に対し、全欧州企業が二二%です。

二〇一四年以降は日欧企業の関係は全く様変わりします。二〇一四年の日本企業の占有率三九%に対し、全欧州企業は二分の一の一八%に止まり、二〇一五年にも日本企業の四〇%に対し、その二分の一の二〇%です。二〇一六年には日本企業の占有率が三四%であるのに全欧州企業の占有率は二二%というように若干の改善の兆しがありますが、二〇一七年には全欧州企業の占有率は、再び日本企業の三九%に対し、その二分の一の一九%に逆戻りしています。いずれにしても、結果は驚くべきものです。

こうした分析データから、全欧州における産業のイノベーション力はどうなっているのかと首を傾げたくなります。ともかくも全欧州における産業のイノベーション力の停滞の顕著さは、歴然というほかない印象です。ドイツを例にとると、二〇一七年値では伝統的なＢＡＳＦ、バイエル、メルクの三社の化学・医薬メーカー以外はフランホーファー研究機構のみの四社に限られ、いずれも世界的な大企業ではあるものの韓国並みのノミネート企業数です。それはまた、日本の三九社のノミネート企業数の一〇分の一程度に過ぎないのには驚くばかりです。

二〇一九年三月七日付日経の英『フィナンシャル・タイムズ』の紹介記事によると、欧州評論家のウォルフガング・ムンヒャウは「ドイツの自動車産業はあまりにも長くディーゼル技術に依存してきたために、人工知能（AI）や電気自動車（EV）向け電池といった分野への投資に後れを取った」と指摘し、「ドイツにとって今、最大の問題は技術開発競争で後れを取っていることだ。長年にわたり過度の緊縮財政を続けてきたために、道路や通信網およびほかの新しい技術への投資不足が顕著になっている」ことに触れた上で、「ドイツが緊縮財政をとるのではなく、財政を成り行きに任せ、防衛分野や将来の産業の競争力につながるような投資をしていたら、今日の状況は全く異なっていただろう。」と評論しています。

欧州の凋落ぶりは、トムソンロイターデータによるドイツのイノベーター企業の占有率に象徴されているように思われます。

アジア新興国のイノベーション力

次に、成長著しい韓台中三か国の新興国企業を俯瞰します。日米欧先進国のイノベーター企業の占有率を除くと、その差分は五～一〇%に過ぎない。そこから韓国企業を除くと、台湾、カナダ、中国等の企業が年によって単発的にノミネートされている状況です。

（一）韓国企業―欧州先進国企業に肉薄する―

韓国企業は、二〇一一年から二〇一七年まで四％、七％、三％、四％、三％、三％、および、三％と、スイスやドイツ並みのイノベーター企業数です。イノベーター企業にはＬＧ電子、サムスン電子、電力機器メーカーのＬＳＩＳがコア企業になります。これらはドイツの伝統的化学・医薬メーカーとは異なる電子工業の分野に限られており、いずれも韓国経済の浮沈を左右する財閥企業群です。過去、これ以外にノミネートされた企業はない。

二〇一二年のトムソンロイターデータの企業分析ペーパーは、特許が他の資産を遥かに上回る収益の可能性を秘めた資産例の一つとして「Apple 対 Samsung の米国での特許権を巡る争い」に言及した上で、「二〇一二年八月、Samsung に対して特許侵害判決が下され、一〇・五億ドルの賠償額支払いが命じられた」ことを取り上げています。また二〇一三年および二〇一四年の同じ企業分析ペーパーは、「スマートフォン特許戦争による新イノベーション」の動向に Samsung の関わり度合いを伝えています。

ところが、ノミネート常連の韓国企業による新機軸の新製品や新技術が世界市場に提供されたという話は、これまでついぞ聞いたことがない。ある評論家は、「韓国企業には自ら試行錯誤して新分野を開拓するのではなく、まず『日米欧の優良企業をベンチマークしよう』というＤＮＡがある」と分析しています（『週刊東洋経済』二〇一七年七月八日号　82頁）。具体的事例では、二〇一四年の韓国ＳＫハイニックス社が東芝に年一千億円規模の被害をもたらしたＮＡＮＤ型フラッシュメモリ技術の不正取得事件とか、新日鉄住金が韓国の鉄鋼最大手ポスコなどに一千億円規模の損害賠償を求めた高性能鋼板製造技術の不正取得事件などは、まだ記憶に新しい。これらは韓国最大手企業の先端技術の窃盗行為そのものです。特許ノウハウ等の「盗んだら盗み勝ち」の先鞭を付けたようなこうした事例は、企業同士の個別事例に止まらず、今や国家間の通商マターとして扱うべきものです。

イノベーターのノミネート常連の韓国財閥企業は、Apple 対 Samsung の特許紛争に象徴されるように、常に二番手または三番手の改良や応用発明によって主に日米両国の一番手企業とのグローバル競争に参加してきた実績を示す結果とみることができます。

（二）台湾企業──韓国企業と拮抗する──

台湾は、今や韓国と拮抗するほどの国際競争力を有するWTO加盟地域です。事実、日韓企業に続き二〇一三年のトムソンロイターデータのグローバル・イノベーターに登場するのが、台湾セミコンダクター・マニュファクチャリング・カンパニー（TSMC）です。翌年にはTSMCを含む台湾半導体製造企業を創設させるなど、累計で二万件以上の特許を国内外で取得し従業員六千人を擁する産業技術開発機構の「財団法人　工業技術研究所」（ITRI）がノミネートされています。ITRIは二〇一七年にも再登場しています。また一九九七年に設立され、同じく二〇一四年に初めてノミネートされた半導体設計メーカーのメディアテック Inc. は、ユニークなファブレス企業であり、二〇一五年、二〇一六年にも登場し、ノミネート常連企業になりつつある印象です。

台湾企業のトムソンロイターデータの登場企業数は、これまで四社ですが、登場回数はこれまで七回を数えます。二〇一七年には鴻海（ホンハイ）も登場しますが、これはグローバル・イノベーター常連のシャープを買収した結果とみるべきです。シャープのような有力なイノベーター企業が新興国の企業に簡単にM&Aされることの是非については、なお考えさせられます。というのは背に腹は代えられないとはいえ、とんでもない価値の特許・ノウハウを所有するシャープがほんの僅かな資金で鴻海にM&Aされたという事実を十分に理解していたのかと勘繰りたくなるからです。他方では鴻海の経営陣のビジネスセンスがそれだけ優れていたことにもなります。

ところが、これらの台湾のイノベーティブな企業に対し、中国企業による技術・ノウハウの窃盗行為が止まらない。読売新聞記事は、最近「台湾で半導体企業の機密情報が狙われる事案が増え、その九割に中国企業の関与が疑われている」と、半導体技術が狙われた直近の五つの企業機密窃盗事件を例示し、「先端技術の情報流出は（略）台湾経済に深刻な打撃を与えかねない」状況と報じています（二〇一八年九月五日付）。また日経は、ドイツのBASF台湾法人の六人の台湾技術者から七億円相当の報酬で得た技術情報を使い新工場を立ち上げた中国の化学品大手企業の生々しい窃盗事件を報じています（二〇一九年一月八日付）。いずれも、韓国企業と同様な中国企業による特許ノウハウ等の「盗んだら盗み勝ち」の事例ということになるのだと思います。

こうした記事は、イノベーティブな台湾企業および台湾産業のイノベーション力のポテンシャルの高さを窺わせるものです。

（三）中国企業―PCT出願で注目される―

今や、新聞記事を賑わすのは「WIPO統計」の速報値として発表される「特許の国際出願（PCT出願）件数」の企業ランキングです。ここ数年、日米欧企業を上回る事実上の中国国有通信機器大手のZTE（中興通訊）とファーウェイ（華為技術）の二社が注目企業です。

ただ、「これはニュースだ」と取り上げているのは、わが国のマスコミ特に日経記事が際立っています。特許プロからすると、資金手当ができれば自己PRと先進国企業からの特許訴訟回避に狙いをおいたPCT出願を増やすことなど、それほど難しいことではない。国際特許出願の数量は、儲かっている企業の元気や活力を表すデータにはなっても、それだけで企業の技術開発力を表すデータになるかどうかは、甚だ疑問です。「ジャンク・パテント（使えない特許）」という用語があります。経済学者の猪木武徳は、中国のPCT出願の数量が米国に肉薄しているが、特許が成立しても多くは五年後に更新されないジャンク・パテントであると紹介しています（二〇一九年三月二四日付　読売新聞「地球を読む」）。中国企業の国内出願も海外出願も、未だジャンク・パテントの山ということです。

今や、ファーウェイやZTEを含む中国の半導体または通信機器大手企業のビヘイビアは、米国政府や米国企業によって厳しく監視されていることは周知のことです。

中国通信機器大手二社の内、ファーウェイが二〇一四年に初めてトムソンロイターデータのグローバル・イノベーターに登場します。このときの二〇一四年のトムソンロイターデータの企業分析ペーパーによると、「長らく注目を集めていた中国企業の選出が、今年は現実のものとなりました。ファーウェイは中国屈指のグローバル企業のひとつであり、特許件数だけでなく、成功率、グローバル性、影響力が選定基準となるグローバル・イノベーターの選考基準を満たしている」というように待ちに待った登場という扱いに驚かされます。分析評価に間違いはないと思いますが、ここであえてトムソンロイターデータの企業分析ペーパーが名指しでファーウエイ（華為技術）を取り上げた意図は、中国の実質国有企業とはいえ、ＢＲＩＣｓ企業の中でトムソンロイターデータに登場した唯一の企業だからでしょうか。しかし翌年には選考から洩れ、二〇一六年に再登場し二〇一七年と続いています。

梶谷懐著の『中国経済講義』（二〇一八年　中公新書）の中で、ファーウェイを取り上げ、「特許の国際申請数ではここ10年、世界のトップ５に常時入るという高い技術力を誇りにしている。ファーウェイは独自技術を開発し、特許でそれを囲い込むという知財戦略の王道を展開している。」（203頁）との分析には、少々驚きます。何処まで特許サーチした結果に基づくものなのでしょうか。

直近の日経が報じる米司法省が指摘した記事によると、「ファーウェイの中国本社では競合他社の機密情報を盗んだ従業員にボーナスを支給する方針を提示するなど全社的に窃盗を奨励していたと主張。特に機密度の高い情報の場合には、暗号化したメールを特別のメールボックスに送付。提出状況を審査し、毎月のボーナス支給を管理していた。」（二〇一九年一月三〇日付）という。

特許ノウハウ等の「盗んだら盗み勝ち」を地で行く有様です。軍事国家の一機関を髣髴とさせるようなファーウェイ（華為技術）のスパイ行為には、驚愕するばかりです。そういうファーウェイ（華為技術）の評価について「知財戦略の王道を展開している」というのにはいささか鼻白むものがあります。

日米のイノベーション力

国際特許のルール化を日米両国の主導で進めるべきという根拠の一つは、日米両国が紛れのない特許先進国と評し得ることにあります。トムソンロイターデータによる日米両国企業のイノベーター占有率は、両国を圧倒的な特許先進国に位置付けることに何ら違和感はない。日米それぞれの占有率は以下の通りです。

二〇一一年に米国企業が四〇％に対し、日本企業は二七％でした。合わせると六七％になります。二〇一二年には米国企業が四七％に対し、日本企業は二五％、二〇一三年には米国企業が四五％に対し、日本企業は二八％に止まります。二〇一四年以降、日米企業の関係は様相が一変します。二〇一四年に米国企業が三五％に対し、日本企業が三九％と両国の立場は逆転し、二〇一五年も米国企業が三八％に対し、日本企業が四〇％というように逆転状態が続きました。図表2から二〇一六年に米国企業が三九％に対し、日本企業が三四％と再逆転されましたが、二〇一七年には米国企業が三六％に対し、日本企業が三九％と米国企業を上回る状態に戻っています。

トムソンロイターデータによる分析結果は、ノミネートされた日米企業数は常に拮抗しており、日米両国のイノベーター占有率は、全世界の七〇％を超えていることを伝えています。そのことは、新機軸の新製品や新技術の多くを日米両国のイノベーティブな企業が世界市場に提供している事実を示すものです。共に拮抗しながら日米両国のイノベーター企業は常に、全世界の七〇%を超え七五%前後を占有しているのです。

トムソンロイターデータから米国産業のイノベーション力は当然のことですが、日本産業のイノベーション力も半端でないことが読み取れます。トムソンロイターデータには、ベンチャーや中小企業に関する企業分析データは組み込まれていないのですが、それでも日米のイノベーター占有率からグローバルイノベーションに貢献する両国のイノベーティブな企業の姿が浮き彫りになります。

日本産業界のトップたち、あるいは、日本のマスコミの人たちはこうした事実をどの程度承知しているのでしょうか。

日米が担うべき課題

イノベーションの先頭を走る

我々は、トムソンロイターデータから、日米のイノベーティブ企業は、国際的にはたとえ巧妙な模倣盗用による新興国企業のキャッチアップがあっても、常に新機軸の新技術や新製品の多くを世界市場に提供し、その貢献に見合う利益が巧妙な模倣盗用によって奪われているにも拘わらず、なお飽くなき挑戦を続けている両国企業の産業イノベーション力を感得できるはずです。

他方で、米国が仕掛けた米中貿易戦争にかこつけ、先端技術分野における米中のイノベーション力が拮抗しているが如き最近のニュース解説記事には、特許の実態を知る特許プロからすると、日本のマスコミは宣伝上手の中国政府に乗せられているようで少々情けない印象を受けます。

トムソンロイターデータはさらに、そこには表れない日米のベンチャーや中小のイノベーティブ企業がノミネート企業の背後に控え下支えしていることを予感させます。それはまた、二番手、三番手の挑戦を受けながらもイノベーションの先頭を走るという機運が日米両国の社会に満ち満ちていることを確信させます。そのことは、恩賜賞の全国発明表彰の応募数や表彰対象となった一見地味ですが革新的発明の数量等からより実感できるはずです。また目の覚めるようなアイデア商品の多い日本の百円ショップを訪れると、それらは押し並べて日本の中小・ベンチャー企業によって提供されていることに驚かされます。それを支えるインフラの整備こそが、日米両国の担うべき課題であって今急がれることだと思います。

PPHシステムによる属地主義の呪縛からの解放

二〇一七年の八月から日米両特許庁間で共同審査の試行が開始される、という報道がありました。この報道に接し、ようやく日米両特許庁で特許審査を標準化するための歩みが始まったかという感慨があります。共同審査の試行は、国際特許のための「特許審査ハイウェイ」であるＰＰＨ（Patent

Prosecution Highway—PHP—）システムの「同じ発明に対して一方の国で特許にしたときの特許審査結果を他方の国に提供し、他方の国は、提供された特許審査結果を実質的に自国の特許審査に利用して特許にするかどうかを決するという取り決め」についての具体化であると思います。勿論、それはPPHシステムの日米間での標準化が相当な困難性を伴うことを承知した上での感慨であることはいうまでもないことです。そうした困難を乗り越えてでもPPHシステムは、いずれ国または地域の主権を放棄することなく、属地主義の呪縛から解放された国際特許の多国間ルールすなわち国際特許システムを構成するPPHシステムに仕上げていくべきものと考えます。

不思議なことに、それはなぜか一九六六年の米提案に係るPCT構想であった「権威ある特許審査機関が特許性基準に基づき審査しそこで作成された国際特許性証明書を各関係国に送達すると当該特許庁が拒否しない限り当該国の特許にする特許審査システム」に類似しています。

そうしたことが想定されるなら、日本の特許政策は、まずはアジア市場に相応しい特許司法制度であるかどうかの検証を徹底し、場合によっては、日本は国際的特許訴訟裁判所として選択されるようなフォーラム・ショッピング国を目指し大胆な改革をも辞さない覚悟をもって、TRIPs交渉が目指したノルム（norm）という発明保護基準と、エンフォースメント（enforcement）という特許執行の保障を含むルール化を徹底すべきです。そうした特許政策の実現は、日本単独では当然難しく、日米両国による国際特許システムのルール化を柱に「特許は発明の公開代償に基づく」発明保護の理念（特許理念）を掲げ追求していく必要があります。

進化が求められる特許システム

第一章の「創造的破壊の特許システム」で概説したことですが、いとも簡単な模倣盗用すら排除できない特許システムは、過当競争をもたらし、公正な経済活動を妨げる未完の特許システムといわざるを得ないのです。現在、世界貿易機関（WTO）は、自由、無差別、多角的通商体制を基本原則として、物品貿易のみならず金融、情報通信、知的財産、サービス貿易を含む包括的な国際通商ルールを協議し合意適用する場であって、ルール違反に対しては強力な紛争処理能力が与えられています。WTO加盟国は当然、TRIPs協定についても誠実に履行する義務を負います。特許システムはグローバルに産業を革新する最重要な国際競争ルールであるにも拘わらず、未だ完成されたシステムとはなっていないということです。

今は、正に特許システムの進化が求められています。いずれの国または地域においても、特許裁判所を含む特許システムが有効に機能し共通する発明保護基準で成立する特許が安定化し、かつ、ビジネスに間に合う特許取得のリアルタイム・オペレーションが保障されるものでなければならない。そのために最大限の努力が求められるのだと思います。TPP合意の特許マターは、その一里塚にすぎない。TRIPs協定は、本格化した二〇〇〇年からまもなく二〇年です。パリ条約の世界からTRIPs協定の世界に切り換わってすでに四半世紀です。最早、各国の勝手が許される時代ではない。

日本の産業界は、特許先進国としてこのことを自覚しているのでしょうか。とてもそのようにはみえない。未だパリ条約の世界から抜け出せていないように感じます。我々ユーザーは、耐え難い中国（共産党）または（中国共産党が差配する）中国企業に対し特許戦争を始めた米国の産業界と共に、このことを性根を据えて考えるべきときを迎えているのだと思います。

こうした観点から特許先進国のユーザーたちが等閑視できないのは、新興国が模して言訳にする欧州地域の特許システムです。

欧州の活力低下と特許システム

不思議な欧州の特許システム

ヨーロッパ特許庁（ＥＰＯ）は、ＥＰＣ締約国から国際特許のルール化に関わる権能が与えられた機関ではない。ＥＵ議会は、二〇一二年一二月にＥＵ特許（共同体単一特許）およびＥＵ特許裁判所の創設を採択し、共同体特許システム（ＣＰＣ）構想を四〇年振りに実現しています。結果、ＥＵはようやくイノベーション政策と特許政策とを一体に政策展開できる環境に近づいたことになります。これを奇貨に日米両国の特許対話を日米欧三極の特許対話へと発展拡大する構想も考えられますが、ＥＵは「欧州各国特許の束」を設定する現行の欧州特許法条約（ＥＰＣ）締約国との調整および特許裁判所をもたない特許審査代行機関（ＥＰＯ）との関係をどのように整理するのか、今一つ見え難い。

トムソンロイターデータの分析から明らかとなったのは、特許法を組み込んだＥＰＣの欧州企業に対するイノベーション力への貢献は極めて限定的であったという事実です。

四〇年振りの構想実現からすでに七年が経ちます。ＥＵの動きは遅すぎます。日米両国は、ＥＵに対し、国家資本主義ではない自由主義体制のための国際特許システムをつくる観点から、その危惧を通商問題として表明すべきです。二〇一二年にＥＵ議会は欧州の共同体特許システム（ＣＰＣ）構想を四〇年振りに実現したと表明していますが、ＥＵ理事会規則草案でＣＰＣ構想が公表されたのは二〇〇〇年です。それからの時間経過を考えると、ＣＰＣ構想が数年内に実現するとは思えない。また一方で、ＣＰＣがＥＰＣを存続させたまま、ＥＵの共同体単一特許（以下、「ＥＵ特許」と称す。）の発明を、ＥＰＯで審査させるのかどうか。ＣＰＣとＥＰＣとの関係は、何が現実になるかが実に見え難い。

ＥＰＯが解体されることはないでしょう。しかしＥＰＯをＣＰＣ特許のための特許審査機関として存続させたときは、欧州には以下に列挙するような特許システム問題が積み残されたままになります。実現するＣＰＣが欧州全域の産業イノベーション力の回復にどれほどの貢献をするのか、さらには、ＥＵ特許庁が新興国や途上国にとってモデルとなるような特許審査機関となるのかどうかなど、様々な疑問が浮上します。

今、見直されるべきはまず、欧州の特許システムです。

そうした状況を勘案すると、日米ＥＵの三極共同で国際特許システムを検討するのは時期尚早と考えざるを得ないのです。今は、日米両国で特許対話を先行するときです。

したがって今は、発明保護を求めるユーザーまたユーザーをサポートする特許プロの視点で、現行の欧州の特許システム問題を以下に列挙します。

(一) ダブルトラック・システム

第一は、イノベーション政策であるべき欧州の特許システムにおいて、ドイツを例にとると、ドイツ特許庁とヨーロッパ特許庁（ＥＰＯ）とのダブルトラック・システムによって、ドイツ特許が誕生するということです。

ドイツ特許庁に出願された発明は、出願人が審査結果に納得できないときはドイツ裁判所に判断を求めることができます。他方、ＥＰＯに出願したドイツを指定国にしてＥＰＯ出願された発明は、審査結果に納得できないときにドイツ裁判所に判断を求めることはできないのです。理由は単純です。ドイツ裁判所はＥＰＯの司法機関ではないからです。ＥＰＯの審査手続は判例による縛りは存在しない独自の行政処分ということです。ここに、ＥＰＯ出願された発明とドイツ特許庁に出願された発明の扱いに違いが生じます。

ＥＰＯは「欧州各国特許の束」の一つになるドイツを指定国とするＥＰＯ特許（ドイツ特許）の審査代行機関であって、ＥＰＣ指定国（ドイツ）の裁判所はＥＰＯ特許成立に係る争いを裁く司法機関ではない。ただし、成立した指定国のＥＰＯ特許の権利行使を巡る訴訟は、当然指定国（ドイツ）の裁判所で裁かれます。このようにＥＰＯは指定国裁判所との関係は存在しない。例えば、ＥＰＯ特許のドイツでの特許無効訴訟の判決はＥＰＯの行政処分を縛るものではない。他方で、ユーザーの出願人はＥＰＯの審査または審判で拒絶された発明に関する判断の妥当性をＥＰＣ指定国の裁判所に上訴することはできない。ＥＰＯの出願人には、いずれの場合にも争う道が閉ざされています。司法とリンクしないＥＰＯの行政処分に対する発明者または出願人の訴えの手続を奪った審査機関は、ＥＰＯが世界で唯一です。

ＥＵ域内のＥＵ特許の実現は、ＥＵ特許裁判所が創設されるので、まずＥＵ特許庁に出願された発明はＥＵ特許庁においてたとえ審査または審判で拒絶されても、出願人はＥＵ特許裁判所に訴えることができ、またＥＵ特許の特許オーナーは当然ＥＵ特許の無効訴訟を含む特許侵害訴訟等をＥＵ特許裁判所に訴えることができるＥＵ特許システムになると想定されます。

そうなると、これまでＥＰＯと併存し補完機能としてユーザーの評判の高い国内特許庁はどうなるのでしょうか。例えば、ドイツ特許庁の審査または審判は廃止されるのでしょうか。また、ドイツには特許侵害事件を管轄する地方裁判所は一二か所あります。それらが全てＥＵ特許裁判所に一本化されるのでしょうか。いずれにしても四〇年ぶりに実現したというＣＰＣ構想は、こうした事情を勘案すると、果たして短時間で実現されるＥＵ特許システムになるのでしょうか。そうでないとするとユーザーの全ては、利便性を度外視してでも現行の欧州のダブルトラック特許システムを使い分けるしかないということになります。

（二）保障されない特許期間

特許期間について、現行の欧州特許法条約（ＥＰＣ）に内在する二つの問題を指摘します。

第一の問題は、ＥＰＯに特許出願した出願人は、出願日から一八か月後の出願公開前に特許が取得できないことです。これは制度的に特許期間の一八か月分が強制的に奪われ「出願日から二〇年の特許期間」が保障されておらず、保障されているのは「出願公開日から一八・五年の特許期間」ということになります。特許期間についてＴＲＩＰｓ協定違反です。ＥＰＣに倣う中国の特許システムも同様です。

第二の問題は、発明が特許にならずに拒絶された出願について自分の発明を公開することなくノウハウとして維持したいと望む出願人は少なくないのですが、そうした出願人にとって出願公開前の審査が保障されていないＥＰＣの特許システムは、とても利用できるものではないということです。中国の特許システムも同様の問題を内在しています。発明を全て自動公開してから特許審査を開始するのは、明らかに発明保護の理念（特許理念）に反する欠陥特許システムといわざるを得ない。

（三）特許対象から外される論文発表の発明

第三は、ＴＰＰ合意の第一八章三八条の特許マターと同一問題です。要するに欧州特許法条約（ＥＰＣ）によると、特許出願前の研究発表に対する猶予期間は認められず、ＥＰＣは国際的な研究開発競争から孤立した特許システムを採用していることになります。

特許出願前の最先端の研究発表は、欧州地域においては当該研究に内在する発明が保護されることはない。中国も同様の特許システムです。いずれも「先公開主義」に基づく発明保護の一定の猶予期間、すなわち「グレース・ピリオド」を認めていないことに起因する問題です。因みに、「先公開主義」は、発明行為とイノベーションに与える影響の深さから、オリジナル発明または発明者を後発発明または後発発明者とは異なる条件で保護し、イノベーションの先行組と後発組の発明保護をバランスさせる考え方になります。

(四) セルフコリジョン手続―EPC型先願主義―

第四は、後発組に一方的に優位なセルフコリジョン(自己衝突)手続です。これも耳慣れない特許用語の一つです。建前上は二重特許(ダブルパテント)を回避する出願申請の後先で一方を特許する先願主義手続の一形態です。これは、例えば世間には公表されていない同一発明を含む出願が前後して複数あったときに、特許庁は二重特許(ダブルパテント)を発生しない審査をどのようにするかという問題に関連します。世間には未公開の同一発明を含む複数の出願が同じ特許庁に前後して申請される事例は、かなりの頻度で発生します。背景に激しい技術開発競争があるためです。例えば審査官は、それらを審査するときに複数の同一発明をどのように選別し特許するのか、また特許しないのか。これは、技術開発が活発な分野ほど発生頻度が高い特許化手続の審査実務問題です。

そのため、二重特許(ダブルパテント)回避の先願主義手続は、国際特許システムの設計には極め付きの重要項目になります。そして今や、後発組に一方的に優位なセルフコリジョン手続は放置し得ない事態ということになります。

［典型例（未公開の前後する同一発明の処分）］

まずは具体的な典型例を用いて解説します。典型例とは、同一発明を含む世間には未公開の二つの出願、具体的には、同じ特許庁に前後して申請された先行する出願（以下、「先願」と称す。）と後発になる出願（以下、「後願」と称す。）とがあるとします。その上で、以下の二つのケースを想定します。

ケース（一）は、通常想定されるのは先願と後願の出願人（または発明者、以下「出願人」と総称す。）が異なるケースです。

ケース（二）は、セルフコリジョン手続から想定される同一出願人が先願と後願とで同一発明を申請したケースです。このケースの場合、なぜ同一人が先願と後願とで同一発明を申請する必要があるのでしょうか。通常はあり得ないケースですが、これが高い頻度で発生します。このケースでは、出願人本人は先願の発明と後願の発明とが別発明であると認識しているのに、審査過程で審査官が同一発明と認定するか、あるいは、出願人本人は二重特許（ダブルパテント）にならない同一発明と認識しているのに審査官が審査過程で二重特許（ダブルパテント）になる同一発明と認定するか、それらのいずれかのケースに当たります。

ケース（一）の異なる出願人が同じ特許庁に前後して先願と後願とを申請したときに、そもそも二重特許（ダブルパテント）回避の審査手続はどのようにされるのでしょうか。

ここで用語を定義すると、未公開の先願の発明（以下、「先行発明」と称す。）と未公開の後願の発明（以下、「後発発明」と称す。）とは、共に特許範囲のクレームまたは請求項にアップされた「クレームアップ発明」とします。「クレームアップ発明」は、審査過程で共に特許要件をクリアすると特許になる発明を意味します。

ケース（一）は、審査過程で両発明が未公開の同一発明であると認定されると、後発発明は二重特許（ダブルパテント）回避の先願主義手続によって特許にはならない。これは、先行発明が特許されるけれども後発発明は拒絶されるという先願主義手続の当たり前の行政処分です。この整理はまた、端的には最初に世間に提示されるオリジナル発明はいずれであるかという後先で決着させる処分にもなります。オリジナル発明でない後発発明は、保護されない（特許にならない）という当たり前の行政処分です。

ケース（一）は、先行発明の先願がいずれ世間に公開されることが条件になります。先願が放棄等により先行発明が公開されずに消滅したときには、後発発明が先行発明に入れ換わるので後願が先願に置き換わり、後願の後発発明が先行発明として特許されます。要するに出願人が異なるときの先願と後願の「クレームアップ発明」の後先の関係は、このようにして解決されます。

ケース（二）は、同一出願人が同じ特許庁に前後して先願と後願とを申請したときに、先行発明と後発発明の二重特許（ダブルパテント）回避の審査手続は、ケース（一）と同様です。審査過程で両発明が未公開の同一発明であると認定されると、後発発明は二重特許（ダブルパテント）回避の先願主義手続によって特許にならない。同一人のときの整理もまた、端的には最初に世間に提示されるオリジナル発明はいずれであるかという後先で決着させる行政処分にもなります。

［同一出願人の後発発明の保護］

未公開の後発発明は、未公開の先行発明との間では世間に公開される後先で決着させる二重特許（ダブルパテント）回避の行政処分ですので、当然、後発発明は特許にならない。想定されたいずれのケースも実体審査の当然の帰結です。

しかし、実際の技術開発競争では、二重特許（ダブルパテント）にはならない同一発明を含む未公開の先願と後願との関係があります。未公開の先願と後願との間で、そもそも二重特許（ダブルパテント）にならない同一発明が発生するのでしょうか。

ところが、そのような同一発明が頻繁に発生します。同じようなテーマで技術開発がなされたときに、複数の関連する発明が同時にまたは前後して生まれることはよくあることです。そのときに複数の関連発明を全て先行発明として先願に「クレームアップ発明」とするケースがある一方で、複数の関連発明の一部を先願の特許明細書や図面に記載（開示）した上で一部の発明を「クレームアップ発明」とはせずに特許化を保留した状態にする、いわゆる「先行発明を保留した発明」とするケースが多々あります。

用語を定義しておくと、「先行発明を保留した発明」（以下、「保留発明」と称す。）とは、先行発明とは別に未公開の先願に記載された発明のことです。こうした先願が多いのは、出願人本人が先願の保留発明の開発をさらに継続し、先願が公開され公知文献化される前に先願の保留発明を後願で後発発明として仕上げるケースが間々あるためです。出願人本人は、保留発明を先願で「クレームアップ発明」としていないのは、当該保留発明がなお工夫の余地が残されるなど、開発を継続すべきレベルの発明であるという判断によるものと思われます。そのため、誰もが自由に使えるパブリック・ドメインの発明にする意図はないということになります。

これはケース（二）に相当します。これは、二重特許（ダブルパテント）にならないが同一発明になる二つの未公開の先願と後願との同一発明の一形態です。他の形態としては、ケース（一）に相当する、先願の出願人（本人）と異なる出願人（他人）が、未公開の先願を知らずに先願の保留発明と同一の発明を後発発明として出願するケースです。情報化時代の技術開発競争の真只中の今は、こうしたケースもかなりの頻度で発生します。このケース（一）は、未公開であるが故に本人の先願とは知らずに他人が先願に記載された保留発明と同一の後発発明を含む後願を申請したということです。

先行発明は当然ですがそれ以外に保留発明を記載した先願があるときに、これらの発明のいずれかと同一の後発発明を含む後願の審査実務は、日米（特許法）とＥＰＯ（欧州特許法条約）とで同じか否か。結論は、日米は本人による後願は特許し、他人によるものは拒絶します。ＥＰＯは本人も他人も区別せずに後願を拒絶します。

未公開の後発発明が未公開の先行発明と同一のときは、すでにみた通り、後発発明は二重特許（ダブルパテント）回避の先願主義手続によって排除されます。それは本人のものか他人のものかとは関係なく排除されます。次に、未公開の保留発明を含む先願があるときに当該保留発明と同一の後発発明を含む後願の審査実務は、日米両国とＥＰＯとで全く異なります。これを先願主義手続で一律に裁くとオリジナル発明を保護しないケースが発生し、発明保護の理念（特許理念）に反することになります。こうした当たり前のことがなぜ日米とＥＰＯとの間で調整できないのでしょうか。

米国の先発明主義と日欧の先願主義の対立は米国の決断によって調整されているにも拘わらず、ＥＵまたはＥＰＣ締約国は特許理念に反する行政処分をなぜ放置しておくのでしょうか。詳細は以下の通りです。

ＥＰＣが採用する「セルフコリジョン（自己衝突）」手続の審査実務は、先願の保留発明の本人が後願で当該保留発明を後発発明としても、また先願の保留発明を他人が後願で当該保留発明を後発発明としても、いずれの後発発明も先願主義に反する発明として一律に排除される特許システムです。それは、本人のものか他人のものかには関係なく後発発明が排除されます。しかも、いずれの後発発明も当該保留発明とは二重特許（ダブルパテント）にならないのに排除され特許にはなりません。これは、正に鎬を削る技術開発の競争環境に馴染みのない人には、出願人（または発明者）本人であろうと他人であろうと、同一基準を適用する審査手続であって発明保護の観点からは何らの疑念は生じないように映るはずです。ここでは、これを「ＥＰＣ型先願主義」と呼ぶことにします。

なぜこれをＥＰＣ型先願主義と呼ぶのか。日米の両特許法も先願主義の手続を採用しています。旧米国特許法は先発明主義の手続でした。先願主義も先発明主義も本来、両主義に共通する発明保護の理念（特許理念）があります。それは、本人がパブリック・ドメインしていない発明であって新しい技術内容を初めて世間に公開するオリジナル発明または発明者（あるいは出願人）を保護する原則です。すなわち、オリジナル発明または発明者を保護するという特許理念です。その特許理念は、逆にオリジナル発明または発明者でなければ保護するには値しないので、排除されるべきであるという当たり前の考え方です。日米両国の審査実務では、本人の後発発明は、先願で予め記載した保留発明に対応するオリジナル発明であって、ＥＰＣ型のように、先願主義に反するものとして本人の先願によって排除されることはない。その一方で、他人の後願の後発発明は本人の保留発明が引用されるので排除されます。なぜか。その理由は、たとえ二重特許（ダブルパテント）にはならなくとも、同一の保留発明が先願に存在する限りは、他人の後発発明が新しい技術内容を世間に初めて公開するオリジナル発明になることはない。オリジナル発明になるのは保留発明です。それ故に他人の後発発明は排除され拒絶されるべきであるという理屈です。

本人と他人とを区別することの是非はどこにあるのか。それは、他人による後発発明は、当然に新しい技術内容を世間に初めて公開するオリジナル発明ではないということに尽きます。先願の保留発明こそが、新しい技術内容を世間に初めて公開するオリジナル発明になるからです。本人は、後発発明で先願のオリジナル発明を改良し、応用し、完成させ、新しい技術内容として世間に公表することにもなります。

［連続する発明の芽を摘む特許システム］

未公開のオリジナル発明または発明者を保護するという発明保護の理念（特許理念）を一般論として受け入れない「ＥＰＣ型先願主義」は、「届出制」時代の先願主義手続の枠組みであって時代遅れと評されても致し方ないものです。「届出制」時代には出願は「保留発明」を含め全て出願と同時に公知文献化してしまいます。

イノベーション機能の観点からは、「ＥＰＣ型先願主義」の特許システムは、技術開発競争に鎬を削る「先行組」と「後発組」とがフェアな競争とはならずに、キャッチアップする「後発組」が圧倒的に優位になる特許システムです。連続する技術開発の成果である本人の後発発明が未公開の本人の先行発明と二重特許（ダブルパテント）にならないときに、後発発明に関連するイノベーションを促進する観点から先願主義と調整した上で、後発発明は保護されるべきものになります。それはまた、本人の先願を引用し本人の後発発明を先願の保留発明と同一発明として排除するＥＰＣ型先願主義の特許システムは、特許理念と完全に矛盾するものです。明らかに特許理念に反するＥＰＣ型先願主義の特許システムは、国際的に放置しておくことのできない特許マターです。

本人の後発発明が未公開で本人の先行発明である「クレームアップ発明」と同一発明であるとの理

由で排除されるのは、二重特許（ダブルパテント）回避の観点からは当然の帰結です。要するに先願の「クレームアップ発明」と同一の後発発明は、本人の発明か他人の発明かの区別なく二重特許（ダブルパテント）回避のために拒絶されるという当然の理屈です。しかしながら、本人の後発発明が未公開の本人の先願の保留発明であるとき、本人の両発明は共に世間に公開されても二重特許（ダブルパテント）になることはない。それにも拘わらず、他人の後発発明と同様に、本人の後発発明を特許しないＥＰＣ型先願主義手続は、オリジナル発明または発明者を保護する発明保護の理念（特許理念）を無視した一方的な決め事になります。

勿論、他人の後発発明は、未公開の先願に記載された本人の保留発明と同一であるときに、両発明が共に世間に公開されても、保留発明が特許とはならないので二重特許（ダブルパテント）になることはない。それにも拘わらず他人の後発発明が排除されるのはなぜか。その理由は以下の通りです。他人の後発発明は、オリジナル発明を保護する理念（特許理念）と矛盾し、先願の存在を知らなかったとはいえ、本人の先願に記載された発明の後塵を拝する後発発明であって、何ら新しい技術内容を世間に公開する発明ではないという事実から、保護されるべき発明にはならないということです。これは、発明保護の理念（特許理念）に基づくものであって、決して先願主義手続の決め事による手続にはならないということです。

先願主義手続の適用は、未公開の前後する出願の「クレームアップ発明」（財産化される「発明」）同士に限定されるものです。連続する技術開発環境にあって、世間には未公開であっても本人が承知している本人の先願に記載された発明をさらに改良し、応用を施し、完成させ、しかる後に先願に続き実質的同一の後発発明として後願をＥＰＯに申請したときを想定するとどうなるか。そのときには、二重特許（ダブルパテント）にならない後発発明をセルフコリジョン（自己衝突）と称し、本人の未公開の先願の保留発明が引用され先願主義に反する発明として特許されないことになります。この特許システムは、先願主義の概念を一方的に拡張し特許理念と矛盾する手続によって、オリジナル発明の発明者または出願人のイノベーション力を奪うことになります。それは、特許制度論としては先願主義が特許理念を超える拡大適用によって先行組のイノベーション意欲の芽を摘む手続と評すべきものです。喜ぶのは、先行組の保留発明を自由に使用できる後発組になります。未公開の本人の先願の後塵を拝する他人の後発発明を同じ扱いにするのとは訳が違います。

［セルフコリジョン手続の国際問題］

くどいほど細々と説明してきたのがセルフコリジョン手続問題です。ＥＰＣ型先願主義手続は、連続する技術開発環境にあって、未公開の本人の先願に記載された発明を本人の後発発明に対する引用文献に用いる審査手続です。日米両国の特許法にないＥＰＣまたはＥＰＯが頑なに維持している独自手続です。結論的にはＥＰＯは、セルフコリジョン手続を維持し、先行組に必須の未公開のオリジナル発明に対するアドバンテージを認めることなく後発組を圧倒的に優位にするＥＰＣ型先願主義手続を堅持しているということです。要するに、圧倒的な情報化時代に、ＥＰＣの特許システムはイノベーションを担うことの困難性を配慮しない、しかも後発組に極めて有利に働く一方で先行組には極めて不利に働く先行組と後発組との発明保護のバランスを著しく欠いた特許システムです。ＥＰＯは、先願主義が発明保護の理念であるかのようにセルフコリジョン手続を頑なに維持しています。

勿論、後願を申請するときに先願が公開済みであれば先願に記載された発明は全て、審査中の後発発明に適用される刊行物記載の発明か公知または周知の技術文献になるので、後発発明は本人か他人かの区別なく公知化された発明によって新規性違反の発明として特許されない。また、先願と後願が共に未公開の同一発明を含むときは、後願の後発発明は先願に記載された発明が公知になっていなくとも先願主義手続に基づく二重特許（ダブルパテント）回避手続によって特許されないのです。

［対比される日本の「拡大先願権」］

日本の特許法は、これを「拡大先願権」と称しています。「拡大先願権」の但し書では、保留発明があるときは、後発発明の出願人と先行発明の出願人とが同一人（本人）であるか否（他人）かで特許するか否かで扱いを異にするという重要規定が定められています。要するに、本人のときの発明は特許され、他人の発明は拒絶され排除されるということです。

［欧州に倣う中国のセルフコリジョン手続］

ここにさらに深刻な問題があります。新興国の中国特許法は当初、日本特許法に平仄を合わせた但し書付き「拡大先願権」に基づく手続を採用していました。ところが二〇〇八年の特許法改正によって、中国特許法は「拡大先願権」の但し書規定を削除し、事実上のＥＰＣ型先願主義手続に切り換え、現在に至っているということです（洸理恵著『中国知財実務』二〇一六年　経済産業調査会　59～60頁）。

イノベーションを担う企業にとっては、新興国中国の特許政策は、より深刻な事態であって、見逃すことはできない問題です。ＥＰＣ型先願主義手続は、ＥＰＯ独自の運用問題に止まらず、今や国際特許システム問題であり、ダブルパテント（二重特許）回避手続問題としてまた未公開で前後して併存する発明をオリジナル発明または発明者のイノベーション力を高める発明保護の理念（特許理念）に平仄を合わせる問題として、早急に検討されるべき課題になります。

これは、極論すると先行発明に関連する後発発明の特許を出願人に認めないで、本人以外の第三者に関連発明の模倣をしやすくする仕組みの一つであることは確かです。模倣する側が特許にさえなっていなければ価格破壊で戦えるからです。中国の特許法改正の意図は、ＥＰＣ型先願主義を参考に先行発明の関連発明の模倣をしやすくすることにあったとしか考えられない。国際特許のルール化の観点からすると、ＥＰＣ型先願主義手続は、それに手を貸す手続であって、最早放置し得ない通商問題と評すべきものです。

（五）ＡＣＴＡ（偽造品取引防止協定）への不参加

第五は、欧州連合（ＥＵ）の知財政策です。ＥＵが、なぜ偽造品取引防止協定（ＡＣＴＡ）への不参加を表明しているのか。それはあたかも、模倣盗用を黙認しているが如くです。先進地域にあるまじき対応というほかない。

欧州特許システムの在り様を問う

ＥＰＣ条約に基づくＥＰＯとドイツ特許庁などの国内特許庁とを併存させた欧州の特許システムは、相互に補完しているようにみえるのですが、中途半端という誹りは免れ難いように思われます。ある事情の下で特許法条約としてＣＰＣ（共同体単一特許）構想が採択されずにＥＰＣ（欧州各国特許の束）構想を選択したことが、ＥＵのイノベーション政策との間で齟齬を来す結果になったのだと推測されます。先進地域のＥＵに期待することは、ＥＵイノベーション政策と一体に運用できるＥＵ特許庁を、商標分野と意匠分野ではすでに実現済みのＥＵ知的財産庁（ＥＵＩＰＯ）に組み入れることです。その前提でＥＵ特許裁判所が創設されると「望ましい欧州特許システム」となるように思います。

あえてその在り様を問う意図は、欧州市場のユーザーのために、またＥＵ域内のイノベーション力を復活させるために、ＥＰＯをＥＵ特許庁に切り換えるか、そうでなければＥＰＣ締約国からＥＵ加盟国を切り離し、ＥＵ特許庁とＥＵ特許裁判所を創設することに思いを馳せたくなります。その理由は、具体的には、前述した課題以外にもＥＰＯの審査官の裁量権があまりに大き過ぎるという審査運用の問題、ＥＰＯ特許の成立が正に賞味期限の切れたものとなっている審査遅延の問題、さらにはＥ

PO独自の維持年金制度と銘打つ発明の公開代償と矛盾する年金システムの問題等々、EPO独自の問題が顕在化しているためです。また経験則に即していうと、例えばドイツには審査基準の異なるドイツ特許とEPO特許が併存していることになります。それらに係る特許訴訟は、ドイツの地裁または連邦地裁で裁かれます。こうしたことから、欧州の特許システムは、未だ暫定的な措置の延長線上にあると考えざるを得ないためでもあります。

「戦う特許」事例

道路舗装工法

ここで、日米EPOの三極特許庁で特許化された「道路舗装工法」と「自走車両システム」を紹介します。ローテク分野のように思われがちですが、同工法開発に特許顧問として深く関わったことから、これは従来工法に取って代わり得るほどの画期的な舗装道路の再生工法技術と考えています。

同技術は、二〇〇四年一二月に、インフラ事業を積極的に展開するグリーンアーム株式会社によって開発されたものです。それまで同社の主要事業の一つは、海外ライセンスに基づく道路補修用建設機械の開発、設計、販売などでした。

ところが、二〇〇四年初めに、同社の代表取締役CEOである細川恒は、当時この分野の権威であ

図表4　Hot In-place Dense to Porous Transforming Method

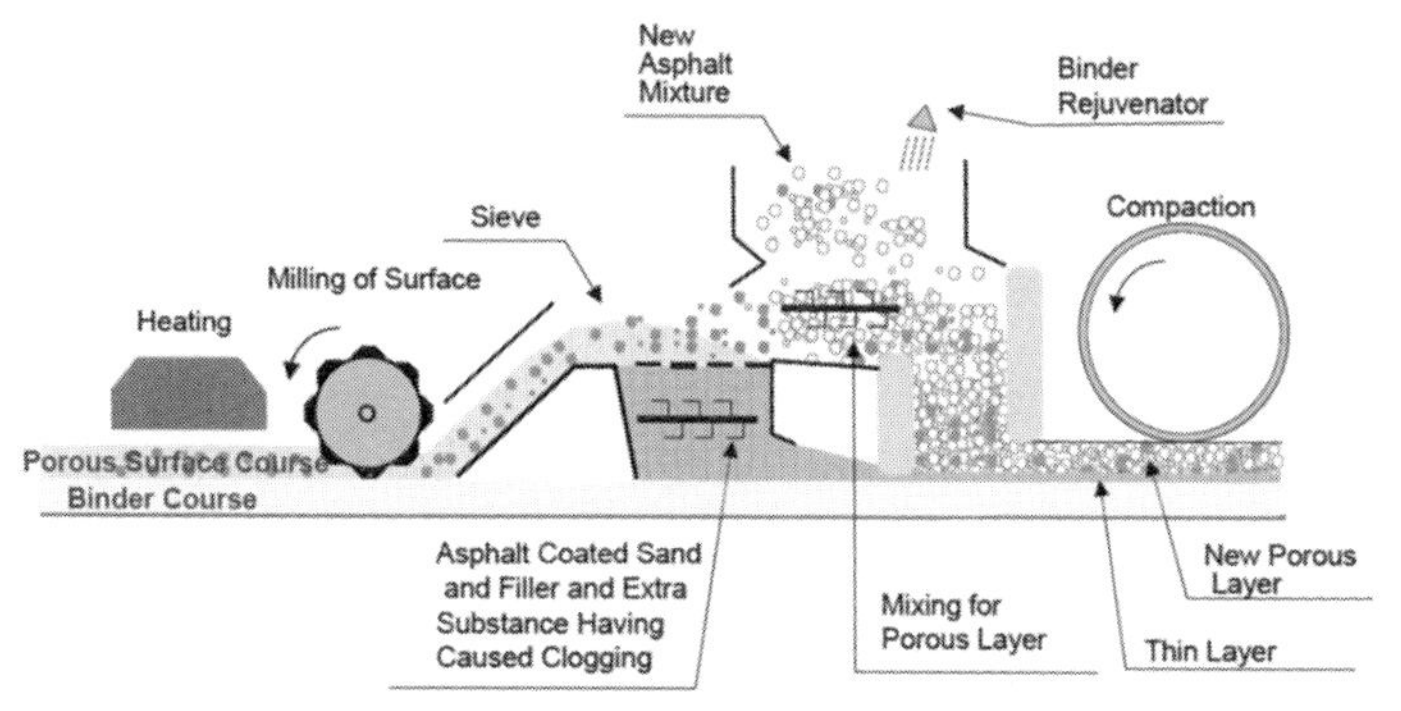

出典：Company Profile of Green ARM Co., Ltd. (Green ARM)

った北海道工業大学教授の笠原篤を中心に発明者笠原篤のアイデアによる革新的な舗装道路の再生に関する実用化研究に関する技術委員会を立ち上げ、日立建機株式会社、中小の土木施工会社、さらに土木機械製造会社等と組み、それぞれの専門技術者が喧々諤々の議論を展開し、様々な試験を実施し、あらゆる技術文献と特許文献との対比を行い、五連の装置からなる自走車両システムのプロトタイプを開発しました。

模式図の図表4に示すこの工法は、自走車両システムを用い、補装道路を構成する厚み五センチメートル程度の表層アスファルト混合物を加熱軟化させ、そこに含まれる砂利を単粒状態に解し、これを選別して新たな表層アスファルト混合物に現場で再生しながら、新舗装道路に作り変えていく工法です。

水を通さないアスファルト舗装道路は「デンス・アスファルト」といい、例えば粒径〇・五ミリぐらいから二〇ミリぐらいの砂利が均一に混合された水を通さない表層アスファルト構成の補装道路になっています。この表層アスファルトを

図表5　日本特許3849124：請求項1～29（クレームアップ発明）

2006年9月8日登録
【請求項1】 自走車両システムを移動させながら、舗装道路のアスファルト混合物層を路上で連続的に再生する方法であって、 a. 前記アスファルト混合物層を加熱軟化させる工程と、 b. 加熱軟化された前記アスファルト混合物層を掻き解し、団粒化しない温度に保ち、単粒化されたアスファルト混合物にする工程と、 c. 単粒化された前記アスファルト混合物を複数の粒度群に分級させる篩工程と、 d. 分級された前記複数の粒度群の各々を用い、前記アスファルト混合物を再生アスファルト混合物に配合設計する工程と、 e. 配合設計された前記再生アスファルト混合物を均一に混合させる工程と、 f. 均一に混合された前記再生アスファルト混合物を敷き均し、締め固め、再生アスファルト混合物層にする工程と、 を含む方法。

路上で加熱軟化させ、それによりアスファルトで固形化させた砂利を単粒状態に解し、現場で篩にかけ粒径を異にする砂利を選別し、中間粒径の砂利を取り除き、細かい砂利と粒径の大きい粗い砂利だけを残し、ときに同組成の新材料を添加し、再混合して同じ路上で敷き均すと、アスファルト舗装道路は、水を通すポーラス・アスファルト道路に替わります。図表5が本特許の「クレームアップ発明」です。日米特許に実質上の差異はないということです。

従来工法では、アスファルト舗装道路を解体し、解体されたアスファルト破片を現場から再生工場に搬送し、そこでアスファルト破片を溶解し再生砂利を再生産し、再生工場で、それを新たなアスファルトと混合して補装用の新材料に製造されるのです。通常工法は、そのように製造される新材料を解体された現場のアスファルト舗装道路に持ち込んでアスファルト舗装道路を敷き均す工法です。また道路表層を加熱軟化し、場合によって

図表6　札幌郊外の実証試験の様子（2007年夏）

は補修個所に適宜砂利を含むアスファルト新材を投入しながら敷き均す技術も従来工法です。

ところが、新しい舗装道路を毎分数メートルのスピードの自走車両システムによって、現場で舗装道路のを自動的に直接再生していくのが本特許の工法です。図表6は、二〇〇七年夏に札幌郊外で実証試験を行ったときの写真です。

自走車両システムが実施する工法は、模式図の図表4に示されるように、補修する現場で、例えば非排水性（dense）舗装を排水性（porous）補装に変換しながら道路を完全に作り替え再生していくものです。非排水性（dense）補装を非排水性のまま作り替え再生していくことも当然可能です。

二〇〇七年夏には、この工法は国際土木学会で発表済みであり、同工法に関心を持った米国のカリフォルニア道路公社のスタッフもこの実証試験に立ち会い、最終的にカリフォルニア州の道路工法の

図表7　カリフォルニア道路公社の“Special Provisions”への採用

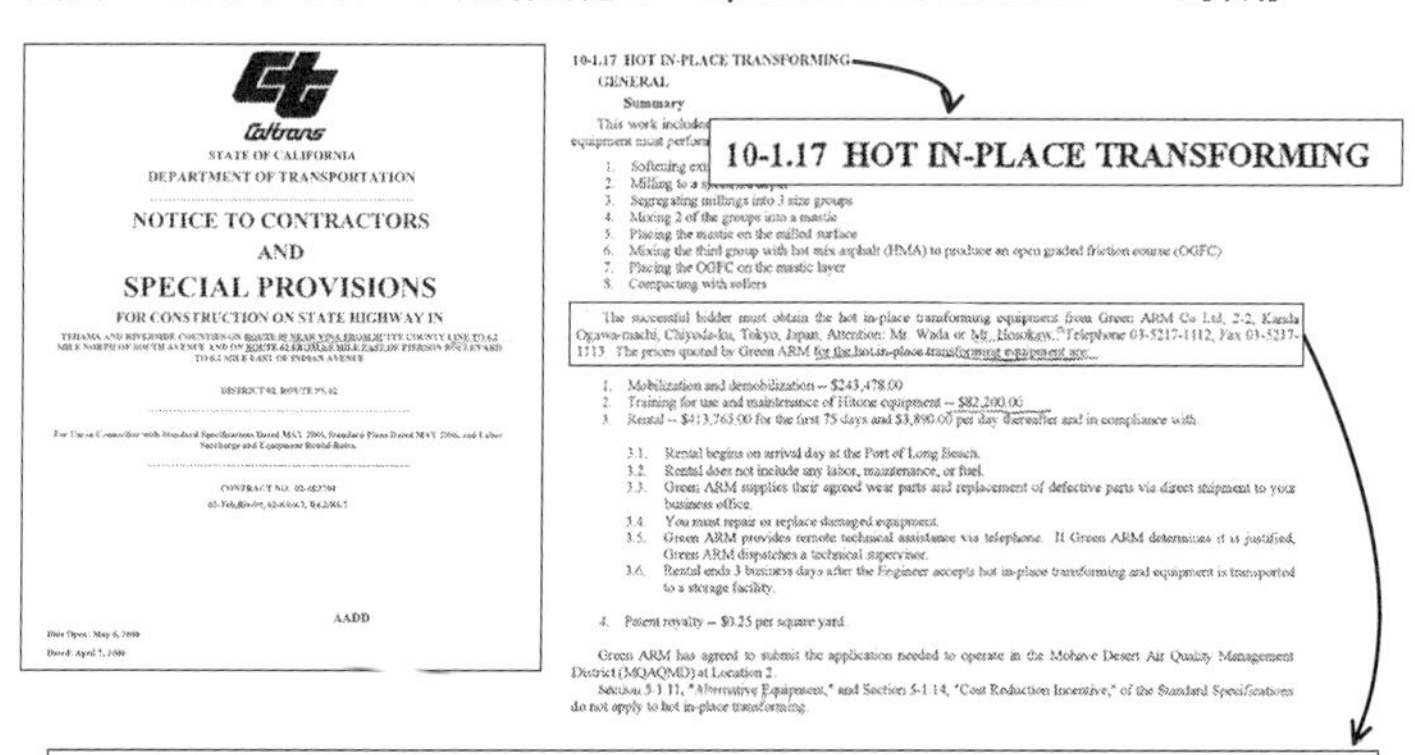

Caltrans

STATE OF CALIFORNIA
DEPARTMENT OF TRANSPORTATION

NOTICE TO CONTRACTORS
AND
SPECIAL PROVISIONS
FOR CONSTRUCTION ON STATE HIGHWAY IN

AADD

10-1.17 HOT IN-PLACE TRANSFORMING
GENERAL
Summary

10-1.17 HOT IN-PLACE TRANSFORMING

2. Milling to a
3. Segregating millings into 3 size groups
4. Mixing 2 of the groups into a mastic
5. Placing the mastic on the milled surface
6. Mixing the third group with hot mix asphalt (HMA) to produce an open graded friction course (OGFC)
7. Placing the OGFC on the mastic layer
8. Compacting with rollers

The successful bidder must obtain the hot in-place transforming equipment from Green ARM Co Ltd, 2-2, Kanda Ogawa-machi, Chiyoda-ku, Tokyo, Japan, Attention: Mr. Wada or Mr. Hosokaw.. Telephone 03-5217-1112, Fax 03-5217-1113. The prices quoted by Green ARM for the hot in-place transforming equipment are:

1. Mobilization and demobilization -- $243,478.00
2. Training for use and maintenance of Hitone equipment -- $82,200.00
3. Rental -- $413,765.00 for the first 75 days and $3,890.00 per day thereafter and in compliance with:
   3.1. Rental begins on arrival day at the Port of Long Beach.
   3.2. Rental does not include any labor, maintenance, or fuel.
   3.3. Green ARM supplies their agreed wear parts and replacement of defective parts via direct shipment to your business office.
   3.4. You must repair or replace damaged equipment.
   3.5. Green ARM provides remote technical assistance via telephone. If Green ARM determines it is justified, Green ARM dispatches a technical supervisor.
   3.6. Rental ends 3 business days after the Engineer accepts hot in-place transforming and equipment is transported to a storage facility.
4. Patent royalty -- $0.25 per square yard.

Green ARM has agreed to submit the application needed to operate in the Mohave Desert Air Quality Management District (MQAQMD) at Location 2.

Section 5-1.11, "Alternative Equipment," and Section 5-1.14, "Cost Reduction Incentive," of the Standard Specifications do not apply to hot in-place transforming.

The successful bidder must obtain the hot in-place transforming equipment from Green ARM Co Ltd, 2-2, Kanda Ogawa-machi, Chiyoda-ku, Tokyo, Japan, Attention: Mr. Wada or Mr. Hosokaw.. Telephone 03-5217-1112, Fax 03-5217-1113. The prices quoted by Green ARM for the hot in-place transforming equipment are:

「Special Provisions」道路補修規則に、この工法が採用される結果となりました。図表7に示す、この規則には、会社名と単位当たりの使用ロイヤリティーなどが記載されています。

基本特許の成立

図表8に示す、この基本特許は、「熱風路上アスファルト変換工法」と命名された画期的な土木工法と自走車両システムに関するものです。二〇〇六年に、五連の装置からなる自走車両システムを日立建機株式会社と共同開発しましたが、特許審査手続は、二〇〇四年一二月に国際特許化を目指しPCT出願を行い、PCTサーチレポートを受け翌年の七月に日本特許庁に審査請求を行いました。特許審査は、早期審査によって二〇〇六年九月に日本特許が成立しています。因みに特許範囲の「クレームアップ発明」は、請求項の図表に示されたように、発明の全請求項は二九項からなります。筆者が斡旋した

図表8　戦う特許事例［道路舗装工法］

路上再生工法 （HITONE）の独自開発 （2004年に開発研究会設置）	➡	基本特許 日本2006年：特許3849124号 米国2008年：USP7,448,825B2 欧州2013年：EP1 818 455 B1

基本特許（国際出願2004年）

日本2006年： 特許3849124号	米国2008年： USP7,448,825B2	欧州2013年： EP1 818 455 B1
特許公報(B2) [illegible]	United States Patent [illegible]	EP 1 818 455 B1 EUROPEAN PATENT SPECIFICATION [illegible]

弁理士に依頼し海外での特許化も図りました。

　米国特許は、二〇〇七年一月にＰＣＴ出願を国内段階に移行したところ、米国特許文献に基づく進歩性要件違反のオフィスアクションがあり、適宜対応したことにより二〇〇七年中の米国特許成立も間近いと思っていたときに、同じ特許文献に基づくファイナル・リジェクション（最終拒絶）を受け、戸惑いを覚えたことを記憶しています。ＣＥＯの細川恒は、何度か米国特許弁護士トーマス・ランガーと海外担当弁理士の大塚文昭、および、特許顧問の筆者を交えた意見調整を行い実証試験の映像化などを含む万全の準備をした上で、事前にアレンジされた米国特許商標庁の審査官レイモンド・W・アディーとのインタビュー（面接審査手続）に臨みました。その場で、特許明細書の僅かな補正を条件に日本特許とほぼ同じ権利内容の米国特許を二〇〇八年一一月に成立させることができました。

ところが、詳しい説明は省きましたが、同じ発明のＥＰＯ特許は、記載要件を含む数度のオフィス・アクション（審査手続）を経て、特許成立したのは二〇一三年三月です。最初の特許出願から九年後の特許成立です。しかも米国の場合に比べ、五年遅れの特許成立です。グリーンアーム株式会社は、その間に自走車両システム技術でイタリア道路公団との共同事業交渉を進めていましたが、ＥＰＯ特許は、当然それには間に合わず、二〇一三年という忘れた頃の特許成立にはＣＥＯの細川恒は全くの無関心で、そのときにはＣＥＯの関心はすでに失われていました。

これは、正に創造的破壊を生む技術であってローテク技術とはいえ、その後の関連特許は、一〇件程度に達します。これは、そうした技術が日米ＥＰＯの三極特許庁でどのように特許化されたかの一事例を紹介するものです。

特許は、少なくとも戦うための特許でなければならないのは当たり前のことです。権利行使が間に合わなかったＥＰＯ特許は、一言でいうと「財産として成立しなかった特許」に等しいというほかなかったということです。

特許データからみる各国の特許事情

三つの特許データ

各国の特許事情は、主に各国が公表している次の三種の特許データからも一定の類推は可能です。各国とは、日米ＥＰＯと新興国の韓国と中国を加えた四か国プラス欧州の一地域を指します。ただし、欧州は、ドイツ特許庁などの国内特許庁は含まれておらず、全てＥＰＯの公式発表数値によるものです。

（一）　特許出願動向のマクロ分析
（二）　特許登録率のマクロ分析
（三）　特許審査の所要期間のマクロ分析（①特許出願時から第一中間処分までに要した期間、②特許出願時から特許登録または特許拒絶の最終処分までに要した期間）

出典は、特許行政年次報告書（以下、略して『特許庁年報』）の二〇〇〇年～二〇一八年版によります。ただし、特許データの精度は現状では、各国およびＥＰＯが独自に提示している数値に左右されます。ここでは、そのことにも触れながら、他にも各国特許庁の特許審査官数の数量を参考に、以上の三つの特許データの各々を分析し、各国の特許事情を概観し、総括したいと思います。

公表の義務―ＴＲＩＰｓ協定に基づく公表―

ＴＲＩＰｓ協定以前、すなわちパリ条約の紳士協定時代には、日米ＥＰＯの三極特許庁が公表する特許データは、国内の行政用データが主でした。三極特許庁が国際的に公表してきた共通データは、年単位の出願数や登録数が主です。日米特許対話においても、例えばパテント・フラッディング（特許洪水）事象が非関税障壁を構成するかどうか等の応酬も、個別ケース問題から類推できるマクロ的見解によるものでした。当時、それを立証できるような特許のマクロデータは用意されていたわけではない。ところが今も、日米ＥＰＯの三極特許庁においてすら国際的に把握できる特許データ群は、各特許庁のウェブサイトで自主公開の延長線上のものでしかないのです。そのため未だに相互監視は十分にできていないということです。事実、例えば各国の特許庁や特許訴訟等の司法制度を実態把握しようとすると、とんでもなく苦労します。

ＴＲＩＰｓ協定以来二〇年を経てもなお、各国の特許事情については互いに監視できる状態に特許等のマクロデータが整備されていません。正に驚くべきことです。今はすでに必要な特許データの提出や開示を求めることができるＴＲＩＰｓ協定という義務協定の世界であるにも拘わらず、特許等のマクロデータは、経済情報のマクロデータのように利用できるようにはなっていないということです。共に共通する特許データや制度および運用の特許システムに関する規則情報等を整備し、互いに監視できるようにする必要があります。国際競争分析に深く関わる特許のマクロデータの整備なしに、ＷＴＯの紛争処理規定を厳格に適用し、不適切な特許マターに対する訴えを公平に裁くことなど、できるはずがないと考えるからです。

米国の『スペシャル三〇一条報告書』

特許庁は実務官庁です。しかし、それらの特許のマクロデータは実務官庁間の意見交換を旨とする相互干渉のない助け合い精神からは導き出せるものではない。場合によっては特許マターとしてWTO提訴による通商上の交渉によって取り上げられるべき項目にすらなると考えます。例えば、バイ・ラテラルまたはユニ・ラテラルの通商交渉の典型としては、米国のスペシャル三〇一条に基づく報告書を挙げることができます。

米国は、WTO協定以前の日米特許対話のときからすでに一九七四年制定の米通商法三〇一条で、貿易相手国の不公正な取引上の慣行に対し当該国と協議することを義務付け、解決しない場合に制裁措置を科すことを定めています。『スペシャル三〇一条報告書』では、知財保護が不十分な国や公正かつ公平な市場アクセスを認めない国を、警戒レベルとして優先監視国と監視国の二段階に特定し監視しています。例えば、二〇一七年版の報告書は、「日本は米国と一緒に多国間での取り組みを行った国として、また米国特許商標庁（USPTO）とパートナーシップを有する国」と評する一方で、中国については、次のような評価です。

同報告書で「中国は引き続き優先監視国」です。監視内容は「強制技術移転、効果的な法執行の不備、営業秘密の窃盗、海賊版被害、世界中への模倣品輸出など、従前からの懸念に加え、新たな問題も発生している」というもので、何を問題視しているかが一目瞭然です。さらに米国は、中国を米通商法三〇六条に基づく唯一の監視国に指定し米国通商代表（USTR）をして改善措置や協定等の履行義務を監視させ、対応次第では中国に対する制裁措置の発動もあり得る、としています。この発動についてはＷＴＯ協定違反という見解もありますが、その見解はＷＴＯの紛争処理が機能していることが前提です。現実はそう評価されていないことがまた大問題です。

二〇一八年八月一九日の日経社説の「揺れる世界経済　日本の針路」は、「日本はＥＵなどと連携し機能不全に陥ったＷＴＯを早く立て直すべきだ。中国の知的財産権侵害の是正、国境をまたぐデータ移転のルール作りを含め、国際的な課題に取り組める体制を再構築しなければならない」と言及しており、これは誰しも納得する指摘です。しかし欧州の特許システムを概観すると、ＷＴＯにおける国際的課題に取り組める体制の再構築が絵に描いた餅にならないかという懸念を払拭することは難しい。国際的課題の取組は日ＥＵではなく先ず日米で構築を図るべきです。

一方で日本はどうかです。日本も米国同様に経済産業省が、毎年『不公正貿易報告書』を公表しています。その報告書にも知財項目がありますが、誰がみても米国の『スペシャル三〇一条報告書』に比すべき内容とはいい難いものです。特許庁は実務官庁ですが、実務官庁同士は意見交換を旨として互いに干渉することのない助け合い精神こそが肝心という対応は、パリ条約の世界では許されても、ＷＴＯの世界では最早通用しない。助け合い精神は大事ですが、それは巧妙な模倣盗用が咎められずに、国際競争力を発揮している新興国の「正の連鎖」を助けるだけであってはならず、それはまた、先進国が「負の連鎖」で不当に奪われた国際競争力を塩漬けにするものであってもならない。それは「アンフェアの連鎖」であってはならず「フェアの連鎖」でなければならないはずです。前章で先進国と新興国および途上国のGDPの落差でみたように、新興国は各国の自由裁量で各国任せの現状を勿怪の幸いとする高度経済成長を享受する一方、先進国は、いとも簡単に模倣盗用を許している未完成な国際特許ルールに縛られ、先端技術情報を一方的に流出させられ低成長経済に呻吟するなど、正に放置できない事態です。これではトランプ大統領の「米国第一主義」を勢い付かせるだけです。

経済産業省が日本特許庁と一体で直ちに進めるべき実態調査は、海外における日本特許の巧妙な模倣事例や特許の強制実施に類する不当な要求事例など、米国の『スペシャル三〇一条報告書』に匹敵する内容でなければならないと考えます。それが世界に向けた、例えば日本版の『スペシャル特許報告書』になります。

こうした点を踏まえ三つの特許データを概観し、各国の特許事情を総括します。

特許出願動向のマクロ分析

特許出願および実用新案出願の経年変化の図表9のグラフは、誰がみても驚きます。それは、中国事象とEPO事象です。

まず中国事象ですが、二〇一五年以降二〇一七年までの中国の特許出願は、グラフの縦目盛り枠を越え、一一〇万件、一三四万件、一三八万件という信じ難い数値を示しています。その数値の評価は、その間に日米EPO韓など、主要な四庁の特許出願に大きな変動がないこととの対比の結果です。

次に、中国と好対照なEPO事象ですが、人口五億人を超える欧州市場全域をカバーするEPO

図表9　主要国の特許・実用新案出願件数

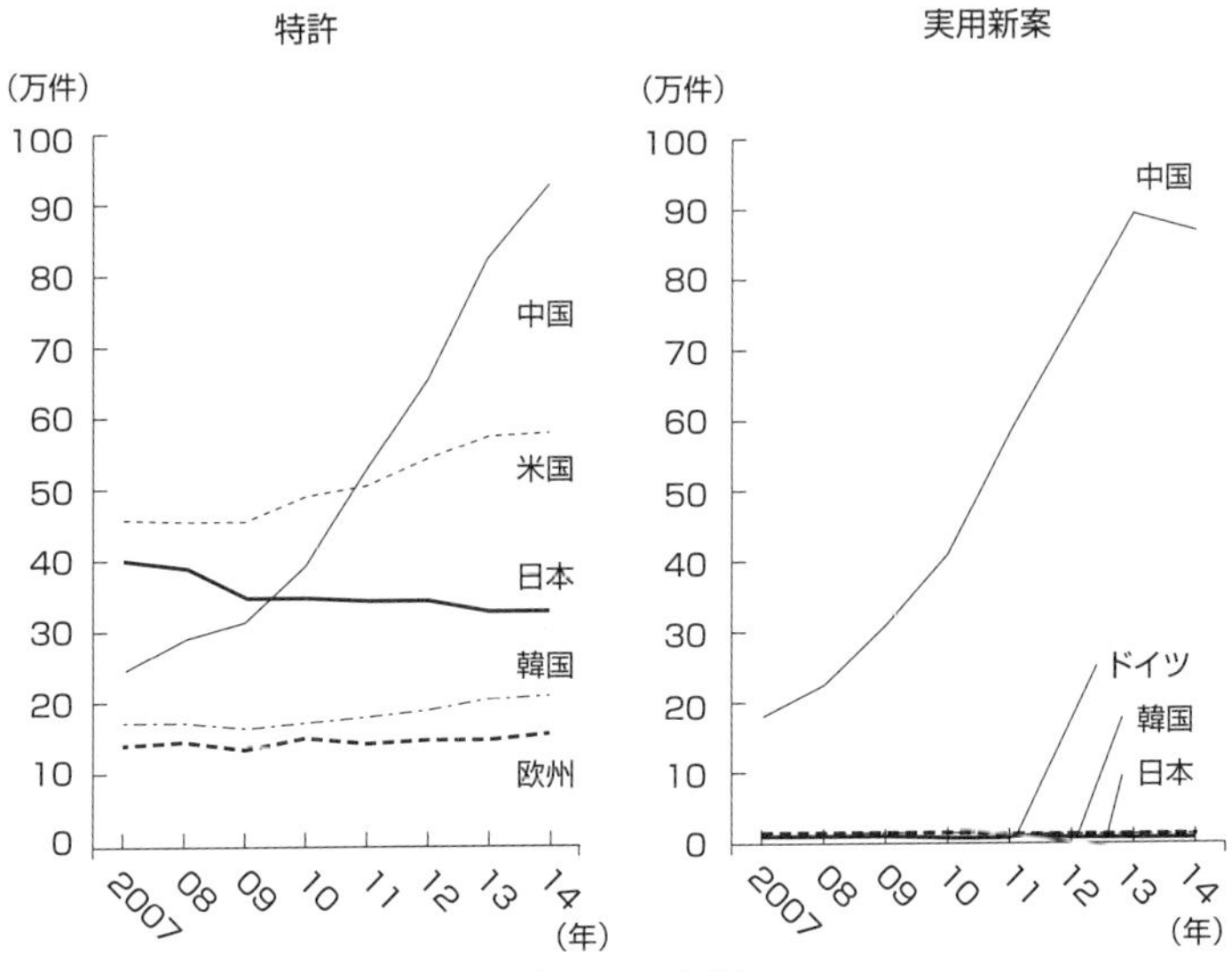

出典：『特許行政年次報告書』2012年版〜2016年版

に申請された特許出願の停滞現象です。それは、人口五千万の韓国の特許出願を常に五万件下回る推移に示されます。

（一）中国の事象

驚きの第一は、中国の特許出願および実用新案出願の異常件数と変化です。グラフにはない二〇一六年と二〇一七年の数値をみると、特許出願が一三四万件を突破し、実用新案出願に至っては一四七万件に達し、アイデアを工夫した発明と考案の特実合計の出願は、優に二八〇万件を超え、二〇一七年には三〇〇万件を遥かに超える勢いです。十三億人の中国人全てが発明活動をしているわけではないと思いますが、国有企業の多い中国の製造業から異常とも思える膨大な発明や考案がなぜ出願手続を経て申請されるのかは、正に理解し難いことです。二〇一六年だけでも全世界の特許出願は三一三万件です。これから中国の一三四万件を除くと、全世界の特許出願は一七九万件です。主要な日米EPO韓台の五地域の特許出願でようやく一三四万件に届く程度です。

模倣盗用が跋扈する中国の特許出願は、主要五地域である日米EPO韓台の合計に達する勢いです。中国一国で全世界の四三％を占めていることになります。これを異常といわずして何と評するのか。特許先進国の米国が怒るのは当然です。同じく特許先進国の日本がなぜ黙っているのかも不思議です。新聞報道はなぜこうした異常事態を報道せずに、あたかも中国を特許大国であるが如く報道するのでしょう。グラフにはないのですが、一八年前の二〇〇〇年に中国企業が中国特許庁に申請した特許出願は二万五千件です。同様に今から一二年前の二〇〇六年で一二万件です。二〇一〇年でも二九万件です。それから僅か六年後の二〇一六年をみると中国企業の中国出願は一二〇万件を超え、二〇一七年には一二五万件です。それは、全中国出願から海外からの国際出願を除いた値です。正に中国の現政権が生み出した異常現象と評するしかない出願の数量です。この現象は理解の域を超えています。

科学技術の研究開発の常識からは、発明や考案は畑を五〇倍に広げて種蒔きすれば収穫が五〇倍になるものではない。このことをしっかり理解できると、これが尋常な現象ではないことは直ちに納得いくはずです。この中国出願の多寡は、国家の何らかの意図的措置か、または、隠れた出願支援システムを施すことなく生じることはない。まともな発明考案の集合体でないことは明らかです。

例えば、二〇一六年に米国企業の米国出願は、三〇万件です。その四倍という中国出願を異常といわずして何と評するのか。同じ中国企業の中国実用新案出願が、特許出願を超える一五〇万件の規模です。両出願を合算すると、二〇一六年の単年度で二七〇万件という天文学的数値になります。

この天文学的数値は、最早、特許実務の世界において別途選別でもしなければ質量共に財産としては言うに及ばず、特許文献として扱えるまともな文献ではなくなっていることは明らかです。

対照的には、二〇〇〇年から二〇一六年の一六年間に日米欧などの外国企業が中国特許庁に申請した国際出願の数量に、大きな変動はない。それは、ほぼ一〇万件から一三万件の範囲で推移しています。そのため、全体に占める外国からの国際出願比率は、二〇一〇年の二五%から二〇一六年の一〇%まで、急降下しています。

一方、ZTE（中興通訊）やファーウェイ（華為技術）他、実質上は中国の国有企業が日米EPO韓の四特許庁に申請した国際出願は、どうなっているのか。それは二〇〇〇年には三千件でした。一〇年後の二〇一〇年には一万件程度です。そして二〇一六年に至り、ようやく四万件程度です。中国企業の中国出願と国際出願との落差は三〇対一です。この異常現象には驚くばかりです。

因みに、日本企業は米国出願だけで八・五万件です。日本企業の米欧韓中への国際出願は計一六万件です。中国企業の四倍です。

中国の野望は理解できることですが、中国の出願は一件一件が使用できないか使用しない発明の山からなるジャンク・パテント（使えない特許）出願の山と評すべきものであって、今はとても日米両国企業とハイテク分野で対抗できる国でないことは明々白々です。

問われるべきは、中国企業にとって中国出願するメリットは何か。ともかくもトムソンロイターデータにファーウェイ（華為技術）が最初に登場した二〇一四年のときの実態に基づく中国企業に関する分析は、正鵠を得ています。未だ韓国企業や台湾企業に遠く及ばない中国企業のイノベーション力の実力評価がある中で、中国政府は現政権の打ち出した「第一二次五か年計画」で二〇一五年までに、特許出願および実用新案出願の目標値二〇〇万件を前倒しで達成したと豪語しています。

疑問の第一は、誰がどこで、どのような環境で発明や考案を生み、誰が特定し、特許や実用新案の出願書類を誰が作成しているのか。どれほどの規模の弁理士や特許弁護士が関わって処理しているのか。そのための資金を誰がどのように調達し国内外の特許出願等の費用を賄っているのか。

疑問の第二は、その一方で中国特許庁では、この膨大な特許出願がどの程度審査請求され審査に付されているのか。そこから成立する特許はどの程度の数量に達しているのか。さらに成立する膨大な特許や実用新案の権利行使は、保証されているのか等々に対するものです。特許プロの常識からすると、これらの数値は何とも異様で理解し難い特許史上初めてみる魔訶不思議なものというほか、表現の仕様がないものです。

因みに、二〇一六年の中国特許庁による特許登録数は『特許庁年報』で四〇万件と報告されています。例えば米国で三〇万件、日本で二〇万件、韓国で一一万件、ＥＰＯで一〇万件というのが、米日韓と欧州地域の特許登録数です。中国は、人口五億人を超える欧州市場全域をカバーするＥＰＯの四倍以上の特許登録数です。何とも不思議な数値です。中国の四〇万件の内訳は、中国企業が七五％の三〇万件、外国企業が一〇万件の二五%ということです。

余計なことですが、中国特許では日本企業の占有率は九%の三・五万件、米国企業の占有率は六%の二・六万件、欧州企業の占有率は七%の三万件です。対中国の特許戦略は、米中の特許戦争に象徴されるように、今が見直すタイミングであるように思います。

ともかく中国政府は「目標値二〇〇万件を前倒しで達成した」というのですが、誰が立てた目標なのでしょう。活況を呈する経済活動から自然に生み出されたものではないことだけは確かです。何処で何を目標に何を狙いとして計画されたものなのでしょうか。特許先進国の日米または日米EU三極による通商上の正確な分析が待たれるところです。少なくとも中国の科学技術分野において創造的破壊のための発明考案をしているとはとても考えられない数値です。

特許プロからすると、出願洪水による対外的な目晦まし戦法か、はたまた、先進国または先進国企業から巧妙な模倣盗用と見はなされないようにする「赤い資本主義」の独特な煙幕かと疑心暗鬼になります。

(二) EPOの事象

驚きの第二は、このグラフ中で特許出願数を表す一番下の線の人口五億人を超える欧州市場の全域をカバーするEPOの出願数の推移です。人口五〇〇〇万人の韓国市場をカバーする韓国特許庁の出願数の二〇万件に比べ、常に五万件程度を下回る一五万件程度の出願数で推移していることです。特許プロからすると、ＥＰＯへの出願については中国とは真逆の異常現象という印象を拭えない。その異常さは、ＥＰＣ締約国の域内企業すなわち欧州域内のＥＰＣ企業がＥＰＯに申請した域内出願と日米などの欧州域外の外国企業がＥＰＯに申請した国際出願との数量に表れています。ＥＰＣ企業による域内ＥＰＯ出願数は二〇〇〇年の六万件、二〇一〇年の七万件、二〇一六年の八万件です。明らかなことは、域内企業からのＥＰＯ出願は一六年間六万〜八万件で、ほとんど変化していない。次に日米企業などの域外企業によるＥＰＯ出願すなわち国際出願をみると、二〇〇〇年の八万件、二〇一〇年の八万件、二〇一六年も八万件です。域外企業によるＥＰＯ出願数は、一六年間八万件程度でこれも同じようにほとんど変化していない。いずれもがあたかも容量の決まった入れ物にＥＰＣ企業のＥＰＯ出願と域外企業のＥＰＯ出願を詰め込んだようにみえ、審査処理能力に合わせた出願数になるようにコントロールしているかの如くです。

注目すべきは、ＥＰＣ企業が日米特許庁などに申請した域外出願すなわち国際出願数です。米日韓中の主要四か国の特許庁へのＥＰＣ企業の国際出願数をみると、二〇〇〇年に一五万件、二〇一〇年に一四万件、二〇一六年に一七万件です。それはＥＰＣ企業のＥＰＯ出願数（六万〜八万件）の二倍から三倍に達するということです。事実は、ＥＰＣ企業の海外への国際出願に比べ域内ＥＰＯ出願が極端に少ない。その異常さは、ＥＰＣ企業が米国特許商標庁への米国出願がＥＰＯ出願を上回るという現象に表れています。ＥＰＣ企業の米国出願数は二〇一〇年に八万件で、ＥＰＯ出願数の七万件を超えています。また二〇一六年にはＥＰＯ出願が八万件であるのに、米国出願が一〇万件です。こうした現象はＥＰＣ企業のみにみられる現象です。

ＥＰＣ企業の基礎となる特許出願は、あたかも米国特許商標庁への米国出願であるかの如くです。これは、欧州の特許システム問題抜きに説明することができないものです。ＥＰＣ企業ですらＥＰＯへの域内出願を躊躇し忌避しているという実態をＥＰＣ締約国がなぜ放置しているのかは、理解の域を超えています。

（三）日米ほかの特許出願の動向等

日米ほかの特許出願動向については、ビジネス環境と技術開発環境との関係を想定した注意深い観察が必要です。

【米国の事象】

グラフからは、米国の特許出願数が、二〇〇九年を起点に四五万件から二〇一六年の六〇万件へと増加傾向に転じています。これと逆の傾向を示しているのが日本の特許出願数で、二〇〇八年を起点に四〇万件から三〇万件へと減少傾向に転じています。この二つの傾向を詳細にみると、日米のビジネス環境の違いがみえてきます。

米国企業の米国出願は、二〇〇〇年に一八万件、一〇年後の二〇一〇年に二四万件、一六年後の二〇一六年には三〇万件です。一六年間で約七〇％増であり、特許先進国に相応しい増加傾向が続きます。他方で外国企業からの米国出願数は、二〇〇〇年に一六万件、二〇一〇年に二五万件、二〇一六年には三一万件です。外国企業からの米国出願は一六年間で九〇％増であり、米国企業の米国出願を上回る勢いです。

それは正に米国市場の魅力を裏付け、かつ、国際経済における米国経済の不動の地位を強く印象付けます。その間の日本企業の米国出願をみると、二〇〇〇年に六万件、二〇一〇年に八万件、二〇一六年には九万件です。日本企業からの米国出願数は一六年間で五〇％増であり、今や一〇万件に近づく様相です。

興味深い事象は、EPC企業がEPO出願を停滞させている一方で、EPC企業からの米国出願をみると、二〇〇〇年に六万件、二〇一〇年に八万件、二〇一六年には一〇万件です。EPC企業からの米国出願数は、一六年間で六〇％強増やしており、日本企業を上回る勢いです。

こうした様相からは依然として、EPC企業も加わり先進国企業間の技術開発競争は、米国市場での決着に勝負を委ねているという印象です。今や、これに新興国企業の一部が加わろうとしているとみるべきでしょう。

【日本の事象】

グラフからは、日本の特許出願が二〇〇五年を起点に四二万件から二〇一六年の三二万件へと減少傾向に転じ、最近の三か年は三二万件程度で安定しています。日本企業の日本出願は、二〇〇〇年に三九万件、二〇一〇年に二九万件、二〇一六年には二六万件です。日本企業の日本出願は一六年間で三五%減になります。日本企業の日本出願と米国企業の米国出願とから、両国の国内出願の二〇一〇年と二〇一六年とを対比すると、僅か六年間の変化に興味深い傾向がみえてきます。

二〇一〇年の日本企業の日本出願数は二九万件、他方、米国企業の米国出願数は二四万件です。六年後の二〇一六年の日本企業の日本出願数は二六万件に減少し、他方、米国企業の米国出願数は三〇万件に増加しています。両国企業の国内向けの出願動向は、明らかに逆方向です。これを内向き傾向の米国企業に対し外向き傾向の日本企業とみるのかどうか。日本企業の日本出願数の減少をイノベーション力の停滞とか縮小傾向と捉えるのは短絡的です。日米それぞれの産業規模と市場の大きさを勘案すると、二〇一六年における米国企業の米国出願数の三〇万件に対する日本企業の日本出願数の二六万件は、日本企業がバランスの取れた出願ビヘイビアになりつつある証のようです。これを補強するデータは、次にみる一件当たりに費用の嵩む国際出願の出願動向データに、鮮明に表れています。

[日米企業の国際出願にみる戦略展開の変化]

米国企業は元々、海外市場での特許戦略展開を重視し、国際出願数も、国内出願数に対する国際出願比率のいずれも、先進国中では圧倒的に大きい。今やそれに変化を来しているとみるのかどうか。日米両国企業の海外主要国特許庁への国際出願数の変化を、二〇〇〇年と二〇一六年とで対比し、変化の有無をみるとどうなるのか。

二〇〇〇年に米国企業の日欧韓中の四特許庁への国際出願数は一七万件であり、同年の米国企業の米国出願数も一七万件です。要するに、米国企業の国際出願比率は一〇〇％です。同様に二〇〇〇年に日本企業の米欧韓中の四特許庁への国際出願数は一一万件で、同年の日本企業の日本出願数は三九万件です。二〇〇〇年の日本企業の国際出願比率は三〇％です。

次に、二〇一六年の米国企業をみると日欧韓中の四特許庁への国際出願数は一一万件で、同年の米国企業の米国出願数は三〇万件です。二〇〇〇年に比べ国際出願数は六万件減少しており、国際出願比率も四〇％にまで縮小しています。国際出願数および国際出願比率の縮小は、米国企業の海外市場に対する魅力や関心を減少させ海外市場での特許戦略を転換したとみるのでしょうか。

さらに、二〇一六年の日本企業をみると米欧韓中の四特許庁への国際出願数は一六万件で、同年の日本企業の日本出願数は二六万件です。二〇〇〇年に比べ国際出願数は五万件増加しており、国際出願比率も六〇％にまで高めています。国際出願数および国際出願比率の拡大は、日本企業が海外市場での特許戦略展開に軸足を移している様相が窺えます。

一六年間で、日米両国企業の海外市場での特許戦略展開は逆方向の傾向を示しています。これは、日本企業のビヘイビアは特許先進国に相応しいものに近づいているという興味深い事象です。他方で、常に特許先進国であり続けた米国企業のビヘイビアは、海外市場での特許戦略展開に何らかの変化を来しているのではないかということが窺えます。日米両企業の出願動向分析は、国際特許システムの設計に欠かせない事象の一つになると考えます。

日米両国にみられる二つの傾向、すなわち日米企業の特許出願の増減と国際出願の増減とは、いずれも逆方向の傾向を示しています。

それらを合わせ考えると、日本企業は総体的に日本出願数を縮小させる一方で、海外のビジネス展開には欠かすことのできない費用の嵩む国際出願数を拡大する方向に戦略転換していることが窺えます。今や、日本企業のビヘイビアイが、常に特許先進国であり続ける米国企業に相当に近い状態にきている印象を深くします。

他方で、米国企業は、二〇〇〇年から二〇一六年の一六年間に日欧韓中の主要四か国への国際出願数を六〇%にまでダウンさせています。その間に、米国企業には総体的に国際出願に対する戦略転換があったのかどうか。具体的数値を追って、この傾向を詳細に分析すると何がみえてくるのか。米国企業の日本出願数は、二〇〇〇年に四・六万件であったものが、二〇一六年には半減させて二・四万件です。同年の日本企業の米国出願数が八・五万件であり、その落差に驚きます。次に米国企業のEPO出願数は二〇〇〇年に四・八万件でしたが、二〇一六年には四万件まで減少させています。一方欧州企業の米国出願数は増加傾向にあり、同年の欧州企業の米国出願数は九・七万件で、その落差は歴然です。

さらに興味深い事象が明らかになっています。それは、米国企業は二〇〇〇年に四万件であった韓国出願を二〇一六年には七〇%ダウンの一・四万件まで減少させているということです。

これらの事象をどの理解したらいいのでしょう。驚くことは、米国企業の日韓両国に対する特許出願行動は完全に変わったということです。どう変わったとみるべきか。米国企業のビジネス展開の軸足はアジア新興国に移りつつあるのに、米国企業は日韓または欧州市場への関心や魅力を失っているとする見解は、無理があるように感じます。むしろ米国企業は、ビジネス展開の軸足をアジア市場に移してはいるけれども日韓市場を別扱いしているように思われます。米国企業は、日韓両市場ではイノベーション力を発揮する魅力が薄い上に、日韓の裁判所では日韓企業を相手に特許のまともな権利行使ができないビジネス環境に嫌気がさしているのではないか、という疑念があります。要するに、米国企業からは見限られた日韓市場になっているのではないかということが危惧されます。欧州市場については日本企業と同様に米国企業もＥＰＯによる事実上のアンチパテント（特許軽視）環境に嫌気がさしているように思われます。

米国企業に日韓欧州市場に対する魅力や関心を減退するような経済的理由があるのかどうかです。それでも米国企業には、特許司法制度などの日韓欧のアンチパテント環境が強く影響しているのではないかという印象です。また、国際特許システムの制度的不完全さに対する相当の苛立ちが米国企業の日欧韓への国際出願の相対的地位を低下させている可能性も否定できない。

さらなる深掘りは必要ですが、日韓欧のアンチパテント（特許軽視）環境や国際特許システムの制度的不完全さは、米国企業にとって由々しき事態であることに相違ない。それは、米国主導で合意されたＴＰＰの特許関連項目の内、一部凍結されている特許期間の回復等の項目からも類推できること

図表10　主要国の特許成立率（査定率）

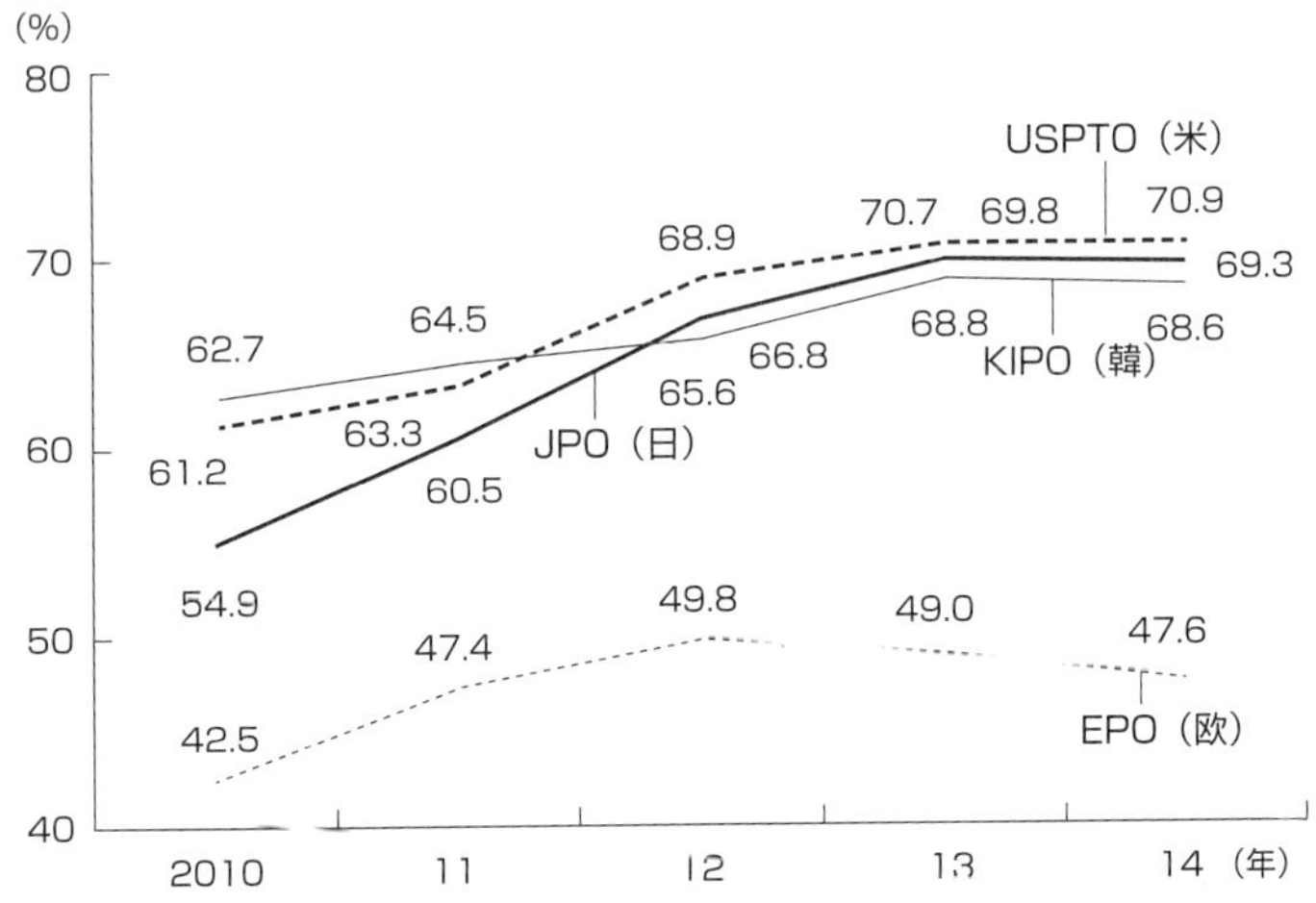

出典：『特許行政年次報告書』2016年版

だと思います。

特許登録率のマクロ分析

図表10のグラフは、米日韓ＥＰＯの四特許庁の特許成立率です。これは二〇一六年版の『特許行政年次報告書』、すなわち『特許庁年報』によります。

二〇一八年版には、二〇一五年と二〇一六年値が公表されています。図表10のグラフにプロットされていない二〇一五年と二〇一六年の数値を紹介すると、米国は七〇・六％と七〇・三％、日本は七一・五％と七五・八％、ＥＰＯは四八％と五四・八％、韓国は六三％と六〇％です。注目すべきは、直近のＥＰＯおよび韓国の変化です。

図表10のグラフは、二〇一〇年から五年間の日米韓ＥＰＯの四特許庁において特許要件をクリアし、最終的に特許された出願と特許要件をクリア

できずに最終的に拒絶された出願数との比率、要するに特許成立率の値（特許数／全審査出願数×一〇〇）をプロットしたものです。ただし、出願人が申請した出願の内、審査を求めずに当該出願を放棄したものはカウントされていない。

図表10のグラフに中国特許庁のデータはない。中国特許庁のウェブサイトが公表しているのは特許登録数のみです。二〇一六年値によると、特許登録数は四〇万件という凄まじい数値です。しかし、中国特許庁は審査された全出願数（分母）を公表していないため、中国の特許成立率は不明です。

特許成立率は「IP5 Statistics Report」（五大特許庁の統計報告書）に基づき、日本特許庁が作成しています。分母は各年に審査された全出願数で、分子は各年の特許審査中に出願放棄されずに最終的に特許された出願数です。分母と分子の差分は、最終的に拒絶された出願と特許審査中に出願放棄された出願との合計数値になります。

初めに審査手続がまちまちである各特許庁の特許審査システムについて解説します。

米国特許法は、特許出願の全てを審査するシステムです。米国以外の日本、韓国、ＥＰＣ、中国の特許法は、いずれも出願手続とは別に出願日から二年または三年以内に別途審査対象を選別する審査請求手続によって審査対象の出願を決め、審査請求された出願から審査を開始するシステムを採用しています。日韓中は出願日から三年以内、ＥＰＣは出願日から二年以内に審査請求手続で選択された出願のみを審査する仕組みです。二年または三年の期間内に審査請求しない出願は「未審査請求」出願といわれており、審査されることはない。それらは、出願手続をしたにも拘わらず放棄された出願と見做されます。出願した発明をなぜ出願人に再度選別させて審査するという面倒な仕組みにしたかは、歴史的経緯を含め第四章で解説します。

因みに審査請求率は、全出願に占める審査請求出願の割合です。日本以外の韓中ＥＰＯの三特許庁は、これを公表していないので特許成立率の基礎数値となる審査請求出願中、実際に何件の出願が特許されたのか、または何件の出願が拒絶されたのかは不明です。未審査請求の出願を基礎数値に組込んだ正確な特許成立率も当然に算出できない。そのため図表10のグラフの数値は、暫定的に、各特許庁が各年に審査した全審査出願中、特許で決着した出願と拒絶または出願放棄で決着した出願とから特許率を算出した特許成立率です。特許成立率は、計算方法を含め各特許庁の自主的な報告に基づくものです。

米国特許法は出願の全てを審査するシステムですので、他の四特許庁と対比する審査請求率は一〇〇％です。要するに、米国特許商標庁の「未審査請求」の出願は〇件です。米国特許商標庁の算出数値が唯一の正確な特許成立率になります。審査請求率は、経験則からすると日韓両特許庁の場合で七〇％程度であり、ＥＰＯの場合には域外企業からの国際出願を多く含むので八〇％程度と推定しても大きくズレることはない。

中国特許庁の審査請求率については、中国企業の中国出願が異常値ですので、我々の経験則から中国特許庁の審査請求率を推定するのは、作為的に類推する以外には無理です。中国特許庁のウェブサイトでは、二〇一六年の特許登録数を四〇万件と公表しています。同年の全世界の特許登録数は一三五万件です。トムソンロイターデータからも明らかなようにイノベーション国には程遠い中国経済にあって四〇万件の特許登録が如何に凄まじい数値であるかは、全世界の特許登録数の三〇％を占めることから理解されるはずです。

図表10のグラフは、いずれの特許庁でも特許出願書類の形式要件を含む方式審査をクリアし特許要件を含む実体審査をクリアした発明の出願に基づく特許成立率です。

前置きが長くなりましたが、中国を除く特許成立率は、日米韓ＥＰＯの四特許庁の審査請求手続の違いはあるものの、単純比較が可能です。

(二) ＥＰＯの異常事象――極端に低い特許成立率――

ＥＰＯの特許成立率は異常です。二〇一〇年以降、日米韓の特許成立率は六〇％以上で推移しており、日米直近の二〇一五年および二〇一六年値は共に七〇％を超え、日本では七六％に達する様相です。一方、二〇一五年までＥＰＯの特許成立率は五〇％を超えたことが一度もない。審査対象には日米企業からの出願が多い。同じような技術レベルの発明群を対象とする日米両特許庁で、七〇％以上の特許成立率が、ＥＰＯで五〇％を下回る理由が不明です。ところが、二〇一六年になると、ＥＰＯの特許成立率が突然七ポイント急上昇し五五％を示しています。特許プロからすると、一度も五〇％以上になったことのないＥＰＯの特許成立率が突然五五％に急上昇するのはまた異様という以外に表現できない事象です。

ＥＰＯの出願は、日米韓企業からの国際出願が常に四〇％を超えており、しかも公知文献との差別化を十分に踏まえた質の高い出願割合が多いことは確かです。それにも拘わらずＥＰＯの特許成立率は五〇％を超えたことが一度もない。図表10のグラフからは、日米特許庁の特許成立率は全て七〇％前後であるのに、それよりも、二〇％以上も下回るＥＰＯ審査はどうなっているのかというのが特許プロたちの疑念です。特許審査の常識からすると、これは異常です。

ＥＰＯ審査が独自審査に徹した結果であるという特許プロや出願人等の企業ユーザーたちの見方も、あながち言い過ぎとはいえない。今はＥＰＯでの特許化を見限り、ドイツ特許庁や英国特許庁に切り換える日米企業も出てきています。

ＥＰＯ審査の独自性については、欧州の特許システム問題で詳述しなかった「ＥＰＯ審査官の裁量権が大き過ぎるという審査運用の問題」があります。具体的には、特許プロの実務者からみると、特許範囲のクレームまたは請求項にアップされた「クレームアップ発明」を特定する公知技術の組合せによる進歩性要件と記載要件の適用に関する裁量権は大き過ぎるということです。そのためにＥＰＯ審査官とのオフィスアクション手続が複雑化するだけでなく、ユーザーには必要以上に「クレームアップ発明」を狭くするように強要されることになります。それは審査官個々のバラつきの域を越えています。しかも裁判所で黒白をつけることもできない。オリジナル発明者にとってピン特許になると想定していた発明がキリ特許にされては堪らないという思いがあります。そうした手続は、ＥＰＯのサーチレポートや審査結果を利用する新興国特許庁の審査官の判断にも影響を与え審査官の裁量権を必要以上に拡大させる傾向を助長し、結果、特許範囲に広くクレームアップできるピン特許になるべき発明がキリ特許にされる蓋然性が高くなるという運用問題です。

なぜそのような運用になっているのかは、ＥＰＯ独自の審査・審理で手続を完結させ、発明を拒絶するような審査・審理結果について、その行政処分の是非を裁判所に問うシステムになっていないことにも要因はあるとみるべきです。

二〇一六年に突然急上昇した特許成立率は、何の説明もなく、こうしたユーザーの批判にＥＰＯ当局が慌てて対応した結果だとすれば、コメントすることすら躊躇います。なぜこのような運用になっているかについて忖度すると、皮肉なことにＥＰＣ締約国の裁判所で特許訴訟等の争いがあったときにＥＰＯ特許が簡単に潰れるような不安定な特許とならないようにＥＰＯの審査・審判段階において必要以上に進歩性要件や記載要件を含む特許要件を厳しく適用し、結果、ピン特許になる「クレームアップ発明」を矮小化させているためではないかという印象です。このことは、ドイツにおいてドイツ特許庁のドイツ特許群とドイツにおけるＥＰＯ特許群とが併存する有様を想起すると、理解は容易になるはずです。

（二）監視できない中国―作為的類推を試みる―

中国特許庁の特許成立率は公表されていない。中国特許庁は、年毎の特許出願数と、特許登録数と、毎年一千人ペースで増員し二〇一六年末時点で一万二千人の特許審査官を北京他全国六か所の特許庁センターに分散配置した特許審査官数などを公表しています。しかし、特許成立率の分母となる審査請求出願数や審査官一人当たりの審査処理能力が示されていない。

脇道に逸れますが、疑問は毎年一千人ペースで増員される審査官をどのように養成した上で実践配備しているかということです。通常は特許性について職権探知できる審査官の養成は、容易ではない。それは、進歩性要件を融通無碍に適用することができないことからも理解できることです。どうしているのか是非聞いてみたいものです。それは多分ＯＪＴ（現任訓練）による実践教育です。教材は、実務官庁の審査官であるが故に自由にアプローチができる、日米両国企業から中国特許庁に申請された最先端技術の出願の日米両特許庁における特許審査結果と特許要件のサーチレポートであり、彼らのＯＪＴは、それらを駆使した審査だと思います。

中国の特許成立率の大胆予測は、作為的類推で試みるしかない。

例えば、二〇一六年の特許登録数は四〇万件です。これは、中国特許庁の審査で決着した特許登録数であり、中国企業の特許登録数は三〇万件、外国企業の特許登録数は一〇万件という内訳は公表されています。出願から一八か月後の出願公開前には審査しない中国特許庁ですので、特許登録された出願は、何年に出願され何年に審査請求された出願と類推すればよいのか。外国企業からの国際出願と中国企業からの中国出願とを分けて、それぞれの審査請求順に審査している可能性が高い。そうだすると、日米両特許庁で審査された審査結果が利用できる重複する国際出願の審査着手は早いはずです。

そこで二〇一二年から二〇一四年の出願を審査対象と仮定した場合です。三年分の国際出願の五〇%分で残り五〇%分は最終処分済みと想定した国際出願の一九万件を母数に八〇%の審査請求率とすると、審査対象の出願は一五万件で、その内の七〇%が特許登録されると特許登録数は、一一万件になります。その一方で、日米両特許庁の審査結果が利用できない中国企業の中国出願（以下、「国内出願」と称す。）分の審査着手は遅いと想定されるので、二〇一二年から二〇一四年の出願を審査対象と仮定した場合です。三年分の国内出願二〇四万件を母数に三五%の審査請求率とすると、審査対象出願は七二万件で、その内の四〇%が特許登録されると特許登録数は二九万件になります。

国際出願分と国内出願分を合わせた特許登録数は、四〇万件になるように塩梅してみました。外国企業の国際出願と中国企業の国内出願の量と質とを勘案するとこのようになります。これが妥当かどうかは全く分かりませんが、国際出願と国内出願の両方の審査数を合算した結果に基づく中国特許庁の審査請求率は、処分済みの国際出願分を加味すると四二%（一〇二万件／二四二万件×一〇〇）で、特許成立率は五〇%（五一万件／一〇二万件×一〇〇）になります。

出願当たりの特許登録率は二一%（五一万件／二四二万件×一〇〇）ですが、問題は、なぜ中国特許庁はこうした数値を公表していないのか。

それはあたかも、中国企業の中国出願とそれと同規模の実用新案出願を合算した二〇一六年の二七〇万件中、模倣盗用に類する発明や考案がどれほど含まれているのか、そうした実態を国際的に監視されないように、中国企業出願の質を国際的に評価させないように、公表内容を管理しているとしか思えない。中国特許庁がウェブサイトで公表する数値に惑わされると、その実態を見誤ることになることは確かです。

各国は、ＴＲＩＰｓ協定による各国の特許システムの制度および運用を監視する統一された特許データとして、少なくともマクロ分析に必要な「審査請求出願数」、「審査請求率」、「特許成立率」等を公表すべきです。これは通商上の義務です。

特許審査の所要期間のマクロ分析

（一）発明保護のための特許審査の所要期間

現在の国際特許ルールは唯一、出願から少なくとも二〇年の特許期間を保障することです。そのためには審査のリアルタイム・オペレーションを実現する必要があります。

その結果が、「一次審査通知までの所要期間」（「中間処分期間」）と「最終処分までの所要期間」（「最終処分期間」）になります。図表11のグラフは、審査の最終処分期間と推移とを表します。二〇一六年版以降の『特許庁年報』には、特許審査の所要期間の図表11に相当するグラフはなく、数値のみの掲載になりました。

（二）最終処分期間

最終処分までの所要期間を、図表11のグラフに示す二〇一四年値に続く二〇一四年～二〇一六年の

図表11　主要国の特許審査最終処分期間

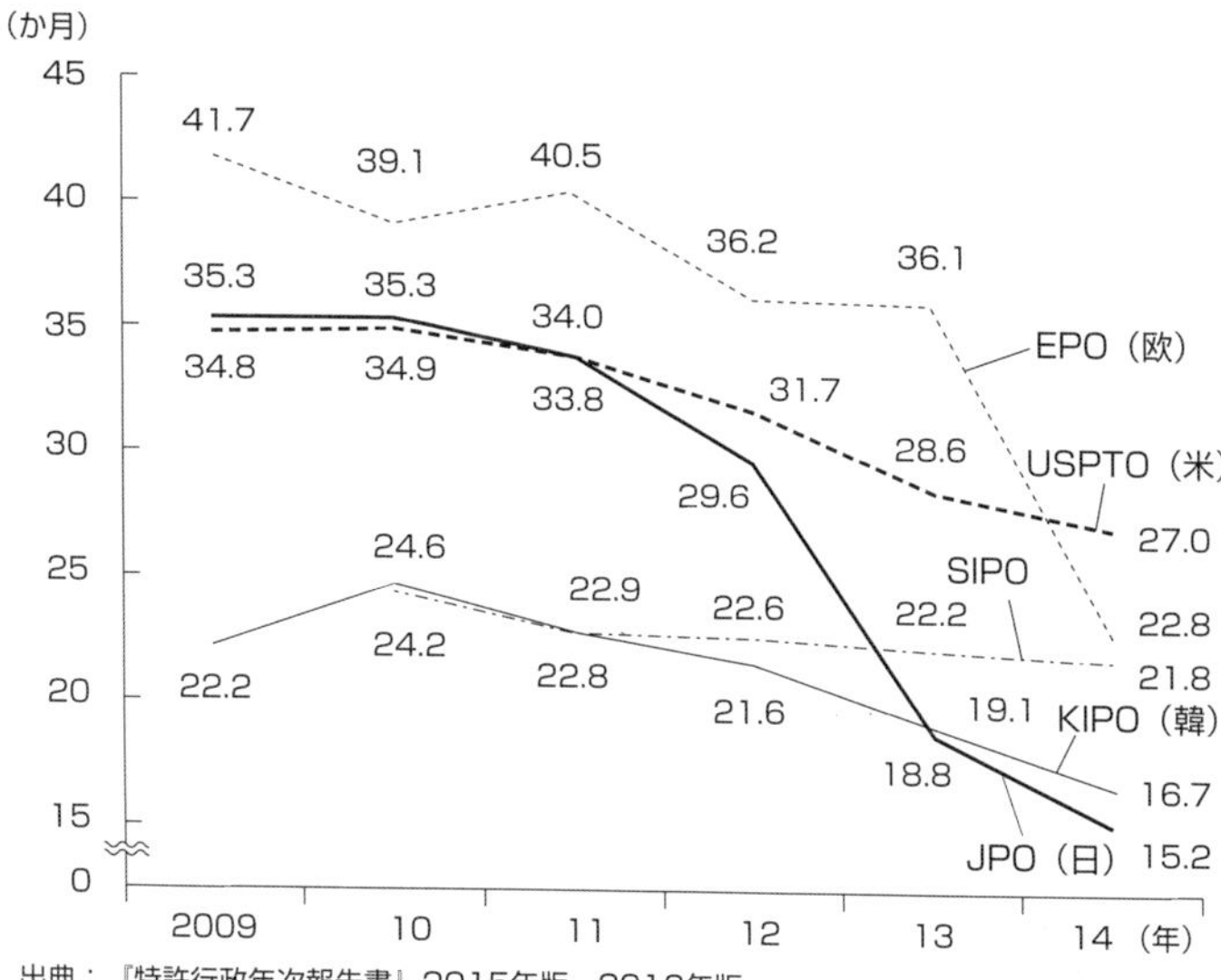

出典：『特許行政年次報告書』2015年版、2016年版

三年分を表すと次のようになります。

日本特許庁は、一五・二月→一五・〇月→一四・六月です。

米国特許商標庁は、二七・〇月→二六・三月→二五・六月です。

韓国特許庁は、一六・七月→一六・一月→一六・二月です。

日米韓三特許庁の場合、日本および韓国特許庁は、出願と同時の審査請求によって審査が開始される一方で、米国特許庁は、出願と同時に審査が開始されるので、最終処分期間の数値は、いずれも実践感覚に近いものです。

EPOと中国特許庁の「最終処分期間」を、二〇一四年値に続く二〇一四年〜二〇一六年の三年分を表すと次のようになります。

EPOは、二二・八月→二六・九月→二六・五月です。

中国特許庁は、二一・八月→二一・九月→二二・一〇月です。

(三) 通商上の問題になる実体審査の開始時期

『特許庁年報』に掲載された中国とEPOの両特許庁の「最終処分期間」の説明は、EPOについて「実体審査開始から最終処分までの期間の中央値」といい、中国特許庁について「実体審査開始から最終処分までの平均期間」という。「中央値」と「平均期間」との違いはありますが、この説明からすると、出願と同時に審査請求したときの「最終処分期間」を表す中央値でも平均値でもない。日本特許庁の「最終処分期間」とは似て非なるものです。いずれの数値も実践感覚には程遠いものです。

EPOと中国特許庁の「実体審査開始」とは何時を指すのか。審査が最速で処理される出願は、出願から一八か月経過後に出願公開された出願になることは「保障されない特許期間」ですでに指摘した欧州の特許システム問題です。特許出願と同時に審査請求しても「実体審査開始」は出願公開後ですので、出願後一八か月で順番待ちの滞貨があるときには、待機時間(t)後に特許審査が開始されます。

なぜこのような回りくどい解説をするかということです。端的には米国特許商標庁の「実体審査開始」と対比すれば明らかです。それは、出願と同時か、滞貨があるときは待機時間(t)後に審査が開始されます。待機時間(t)がなければ、米国特許商標庁では「出願と同時の」リアイルタイム・オペレーションが保障されていることになります。日本特許庁も同じです。日米両特許庁と対比して

ＥＰＯと中国特許庁の「最終処分期間」をみると、待機時間（ｔ）がないとしても出願公開までの一八か月分が加わることになります。

そうなると、二〇一六年値のＥＰＯの「最終処分期間」は四四・五月（二六・五月＋一八月）になり、中国特許庁の「最終処分期間」は四〇月（二二・〇月＋一八月）になります。事実は、出願人がどんなに対応しようとも出願後三年以上待たないと特許取得はできないということです。これが実践感覚に近い数値です。今、両特許庁に「出願と同時の」リアイルタイム・オペレーションを求めても所詮無理な相談ということです。要するに、「出願日から二〇年」の特許期間は保障されていない、ＴＲＩＰｓ協定違反の事象です。

（四）中間処理期間

『特許庁年報』にはグラフ掲載はないのですが、一次審査通知までの所要期間である中間処理期間を最終処分期間と同様に、二〇一四年～二〇一六年の三年分を表すと次のようになります。

日本特許庁は、九・三月→九・七月→九・四月です。

米国特許商標庁は、一八・一月→一六・四月→一五・七月です。

韓国特許庁は、一一・〇月→一〇・〇月→一〇・六月です。

ＥＰＯは、九・一月→九・四月→八・〇月です。

中国特許庁は、一二・五月→一二・八月→一六・九月です。

『特許庁年報』には「備考」欄で、各数値に関する細かい説明が付されています。同欄には、特許プロがみても理解し難い内容が示されています。因みに「中間処理期間」は、通常は出願したときか審査請求したときから審査官が最初の審査結果を出願人に通知するまでの待ち時間（x）、具体的には、拒絶理由通知などのオフィスアクション（OA）までの待ち時間（x）です。ここに示された「中間処理期間」も、「最終処分期間」の場合と同様に各特許庁の審査と運用とに違いがあるために単純比較はできない。二〇一六年の「中間処理期間」となる最初のOAまでの待ち時間（x）の平均値は、以下の通りです。

日本特許庁の九・四月
米国特許商標庁の一五・七月
韓国特許庁の一〇・六月
EPOの八・〇月
中国特許庁の一六・九月

この数値の中で特許プロでなくても直ぐに気が付くことは、事実に反するかまたは併記することで誤解を生むことが明らかなEPOの八・〇月です。信じ難い数値の提示です。

（五）通商上問題とすべきEPOの公表行為

EPOが日本特許庁を上回る「中間処理期間」を実現していることなど、全くあり得ない話です。

ＥＰＯが米国特許商標庁の「中間処理期間」の倍のスピードであると公表している事実を知れば、余りの出鱈目さに米国特許商標庁はいうに及ばず、特許プロや特許オーナーたちも呆れ返るはずです。なぜか『特許庁年報』という公式文書に、なぜか他の特許庁と対比できない数値を併記し掲載しています。「道路舗装工法」の個別事例から明らかに類推できるＥＰＯの「中間処理期間」と「最終処分期間」の数値は、いずれも実態を明かさないように取り繕うための「特許審査代行機関」の営業数値ではないのか。そうであるなら、これは通商上の問題行為で放置できない運用であることは明らかです。

ここで二〇一八年版の『特許庁年報』の「備考」欄を解説し、各特許庁の「中間処理期間」と「最終処分期間」の二〇一六年値を、併せて解説します。

［米国―出願同時の全出願特許審査の開始―］

米国特許商標庁は出願された全てを審査します。出願のときから審査官による最初の審査通知（以下、オフィス・アクション［ＯＡ］と称す。）までの待ち時間（ｘ）の平均値は、一五・七月です。出願のほとんどが出願から一八か月後の出願公開前に最初の審査結果が通知されることになります。平均値の一五・七月からは審査官が審査に着手するまでに待ち時間（ｔ）があるのか、あるとするとどの特許分野で、どの程度の滞貨量か、あるいは、待ち時間（ｔ）無しで審査に着手しているリアルタイムオペレーションの出願は、どの特許分野で、どの程度あるのかは必ずしも詳らかではない。一五・七月は、出願された全てが審査に要した平均期間であると公表しています。また審査官による実体審査を経て放棄または最終処分（特許かまたは拒絶）された出願の全てに要した平均期間の最終処分期間は二五・六月で二年強です。二五・六月は、少なくとも三つの特許要件等を巡って特許審査官との間で応答文書でのやり取り面接審査や技術説明機会を利用し、数度の攻防を経て、特許成立（パテント・イッシュー）または拒絶（ファイナル・リジェクション）のいずれかで決着するまで続く所要期間の平均値です。「戦う特許」事例で紹介した通りです。

米国特許商標庁では、出願人が別料金の早期審査システムを選択することができます。それを利用することにより、出願人側の対応次第で最終処分期間を一八か月以内、すなわち出願公開前までに特許審査を決着させることができます。拒絶された発明は、出願放棄手続により「ノウハウ」として秘匿することができます。

［日本と韓国―出願同時または出願公開前の審査開始―］

次に、日韓両特許庁は、出願された全てを審査するわけではない。実体審査される出願は、出願人による審査請求によって選択された出願のみです。出願人が早期の特許取得を目指し出願と同時に審査請求の手続をするとどうなるのか。出願人には、日本特許庁からは九・四月で最初の審査結果の通知書のＯＡが送付されます。同様に韓国特許庁では、最初のＯＡが一〇・六月で送付されます。最初のＯＡを受けた出願人は、「道路舗装工法」の個別事例でみたように万全の準備をした応答書類で応答するか、万全の準備をした上で担当する審査官との間で合意点を探るインタビューまたは面接審査等を行うことによって、最終処分期間を出願後一八か月の出願公開前までに終え審査を完了させることができます。

出願人等のユーザーにとって、拒絶で最終決着した発明を出願公開前に出願放棄手続で世間に公開することなく「ノウハウ」として秘匿することができます。

他方で三年間の審査請求期間を利用した出願人は、そうした対応はできないことになります。通常は出願公開後に最終決着するため、拒絶で最終処分された発明は、誰にも自由に利用できる情報として公開されてしまいます。出願人等のユーザーがそれを望まないのであれば、審査請求の手続を早め、出願公開前の審査や審判での最終決着を目指すべきです。

［EPOと中国―出願公開後の審査の開始―］

EPCの定める審査請求期間は二年です。中国特許法の審査請求期間は三年です。EPOまたは中国特許庁は、出願人が早期の特許取得を目指し出願と同時に審査請求の手続をするとどう処理するのか。日韓と同様に出願と同時に審査請求があってもEPOと中国特許庁は、米日韓の三特許庁のように直ちに審査を開始しない。EPOとそれに倣う中国特許庁の実体審査は、原則、出願から一八か月後の出願公開（自動公開）後に開始されます。要するに、出願中で秘匿されている出願公開前の「発明」を全て世間に公にしてから当該「発明」を特許すべきかどうかの審査が始まるということです。

常識あるビジネスマンまたは企業人であれば、当然、なぜだという疑問を発するはずです。審査で拒絶された「発明」を何らの保護もせずに一方的に公開するとは何事だという反発が生まれるのもまた当然というべきです。いずれも発明保護の「欠陥特許システム」です。

明らかなことは、両特許法は出願公開前に実体審査を開始しない審査システムを採用しているためです。建前上は二重特許（ダブルパテント）回避のためのセルフコリジョン手続の審査ができないということだと思います。すでに指摘したＥＰＣ型先願主義のセルフコリジョン手続自体が特許理念と矛盾し、出願から二〇年を保障する特許期間の一部を制度的に抹消する結果となっており、ＴＲＩＰｓ協定の世界では許されない。

無審査状態で一方的な出願公開（自動公開）は、後発組にとっては後追いするかどうかのビジネス判断ができる願ってもない情報提供です。後発組は、先行組の特許化を横目で眺めながらビジネス展開できるという圧倒的に有利な立ち位置であることは間違いのないことです。その一方で、先行組にとっては後発組のキャッチアップのプレッシャーのある中で審査対応を余儀なくされるという大変不利な状況に置かれることは、如何ともし難いことになります。

インターネット時代にあってこのような時代錯誤的運用システムは、今や巧妙な模倣行為を一層助長するものとなっている事実を放置していることになります。しかも、両特許庁の審査システム問題はユーザーの出願人に「出願日から二〇年間の特許期間」を保障していない。これは当然ＴＲＩＰｓ協定違反として取り上げられるべき通商問題です。

それはさておき、中間処理期間のＥＰＯの八・〇月、中国特許庁の一六・九月を平均値として公表しています。いずれも実体審査は出願公開後に開始されるので、最初のＯＡまでの待ち時間（ｘ）でないことは明々白々です。それでは、両特許庁の「中間処理期間」は何か。いずれも日米韓の三特許庁と単純比較できない数値です。両方の特許庁同士を単純比較するために出願から出願公開までの一八か月分を加えた待ち時間（ｘ）は、中国特許庁は三四・九月（三年弱）になり、ＥＰＯは後述するように不明というしかない。

二〇一八年の『特許庁年報』の「備考」欄で、次のような説明があります。ＥＰＯの「中間処理期間」は「出願日から特許性に関する見解を伴う拡張欧州報告の発表までの中央値」というものです。中国特許庁の「中間処理期間」は「審査請求後の実体審査開始から一次審査までの平均期間」というものです。両者を比べると、中国特許庁の説明は不正確ですが理解できるものです。明らかな事実は、ＥＰＯの「出願日から特許性に関する見解を伴う拡張欧州調査報告の発表」は「一次審査通知」ではない。問題は、ＥＰＯの「拡張欧州調査報告」の説明が『特許庁年報』にないことです。これは以下のように推定できる情報です。ＰＣＴ条約に基づく国際調査機関（ＩＳＡ）に指定された、例えば日本特許庁はＰＣＴ出願された出願についてＰＣＴ出願の出願日から九か月以内に主に特許文献のサーチレポート（ＩＳＲ）をユーザーの出願人に通知することが義務付けられています。これは単なる情報提供であって記載要件等の特許要件を吟味した実体審査の結果ではない。一方でユーザーの出願人は、通常、ＰＣＴ出願の出願日から三〇か月以内に各指定国での特許化のためにＰＣＴ出願から指定国の国内出願に切り換える手続を行い、各特許庁で通常出願と同様の実体審査によって特許化を図ることになります。ユーザーの出願人は、サーチレポート（ＩＳＲ）を参考に、当初のＰＣＴ出願を修正するとか、ＰＣＴ出願から国内出願への切り換えをスムーズに行うことになります。

要するに、ＥＰＯの「拡張欧州調査報告」は、ＰＣＴ出願の「九月以内」のサーチレポート（ＩＳＲ）に相当するものです。勿論、ＥＰＯの「八・〇月」は審査の「一次審査通知」ではない。それはまた、最初のＯＡまでの待ち時間（ｘ）ではなく、待ち時間（ｘ）の平均値でもない。このことは、特許プロからすると明々白々です。「中間処理期間」は「五大特許庁」が提供する情報です。指摘通りであるなら、「最初のＯＡまでの待ち時間」として日米韓中の一次審査と同列に扱うのは誤魔化し以外の何ものでもない。『特許庁年報』から削除するかまたは同列に扱うのは止めるべきです。

ＥＰＯは、自らの組織防衛のための営業情報として公表しているとしかいいようがない。ＴＲＩＰｓ協定の下では、ＥＰＯも中国特許庁も誤魔化しのない数値を公表する義務があります。

各特許システムの総括

審査の処理能力問題

実務官庁である各特許庁の行政上の最大の課題は、審査の処理能力を如何に確保するかということです。審査の質は審査官の能力に左右されます。審査の量も同じことです。

二〇一五年値をベースにすると、米国特許商標庁は六〇万件の出願を受理し、九〇〇〇人規模の審査官が出願全てを審査します。単純計算すると、審査官一人当たりの処理能力は六六件／年程度になります。あまりに大部隊であるため、審査官の一部を自宅勤務させる体制で分散管理しています。

次は中国です。中国特許庁は毎年一〇〇〇人規模の増員で二〇一六年末に一万一六〇〇人の審査官を北京他全国六か所の特許庁センターに分散配置したということです。二〇一五年値をベースにすると、中国特許庁は一一〇万件の出願と同規模の実用新案の出願とを受理し、新規性の実体審査を行う実用新案出願も特許出願と共に審査し登録しているとのことです。特許出願のみで審査官一人当たりの処理能力を作為的類推値に基づき算出すると、審査官一人当たりの処理能力は六一件（[国際出願分＋国内出願分]／特許審査官数）／年の程度になります。

ＥＰＯはどうか。審査請求率を八〇％で単純計算すると、ミュンヘンとハーグの二つのオフィスに審査官を分散配置した状態で四〇〇〇人が一三万件程度を審査していることになります。二〇一五年値をベースにすると、審査官一人当たりの処理能力は、三〇件／年程度です。個別事例でみた審査の著しい遅延状態も、これで納得できる印象です。

日本特許庁はどうか。結論は外部サーチャー込みで審査官一人当たり処理能力は七三件／年程度です。審査請求率は七〇％で単純計算すると、一七〇〇人の審査官が二二万件強の審査を担当していることになります。二〇一五年値でみると、審査官は一人当たり一八七件／年程度になりますが、この値は外部サーチャーの貢献度を加味していない。日本特許庁は、外部に対し厳正な秘密漏洩管理がなされた出願を対象に特許サーチを担当する一〇の認定特許調査機関のサーチャー約二五〇〇人程度を配置しています。一件の審査に対するサーチャーの貢献度を、例えば審査官の処理能力の五〇％程度と想定し二〇一五年値で算出してみると、審査官の一人当たりの処理能力は七三件／年程度になります。『特許庁年報』によると、今の日本特許庁における審査のリアルタイム・オペレーションは、審査官をサポートするおよそ二五〇〇人のサーチャーによるサポーターシステム無しには実現しなかったはずです。今は、日本では出願のときから三か月程度で審査を決着させることができます。要は三か月で特許取得ができるということです。「特許審査ハイウェイ」のＰＰＨシステムで日本の審査結果を利用すると、韓国や台湾でも日本における出願のときから一年前後で特許成立を実現できます。凄いことです。米国での特許取得には、もう少し時間がかかりますが、それでも出願公開されるまでの一八か月前に特許取得することは蓋然性のある話です。これは日本特許庁のサポーターシステムを含む審査官一人当たりの審査処理能力向上策の成果によるものです。詳細は不明ですが、韓国特許庁や台湾特許庁も同様に、特許審査官のサポーターシステムを採用しているとのことです。このように韓国、台湾を含めた各国特許庁はＴＲＩＰｓの義務協定の世界にあって、独自の工夫で審査処理能力を確保し、審査遅延に対処する中、ＥＰＯの審査処理能力が理解し難いほど低いのは、当然に問題になります。

発明公開代償説との矛盾―世界経済の撹乱要因―

ＥＰＯと中国の場合、出願公開後に審査を開始する審査システム問題は、特許期間から出願後出願公開までの一八か月分を強制的に抹消していることに加え、実体審査の結果、拒絶で最終決着した「発明」がパブリック・ドメインにされてしまい、「ノウハウ」として秘匿できないことです。当該「発明」は何らの保護もされずに強制的に公開されてしまいます。

圧倒的な情報化時代に対応し切れていないＥＰＯと中国の特許システムに納得できずに、出願人は苛立つばかりです。今や各国の勝手が許される時代ではない。特許法を手続法と位置付け、そうしたシステムを規定上仕方がないと片付けることは許されない。このシステムは、「特許は発明公開の代償として付与される出願から二〇年に制限される財産」であることから、「発明公開の代償」という発明保護の理念（特許理念）と完全に矛盾します。これが問題の本質です。

差別してはならない台湾の特許システム

台湾は、中国と同様、ＷＴＯ加盟国です。台湾には国際特許ルールの特許システムが保障されていなければならない。ＷＴＯ加盟国は貿易ルールにおいて国際的に差別されてはならないからです。ＷＩＰＯが国連機関であるが故に、国際特許ルールであっても、台湾特許庁を差別的に扱わざるを得ないというのであれば、ＷＴＯは、ＴＲＩＰｓ協定の貿易問題として、この問題を取り上げる必要があります。

ＷＩＰＯ統計は、国際的に標準化された特許データであるはずです。「特許の国際出願（ＰＣＴ出願）件数」の企業ランキングにＷＴＯ加盟国の台湾企業は掲載されていない。台湾特許庁のホームページによると、特許出願は海外からの特許出願がおよそ五割で、全体で四・六万件を超える（二〇一七年値）とのことです。台湾企業による一年の猶予期間で対応する特許のパリルートの国際出願数もそれに見合う規模に達しているはずです。ＷＩＰＯの特許統計やそれを引用する日本の『特許庁年報』から、台湾特許庁の特許統計は欠落しています。今後、国際特許のルール化を図る観点からは、それはなぜかを考え、かつ、対策はどうすべきかを考える必要があります。

二〇一八年版『特許庁年報』の「第三部　国際的な動向と特許庁の取組」の「第一章　国際的な知的財産制度の動向」においては、米欧中韓の四か国に続く経済地域として人口二五〇〇万人の市場をカバーする台湾の特許動向が解説されています。それにも拘わらず『特許庁年報』の「統計・資料編第四章　主要国・地域・機関に関する統計」からは台湾特許庁統計が排除されています。排除する理由について『特許庁年報』は「ＷＩＰＯ未加盟のため未掲載」と説明しているだけです。アジアの重要な経済地域の特許統計データがなぜ公表されていないのか具体的に説明する必要があります。

結論からいうと、ＴＲＩＰｓ協定の条約第二条「知的所有権に関する条約」には「加盟国は（略）千九百六十七年のパリ条約の規定を遵守する。」ことが定められています。しかし、ここには「ＷＴＯ加盟国はＰＣＴ条約の規定を遵守する」ことは定められていません。これが問題の背景です。

背景説明をすると、ＷＩＰＯは、一九六七年に誕生した国際機関ＢＩＲＰＩを前身とする国連の一四番目の専門機関です。当時は「工業所有権に関するパリ条約」（パリ条約）と「著作権に関するベルヌ条約」（ベルヌ条約）を管理する専門機関でした。PCT条約は誕生していないときです。当時、特許の国際出願はパリ条約の優先権主張に基づいた特許の国際出願手続（通称「パリルートまたはパリルート出願」と称す。）で行われるのみでした。パリルートは、通常、自国での出願後一年以内に手続することが求められるため、複数の関連出願を合わせて一つの国際出願にまとめる手続や翻訳する手続等で一年という期間内での処理は、技術の高度化に伴い困難を極めていました。しかも、国際出願は自国での審査結果もみえていない段階での判断を余儀なくされていたことになります。

PCT条約に基づく「国際出願」（PCT出願）は、国際段階手続が今やPCT条約を管理するWIPO事務局によって運用されています。一般的には、それは分かり難い仕組みです。

PCT条約加盟国の特許プロやユーザーにとっては、PCT出願手続は翻訳期間を含めた特許化を図る外国への国際出願の手続を、日本の場合を例にとると少なくとも三〇か月内に行うことができます（通称「PCTルートまたはPCTルート出願」と称す。）。

その一方で、台湾を対象とする国際出願は、今でもパリルートの一年の猶予期間内に行うしかない。台湾企業は、国際出願をパリルートで行うことを余儀なくされています。TRIPs協定が合意された一九九五年当時と今とは、特許プロや国際出願をする出願人等のユーザーにとって様変わりし、特許の国際出願のダブルトラック手続の不便さやWIPO統計の理不尽さを痛感する程になっているのが実情です。WIPOの設立当時、台湾が国連の専門機関であるWIPOから締め出されるとは誰も想定していなかったことです。台湾との経済活動に関わる企業にとって、PCTルートを利用できないことは日米欧企業のみならず新興国企業が目指す特許の国際戦略展開の足枷になっています。それは、この分野の台湾の動向を把握することすら困難にしています。特許の国際戦略展開は通商問題です。TRIPs協定の第二条に、「加盟国はPCT条約の規定を遵守する」ことが明記されるべきです。

ついでに台湾特許システムについて付言すると、通常の資本主義国のシステムであって、ユーザーの出願企業には、PPHシステムによる台湾での特許化を推奨できる一方で、特許実施を巡る訴訟も逡巡する必要がないとアドバイスしています。日米企業による新機軸の新製品や新技術をベンチマークし巧妙な模倣に終始するという印象は、台湾企業からは受けない。台湾はPCTルートの使用できないハンディはありますがユーザーにとって間違いなく安心して特許戦略展開ができる経済地域です。

因みに、米国の『通商法スペシャル三〇一条（知的財産）報告書』に中国は優先監視国の常連国として毎回登場しますが、WTO加盟後の二〇〇八年以降に台湾が登場したという話はついぞ聞かない。この問題が国際的に速やかに解決されることを期待し、本章を閉じます。

第三章　司法と特許―日本の特許司法制度の課題―

日本の特許司法制度

独自機能が許されない特許訴訟

特許と司法の関係は難しい問題を孕んでいます。特許は国毎で独立した財産ですが、この財産である特許製品とか特許技術のビジネスは、多くがグローバル展開の技術とか製品です。そのため特許オーナーは国毎の特許を所有しようとします。そこで特許侵害が生じると通常、その多くはグローバルな広がりを持ちます。第二章で「Apple 対 Samsung の米国での特許権を巡る争い」で「Samsung に対して特許侵害判決が下され、一〇・五億ドルの賠償額支払いが命じられた」ことを紹介しました。この特許訴訟事件が日本とか韓国の裁判所で争われたと想定したとき、同じような結果になると思われるでしょうか。勝手な推定ですが、全く異なる結果になるはずです。特許独立の原則、国毎に司法が独立しているのは当然の大原則です。それでは、いずれの当事者も、司法の結果は如何なる場合でも甘受しなければならないのでしょうか。今は国際特許システムの完成を目指す時です。

第一章で時代背景を概観したように、国際特許は今や、通商特許と称することができます。特許は通商上の経済財として扱うことに今は何らの違和感もないはずです。特許プロは言うに及ばず、事業経営に携わる中小や大企業の経営者たち、研究や技術開発を束ねる人たちに、こうした時代背景と創造的破壊の特許についての理解が十分であれば、グローバルな経済活動の中で誰も国際特許に値する発明の価値評価を見誤ることはないと確信します。

これが、日本の特許のための司法制度（以下、「特許司法制度」と称す。）に関する課題を検討するときの視点になります。

国際特許のルール化は、日米が主導することによって進めていくべきと前章で縷々説明してきました。そのために今問われているのは、日本の特許システムが国際特許ルールにたり得るものであるかどうかということだと思います。そのことからすると、第一章でみた「ガラパゴス知財」は、最早、存在し得ない話になります。

図表1の棒グラフの詳細は後述しますが、特許訴訟における異常ともいうべき和解率、特許無効化率、低額損害賠償額など、日本の「機能しない特許訴訟システム」は、その典型に挙げられています。それはわが国の特許司法制度の一部を構成します。それはまた、特許プロの中核を担う特許事件を専

図表1　異常に高い和解率 —— 請求金額と和解金額の分布

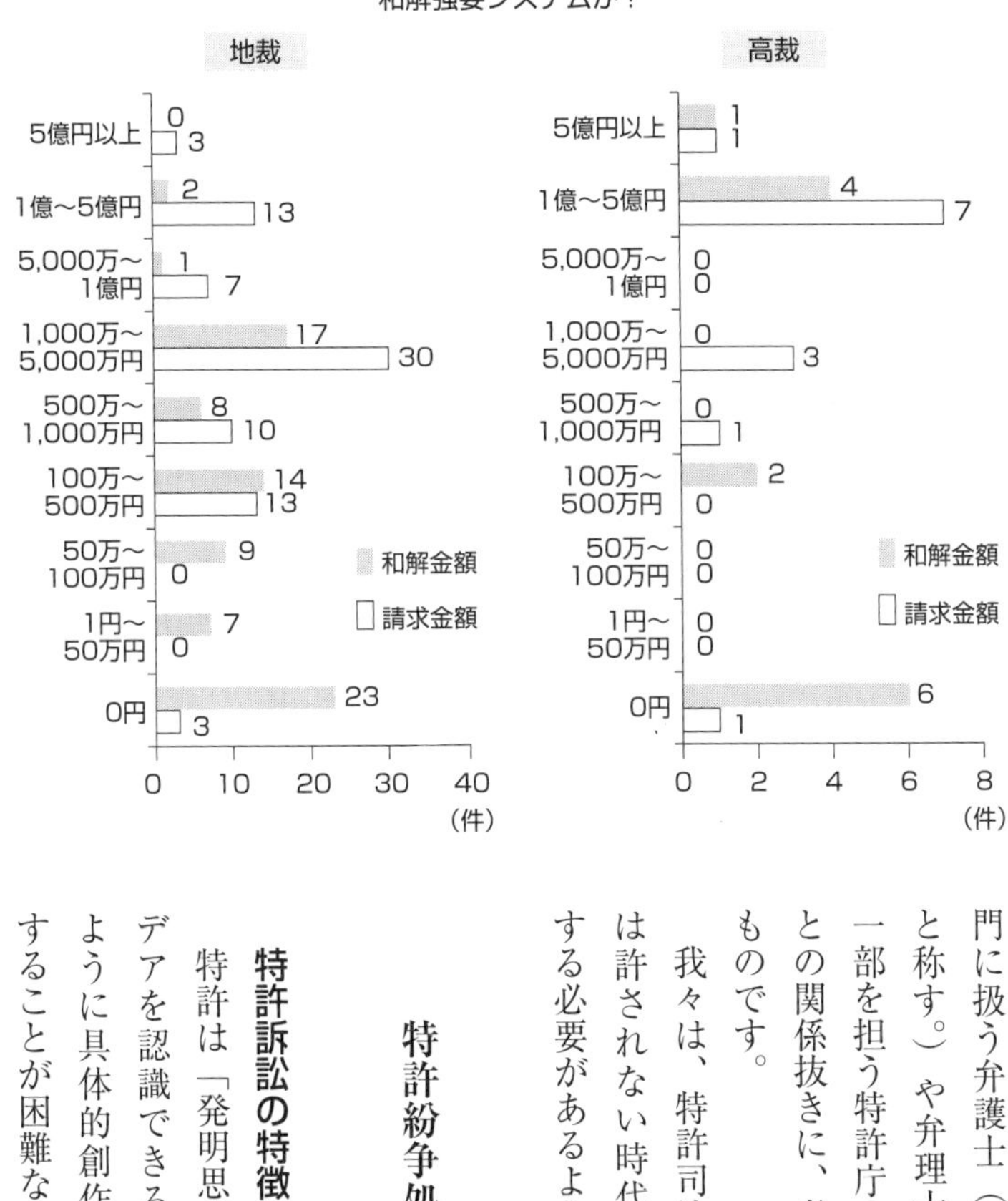

門に扱う弁護士（以下、「特許弁護士」と称す。）や弁理士の制度、特許行政の一部を担う特許庁の審査・審判システムとの関係抜きに、考えることはできないものです。

我々は、特許司法制度は今や独自機能は許されない時代を迎えていると自覚する必要があるように思います。

特許紛争処理システム

特許訴訟の特徴

特許は「発明思想」の財産です。アイデアを認識できる一方で、他の知財のように具体的創作物として視覚で確認することが困難なのが「発明思想」です。

第三者による特許侵害は、特許オーナーの許可なく「発明思想」の特許を組み込んだ視覚で確認できる具体的製造物の「侵害技術あるいは侵害商品」を扱うことになります。そのため特許侵害は、訴訟事件としては「発明思想」と「侵害技術あるいは侵害商品」とを直ちに比較考量することすら容易なことではなく、単に人のアイデア（「発明思想」）を盗んだなどという単純な窃盗に等しい行為として黒白を付けることなど、論外ということになります。

説明が若干複雑になりますが、特許が技術的にいかに優れた発明であっても、発明の具体的製造物（「実施例」）が記載された特許明細書の特許範囲のクレームまたは請求項に定義された「クレームアップ発明」の思想が「侵害技術あるいは侵害商品」に及ぶものであるのかどうかの特許の権利解釈、また特許の有効性について職権探知による審査・審判過程で特許要件を満たす発明であるとの確認がなされた財産としては盤石であるはずの特許であることなど、それらを全て勘案された上で特許侵害訴訟事件は、その黒白が速やかに判断され、かつ、適正に裁かれなければならないはずです。判決次第では特許侵害行為の差し止めは当然であり、その特許侵害は適正な額の損害賠償によって贖われなければならない特許法上の違法行為になるためです。

特許紛争解決の実態調査

ここに、わが国の特許紛争に特化した唯一無二とも評することができる二つの報告書があります。

第一は、平成二七年（二〇一五年）三月、特許庁産業財産権制度問題・調査研究報告書として、

図表2　異常に高い特許無効化率 ―― 日米比較

日米無効化率：22.6%対1.6%

2013年	日本	米国[1]
判決数	58	270
無効件数	21	42
和解件数[2]	35	2348
無効化率（判決数に対する無効件数）	36.2%	15.6%
無効化率（判決数及び和解件数に対する無効件数）	22.6%	1.6%

注：1　University of Houston Law Center patstats U.S. patent litigation statistics
　　2　日本の和解件数は『第一報告書』調査研究により、米国は2009年の和解率88.5%より概算

（一般財団法人）知的財産研究所の『特許権等の紛争解決の実態に関する調査研究報告書』です。以下では『（特許紛争解決に関する）第一報告書』または『第一報告書』と称することにします。

第二は、平成二八年（二〇一六年）三月、内閣府（知的財産戦略本部）検証・評価・企画委員会の知財紛争処理システム検討委員会の『知財紛争処理システムの機能強化に向けた方向性について―知的財産を活用したイノベーション創出の基盤の確立に向けて―』に関する報告書です。以下では『（特許紛争処理の機能強化に関する）第二報告書』または『第二報告書』と称することにします。

冒頭で紹介した「異常に高い和解率―請求金額と和解金額の分布（和解強要システムか？）」の図表1の棒グラフと、ここに示す図表2の「異常に高い特許無効化率―日米比較（日米無効化率比較：二二・六％対一・六％）」とは、いずれも『第一報告書』による調査結果の一部です。

『第一報告書』の冒頭では、「その全体像は今日に至るま

で明らかにされてこなかった」とまで言及しています。今回改めて特許紛争解決の全体像を調査した同報告書は、地方裁判所（以下、「地裁」と称す。）に提起された特許侵害訴訟の内、判決に至った訴訟は四四％で、裁判所内和解で決着した訴訟は二七％であったことが判明したと報告しています。

特許侵害訴訟は、無体財産の中でも「特許」という特異な財産を巡る紛争であって、他の無体財産を巡る紛争処理システムとは異なる対応が求められるものです。そこで、ここに示された数値については再度検証し、特異というだけでなく、なぜ異常であるかについても改めて問いたいと思います。

知的財産戦略本部の決定

特許紛争処理の機能強化に関する『第二報告書』の冒頭では、日本の知財紛争処理システムについて、「知的財産推進計画の初期の成果の一つである知的財産高等裁判所の設立から一〇年経ち、産業界や実務家から一定の評価は得られているものの、利用状況や利便性において改善を求める声が強い」との指摘があります。これは、ここに提示した図表3の「わが国の知財裁判所の一〇年目レビュー」に比べると控え目です。それでも、『第二報告書』は、「知的財産に関する多種多様な紛争を迅速かつ的確に解決することは、知的財産を活用したイノベーション創出の基盤であり、知財システム全般において知財紛争処理システムの知財戦略上の重要性はますます高まっている。また国際的なシステム間競争にさらされていることを十分に考慮し、我が国の知財紛争処理システムの在り方を検証すべき時期にある」とまで喝破しています。同報告書でいう「知的財産（知財）」を「特許」に置き換

図表3　わが国の知財裁判所の10年目レビュー

特許権者の攻撃手段に比較すると、 被疑侵害者の防御手段が格段に充実しており、 わが国では、特許無効リスク回避のため和解選択が急増

・和解強要の禁止、高額供託金のための保険または支援制度等。
・機能しない102条の改定、および、国際相場と遜色のない損害額算定方法の検討（初期ライセンス、イノベーション段階と特許訴訟段階毎の参考相場の採用）等。
・特許訴訟における特許無効抗弁の禁止［無効審判とのダブル・トラック104条の3廃止］等。
・理系判事養成の10か年計画（特許訴訟の技術的判断能力の向上）等。

えると、問題の所在は、より鮮明になります。

『第二報告書』の冒頭にはさらに、政府の方針すなわち「我が国の特許を活用し国際競争力を高め成長を確かなものにするよう政府一丸となって特許戦略をすすめていく」との観点から、二〇一五年に知的財産戦略本部は、「我が国は特許紛争処理システムの一層の機能強化に向けて特許権者と被疑侵害者とのバランスに留意しつつ証拠収集手続、損害賠償額、権利の安定性および差止請求権の在り方について総合的に検討し、必要に応じて適切な措置を講ずる」と決定しています。

在るべき発明保護の原理との関係

科学技術がいかに高度化しようと、スティグリッツが教唆するように、在るべき発明保護の原理は不変です。

創造的破壊の連鎖なく、イノベーションは生まれない。「ガラパゴス知財」のままでは、特許システムは創造的破壊機能を発揮することはできない。むしろ巧妙な模倣者の不正行為を跋扈させ、パクリ経済を助長するシステムに堕することにもなりかねない。

真の発明者が適切に保護されなければ、イノベーションは望みようもないからです。もちろん「真の発明者」には一番手のオリジナル発明者だけでなく、二番手または三番手の発明者も、当然に含まれます。また「真の発明者」は一番手企業で、同じく二番手または三番手企業も「真の発明者」になることは、当然です。

ここに「わが国の知財裁判所の一〇年目レビュー」を提示した意図は、国際特許システムを日米が主導することによって仕上げていくためには、最早、特異な特許司法制度は許されない。その一部に少なくとも「一〇年目レビュー」の項目が最低限の条件として特許紛争処理システムに組み込まれ、それによって国際相場と遜色のない国際的な特許司法制度が仕上げられると考えるからです。

基本的視点―特許紛争のフォーラム・ショッピング―

『第二報告書』の論点整理の確かさは、「経済のグローバル化がますます進展する中、特許を活用したイノベーション創出に向け、ユーザーニーズや経済合理性を踏まえて検討を行う」といい、そのために、以下に挙げる基本的視点の三点に基礎を置くとしていることです。

第一は「利用者」の視点です。それは、イノベーションの基礎となる特許に対する信頼性を高め、中小企業等を含めた国内外の利用者にとって使いやすい仕組みとすることを目指すものです。

第二は「経済合理性」の視点です。それは、特許紛争が主に企業間の争いであることを踏まえ、特許を活用したイノベーション創出が経済的合理性のあるものと見做される環境を整えることを目指すものです。通常の民事訴訟事件にはない、特許訴訟特有の視点であるように思われます。

第三は「国際的」視点です。それは、経済および産業がグローバル化し特許紛争処理システムが国際的な競争に晒されている中、日本の経済および産業の国際競争力強化に繋がるように国際的な視点を踏まえた仕組みとする、すなわち国際的特許司法システムの構築を目指すものです。一般の民事訴訟事件では、一顧だにされることのない視点だと考えます。

第三の視点から導き出される日本は、米国と共に圧倒的なイノベーション力を有する特許先進国として国際的に見劣りのしない、より望ましくは米国やドイツがそうであるように、その裁判所が少なくとも利用者からはアジアにおける国際特許紛争のフォーラム・ショッピング国として選択されるようになることです。

日本は、特許紛争処理システムをそのための仕組みに仕上げる必要があります。それは、『第二報告書』が求めるイノベーション創出の基盤確立に適う特許司法制度の重要な役割となるからです。特許紛争処理の結果は、企業間同士の争いの結果に止まるものではない。それは今や、グローバルにウォッチされるビジネス交渉のスタンダードになるビジネス国際標準であって、「ガラパゴス知財」のままでは、最早、許されないということだと思います。特許侵害訴訟の特殊性は、これに尽きます。

特許訴訟に関する改正特許法の評価

一九九八年（平成一〇年）に、日本特許庁は「二〇〇五年特許行政ビジョン」で、期待を込め「アメリカの連邦特許裁判所（合衆国連邦巡回区控訴裁判所―筆者注）のイメージで二〇〇五年を目途に知財高等裁判所を設立し、また特許訴訟で欧米に比べ『侵害し得』の日本の損害賠償額の認定規定を見直す」ことを表明しました。

事実、同年および翌年にかけ特許法一〇二条の「損害額の推定等」および関連規定が法改正される一方、二〇〇五年（平成一七年）には知的財産高等裁判所（以下、「知財高裁」または「高裁」と称す。）が実現します。さらに知財高裁の実現に先立ち、二〇〇四年（平成一六年）に裁判所法等の一部を改正する法律が制定されています。特許法関連以外の詳細については承知していないのですが、それには特許法に関連する重要な二つの法改正が含まれます。

民訴法の特則導入

一つは、特許侵害訴訟の特殊性に鑑み、訴訟提起後の証拠収集手続に関し、民事訴訟法（以下、「民訴法」と称す。）の特則を特許法に組み入れたことです。

これは「侵害し得」をさせないようにとの意図を含む特許法一〇二条に関連させた平成一一年（一九九九年）の特許法改正に関連するものを含みます。例えば、特許侵害行為を立証するため、または、損害を計算するために必要な書類の提出命令に関する特許法一〇五条が、その典型です。「損害計算のための鑑定」に関する一〇五条の二、損害額の算定が難しい場合の「相当な損害額の認定」に関する一〇五条の三の規定などもこれに関連する規定に含まれます。また裁判所法等の一部の改正に伴って新設された「秘密保持命令」または「秘密保持命令の取消し」に関する特許法一〇五条の四と一〇五条の五の規定、「訴訟記録の閲覧等の請求通知等」に関する一〇五条の六、および、「当事者尋問等の公開停止」に関する一〇五条の七などを加え、民訴法の特則が特許法に導入されました。

『第二報告書』は、訴訟提起後の証拠収集手続などの特許侵害の訴訟手続の強化が図られてきたと強調しています。こうした訴訟手続の強化は、同報告書でどのように評価されているのか。知的財産戦略本部の検証・評価・企画委員会に設置された知財紛争処理タスクフォースという同報告書の翌年の平成二七年（二〇一五年）報告書には、次のような指摘と強調とがありました。

指摘は、「制度のユーザーである事業者、弁護士、裁判官等からのヒアリングによれば、特則が整備されており、必要な証拠は収集されているという指摘もある一方で、これらの特則が十分に活用されておらず、特許権侵害訴訟における証拠提出を図るといった趣旨が必ずしも実現されていないため、（訴訟提起後の）証拠収集手続を改善すべき」ということです。

強調は、平成一五年（二〇〇三年）の民事訴訟法改正に伴ったさらに重要な手続である特許侵害訴訟前の証拠収集処分等についても「特許権侵害の特殊性に鑑み、その強化を検討すべき」ということです。

特許プロからみると、いずれも極めて納得しやすい指摘と強調です。というのは、特許が「技術に係る無体財産」すなわち「発明思想」の財産であるが故に、特許侵害については、特許プロであれば誰しもが、一般的に証拠は極端に被疑侵害者に偏在し、かつ、多くの場合に特許権者（または

patent ownerである特許オーナーという。以下、「特許オーナー」と称す。）による特許侵害の立証が困難を極めるという特殊性を承知しているためです。わが国の産業界にあっては特許オーナーの経営者は、とにかく特許侵害事件の証拠が極端に被疑侵害者に偏在しがちで侵害立証を難しくしている特殊性について、等閑視しがちです。

被疑侵害者の「特許無効」の抗弁権

特許法に関連する重要な二つの法改正の他の一つは、新たに特許オーナーの権利行使を制限する抗弁権に関するものです。具体的には、特許侵害訴訟は、通常、特許が有効であることを前提とした判断が示されるものです。それは平成一六年（二〇〇四年）に制定された特許法一〇四条の三です。

特許法一〇四条の三は、特許侵害訴訟においても「特許無効審判により無効にされるべきものと認められるときは」原告側の特許オーナーは、被告側の被疑侵害者に対し「その権利を行使することはできない」と規定するものです。

要するに被疑侵害者は、特許侵害で訴えられてからでも、特許法一〇四条の三によって訴えの根拠となった特許について、裁判所で特許無効が主張できるようにしたことです。それ以前は、特許無効の争いは職権探知ができる特許庁の無効審判合議体が担っていたのですが、この規定を創設することによって弁論主義で裁かれる裁判所の判事が「無効にされるべきものと認める」ことをできるようにしたことです。文脈からすると、それは、明らかに特許庁の職権探知主義による無効審判合議体になり代わって、裁判所の判事が特許の有効性を当事者の主張に基づく弁論主義によって判断するというものです。裁判所における「特許無効の抗弁」と特許庁審判部における特許無効審判の請求とは、正に「ダブルトラック規定」と称すべきものです。

もしそうであるなら、ドイツのように判決の効力が第三者に及ぶようなときに自ら事実関係を探知し証拠を収集する職権探知権能を有する特許無効裁判所を別途設立するか、米国のCAFC（合衆国連邦巡回区控訴裁判所）のように習熟した技術系判事を含む裁判所で特許侵害訴訟は裁かれるべきです。

（二）『逐条解説』による制定の背景

特許法一〇四条の三の規定は、二〇〇〇年（平成一二年）四月の最高裁のキルビー判決［平成一〇年（オ）第三六四号］に基づく法理が制定の切っ掛けの一つになったといわれています。

例えば、特許庁編『工業所有権法（産業財産権法）逐条解説［第二〇版］』（以下、『逐条解説』と称す。）から引用すると、この規定は、以下のように解説されています。分かり難いと思いますが、我慢して目を通してほしい内容です。

「平成一六年の裁判所法等の一部改正により、特許の有効無効の対世的な判断は無効審判手続の専権事項であり、裁判所は侵害訴訟の場面では特許の無効理由そのものを直截に判断する機能を有しないという従前の法制の基本原理を前提としつつ、特許制度の特殊性を踏まえ、キルビー判決がその根拠とした衡平の理念および紛争解決の実効性・訴訟経済等の趣旨に即してその判例法理をさらに推し進め、無効理由の存在の明白性の要件に代えて、侵害訴訟において、当該特許が当該特許無効審判により無効にされるべきものと認められるときは、当該訴訟におけるその特許権の行使は許されない旨を明文の規定で定めることにより、紛争のより実効的な解決等を求める実務界のニーズを立法的に実現することとした」という解説です。

あえて「対世的な判断」を説明すると当事者以外の第三者にも判断の効力が及ぶということですが、これは、特許プロでも正確な理解はなかなか覚束ないまわりくどい解説だと思います。ましてやビジネス最前線の産業界の人たちのためには、さらに理解しやすい解説が用意されるべきです。

(二) キルビー判決―平成一二年(二〇〇〇年)の最高裁判決―

キルビー判決(二〇〇〇年にノーベル物理学賞を受賞したジャック・キルビーの発明に掛かる集積回路技術の特許出願の分割出願による特許の権利行使を巡る特許訴訟)の背景には、テキサスインスツルメント社(T社)と日本企業七社および韓国企業一社の計八社の半導体メーカーとの「キルビー発明」のオリジナル出願(「キルビー249特許」)から再分割された出願の「キルビー275特許」に関する契約更改を巡る企業間の鍔迫り合いがありました。

「キルビー275特許」は一九八六年(昭和六一年)に事実上の特許(仮特許)が成立し、二〇〇一年まで存続する特許でした。その背景には、オリジナル出願は「出願日から二〇年の特許期間」の制限がないときで、一九五九年（昭和三四年）の特許法改正が施行される直前に申請された出願の再々分割出願に基づく日本版サブマリーン特許に該当し、出願から四〇年以上存在する状況の中、日米企業間においてキルビー特許事件が紛争化したということです。それは、日本企業七社に該当する半導体メーカーの内の一社の富士通株式会社（F社）が唯一、この契約更改をせずに、一九九一年（平成三年）に「T社が損害賠償請求権を有しないとの確認を請求する訴訟」、いわゆる自社製造の半導体製品が「キルビー275特許」に非侵害であることを確認するための「債権不存在確認」の訴訟を提起し、地裁、高裁、および、最高裁で争った事件で、その訴訟には特許無効を巡る争点のやり取りがありました。

参考資料となるのは、一方に、F社の代理人に係った伊藤国際特許事務所顧問弁理士井桁貞一による『キルビー特許訴訟の思い出』（『知財管理』VOL55 No.6 二〇〇五年）があります。

他方には、T社の代理人に係った中村合同特許法律事務所弁護士辻居幸一他による『「キルビー」事件―最判平成12年4月11日民集54官4号1368―』（以下、「キルビー事件」と称す。）（中村合同特許法律事務所編『知的財産訴訟の現在・訴訟代理人による判例評釈』二〇一四年 有斐閣 1～24頁）があります。

（三）キルビー判決が根拠とした衡平の理念

そうした背景があることを前提に『逐条解説』を読み解くと、「特許制度の特殊性を踏まえ、キルビー判決がその根拠とした衡平の理念および紛争解決の実効性・訴訟経済等の趣旨に即してその判例法理を更に推し進め」としています。しかし、特許侵害訴訟の特殊性の観点からは、以下の点は容易には納得し難いことです。

第一は、T社の原出願の特許範囲（請求項またはクレーム記載）の「クレームアップ発明」（キルビー249特許）と同じT社の「キルビー275特許」の「クレームアップ発明」とは共に、先願主義規定の特許法三九条一項が適用される同一発明と判断し二重特許（ダブルパテント）にならないように再分割された「キルビー275特許」は、再分割は認められない発明に基づく「クレームアップ発明」との認定があります。次に、それを根拠に「キルビー275特許」は、特許無効とされる蓋然性が極めて高い「クレームアップ発明」と断定し、結果「キルビー275特許」は「無効理由が存在することが明らか」と認定したことです。これらは当然の結果であるかのように評価されるものなのか。

特許法三九条一項でいう「同一発明」との判断は全く疑義が生じることのない明らかな事実であったのかどうか。両当事者の主張の相違点は、半導体装置が「上記電子回路が、上記複数の回路素子および上記不活性絶縁物質上の上記回路接続用導電物質によって本質的に平面上に配置されている」構成（e）を、原発明の「クレームアップ発明」（キルビー249特許）が構成要件としているかどうかが判断の分岐点でした。

最高裁判決は、両発明を同一発明と判断し「キルビー275特許」に特許無効が存在することが

「明らか」と認定しました。しかし、原発明の「クレームアップ発明」（キルビー249特許）には該当する構成要件（e）は、特許範囲のクレームまたは請求項に記載されていない。原発明の「クレームアップ発明」には該当する構成要件（e）の記載はないということです。それにも拘わらずF社の主張は、具体的には記載されていないけれども「『回路素子を平面上に配置する』構成要件は、原出願でも構成要件の他の部分からみて、当然有しており」と解説しています（「キルビー特許判決の思い出」の争点5）。

他方、T社の代理人弁護士の説明によると、特許庁審判合議体は、原出願の「クレームアップ発明」（キルビー249特許）を根拠に別途になされた「キルビー275特許」の異議申立事件の決定において、「原発明は本願発明の特徴的な構成要件（e）を備えておらず両者を同一の発明であるとは認められない」との判断を示しています。また同代理人弁護士は「半導体薄板の表面上に複数の回路素子からなる電子回路を表面上に配置した構成（e）は原発明の特許請求の範囲には全く記載されていない」と解説しています（「キルビー事件」13頁）。

両当事者は、原発明の「クレームアップ発明」には、構成要件（e）が存在しないことを認めているとしか考えられない。

そうなると最高裁は、「構成要件（e）は、原出願でも、構成要件の他の部分から見て、当然有している」とするF社の主張を採用し、両発明が同一発明であることは「明らか」として裁いたことになります。これで、衡平な理念に則り裁いたことになるでしょうか。

次に「明らか」とは、両「クレームアップ発明」の比較考量の結果が誰に対しても「同一発明」として明らかであって、それ故に、誰に対しても「明らかな事実」によって「キルビー275特許」は特許無効に認定されているのかどうか。キルビー判決の同一発明の認定から導き出される答えは、「明らか」と断定できるかどうかが大いに疑わしいとなると、「明らか」な同一発明であって分割出願は認められないとの理由で、「キルビー275特許」が特許無効であると裁かれていいのかということになります。

最高裁で認定された判決は、特許実務の常識からは理解し難い論理構成と評されても致し方がないように思います。それは、むしろ「出願から二〇年の特許期間」が常識化しているときに、衡平の理念からすると出願時から四〇年後に消滅するサブマリーン特許であって発明保護の理念（特許理念）からは過剰保護の不正使用に当たる財産に属する無効特許として裁かれるべきであったのではないでしょうか。

訴訟経済に反するとの論点を考える

第二は、特許庁の無効審判を経由して特許無効の審決を確定させない限り、特許侵害で訴えられた被疑侵害者が「特許無効主張」を当該特許の権利行使に対する防御方法とすることは許されないとする仕組みについて、それは「特許の対世的な無効までも求める意思のない当事者に無効審判の手続を強いることとなり、また訴訟経済に反する」と認定していることです。しかしながら、「発明思想」

を客体とする特許侵害訴訟の特殊性からすると、これは被疑侵害者が当然に担うべき手続であって「訴訟経済に反する」と考えるべきものではない。国際的視点と歴史的観点からは、特許オーナーと被疑侵害者とのバランス上から技術先進国の特許法の歴史の中で醸成されてきたビジネス的常識と考えるべきです。原告側の不当な訴えであれば、損害賠償請求を含む反訴は当然許されることだからです。

特許プロを含むユーザーには、特許法一〇四条の三の規定には、キルビー事件を根拠とする衡平理念と訴訟経済に反するとの論点が背景のあることを承知の上で、『(特許紛争解決に関する)第一報告書』の実態調査研究が評価されることを期待したいところです。

知的財産戦略大綱の意図

二〇〇二年(平成一四年)七月、知的財産戦略会議で決定された「知的財産戦略大綱」には、「侵害訴訟における無効の判断と無効審判の関係等に関し、紛争の一回的解決を目指す方策を含め紛争の合理的な解決を図るために、裁判手続の在り方を含め幅広い観点からの検討」を進める方針が示され、それを受けた「審判制度等の改革」がありました。

具体的には、一つは、特許後の異議申立制度と無効審判制度の一本化です。これは、特許成立後の特許の有効性を再確認する行政手続の一本化です。それと関連する訂正審判制度の在り方、審判と審判取消訴訟との関係を含む検討もされました。

当時、特許侵害訴訟の進行に影響を与えた目に余る無効審判の審理遅延が特許庁にあったという事実があります。

それを受けた他の一つは、裁判所における特許侵害訴訟の無効判断と特許庁における無効審判の無効審決との関係について、紛争の一回的解決を目指す方策を含めた合理的な解決が図られるような裁判手続の在り方を含めた幅広い観点からの検討です。

そのときに司法制度改革推進本部事務局の知財訴訟検討会は、原告側の特許オーナーと被告側の被疑侵害者との権利行使手段のアンバランス状態に何処まで配慮したかは不明です。結果は、原告側の特許オーナーには厳しい対応を求める一方で、裁判所または判事に特許の有効性判断のフリーハンドが与えられ、被告側の被疑侵害者に明らかに優位な偏った判断が多用される内容となっていることです。

特許法一〇四条の三の制定後の特許侵害訴訟において地裁や高裁での判事による融通無碍とも評される程の特許無効判断や原告側の特許オーナーを和解に追い込む訴訟指揮が多用されている実態からすると、この制定は、キルビー判決がその根拠とした衡平の理念を遥かに超えるものであって、裁判所にとっては特許庁の判断に拘束されない裁判官独自の裁きを可能にする、正に渡りに船のような法案の提出であったのではないか、と勘繰りたくなります。

また「知財高裁の設置と今後の知財訴訟の在り方について」の座談会で、立法担当者の「裁判所は、これを特許庁が特許無効審判として受けたならば、特許庁が無効と判断するだろうという場合には、裁判所が無効事由を特許庁になり代わって認定して、その場合には、その特許権の行使を阻止するという立法を創ったつもり」との発言が紹介されています（中山信弘、小泉直樹編『新・注解　特許法（下巻）』二〇一一年　青林書院　1817頁）。「特許庁になり代わって認定」となると、それは、特許庁が行う第三者に対しても効力が及ぶいわゆる対世効の認定となり、裁判所が行う当事者間に限られた相対効の認定で裁くいわゆる弁論主義に反することになるのではないかと危惧せざるを得ない、不用意な発言というべきです。

裁判所は、職権探知主義によらずに両当事者の主張で裁く弁論主義によって対世効と同等の相対効を実現できるのでしょうか。特許侵害訴訟の特殊性に気付かないと、この「発言」のように誰しも被疑侵害者による特許無効の主張は当然のことのように思いがちです。従前には、そうした特殊性を踏まえ特許有効性の対世的判断は、『逐条解説』が指摘するように、特許庁の無効審判手続の専権事項であったのです。

特許侵害訴訟で裁判所が裁く対世効のない特許無効認定とは、いかなる事態を招来するかが肝心なことです。要するに、特許侵害訴訟における特許無効判断は、「利用者」の視点と「経済合理性」の視点に加え、「国際的」視点からみて、特許紛争の合理的解決になっているのかどうか。さらには特許法一〇四条の三の導入は、特許侵害訴訟の特殊性を踏まえ「衡平の理念および紛争解決の実効性・訴訟経済等の趣旨」に則った特許紛争処理システムとなっているのかどうか。いずれもユーザーにとって納得し難い事態になっているということです。

実務界のニーズに合致するか

特許について確かなことは、特許行政の一部を担う特許庁の審査審判システムとの関係からすると、発明を審査することによって特許は成立します。その特許は当然に有効であり、権利行使できる財産です。この特許に対して第三者は、二〇一四年（平成二六年）の一部改正により再び新設された特許異議申立の審判を提起するかまたは特許無効の審判を提起するか、今は、いずれも提起することができるようになっており、結果は、いずれも第三者をも縛る対世効のある特許庁の認定です。

例えば、特許審判を経た審決によって特許異議申立が理由ありとかまた特許無効とかの判断が示されると、当該特許は、対世効によって最初から存在しなかった財産になります。そうした職権探知の審査・審判を経由せずに、なぜ裁判所で、特許侵害訴訟で被疑侵害者に直接特許無効の主張を許容し、判事が弁論主義で相対効の特許無効を認定する必要があったのか。

『逐条解説』は、実務界のニーズを立法的に実現したと解説しています。結果は、制定後の判決からすると実態は特許侵害訴訟で侵害かどうかの判断が示されることなく特許自体を無効になる訴訟が三割以上で、今や四割に達する有様です。「より実効的な解決等を求める」実務界の思惑通りなっているとはとうてい思えない実態が、『第一報告書』の分析から明らかです。

キルビー判決当時、特許庁の審理遅延で無効審判が長引き、裁判所の特許侵害訴訟を停止せざるを得ない事態が常態化するなど、ユーザーや裁判所に対し特許庁側に不都合があったという事実がありました。こうした事情は、今や特許審判のリアルタイムオペレーションの実現で雲散霧消しています。

そうなると、これは特許オーナーに一方的に負担を強いる特許庁での特許無効審判と特許侵害訴訟での特許無効の訴えというダブルトラック規定問題として様々な場面でホットイッシューになるのは当然というべきです。

特許法一〇四条の三がどう総括されるべきかについては、一義的には「専門官庁である特許庁に委ねるべきという観点から無効の抗弁の無効理由を制限すべきとの指摘」があります。

背景にある考え方は、「当事者の立証能力に左右される当事者弁論主義の民事訴訟と職権探知主義の行政訴訟の性質の違いを踏まえれば、理論的には整理可能」であるという司法と行政の原則に立ち返ることを促すものです。

現実は、特許侵害訴訟において特許庁の無効審判を経ないで判事が裁くためのダブルトラック規定は、一方で特許オーナーに和解を迫るか、特許侵害訴訟によって事態を決着させることを逡巡させるシステムの一つになっています。ダブルトラック規定は今や、被疑侵害者にとっては極めて簡易な手続で特許オーナーの特許侵害訴訟に対抗できることになる圧倒的に優位な立ち位置を保障するシステムとなっています。このアンバランスが放置されている限り、わが国の特許システムの一部を構成する特許侵害訴訟は、「機能しない特許司法制度」の典型に挙げられても致し方ないものだと考えます。

特許紛争解決の実態の分析

『第一報告書』の分析

証拠収集手続、損害賠償額、権利の安定性および差止請求権の在り方について総合的に検討するため、ここで『(特許紛争解決に関する)第一報告書』に立ち返り、特許紛争解決の実態を分析します。最初に紹介したように『第一報告書』は、紛争解決の全体像を総括し、そこに地方裁判所に提起された特許侵害訴訟の内、判決にまで至った「判決」は四四%で、裁判所内和解で終結した「和解」は二七%であったと報告しています。それはまた「和解が日本特有ではなく他国でも通常選択される紛争解決手段である」といい、日本の地方裁判所で裁かれる特許侵害訴訟は、いかにも常識的であるという指摘に始まります。

『第一報告書』の公開情報調査の概要

調査の要点は二点です。

第一は「判決」に基づくものです。それは二〇〇四年〜二〇一三年の一〇年間に地方裁判所(以下、「地裁」と称す。)および高等裁判所(以下、「高裁」と略す。)において「判決」された特許侵害訴訟事件についての分析です。

第二は「和解」に基づくものです。それは二〇一一年～二〇一三年の三年間に地裁および高裁において訴訟上の「和解」で決着した特許侵害訴訟事件についての分析です。本来裁判内和解で決着した訴訟について、両当事者が公にしない限り和解内容は当然不明であるはずです。ここでは裁判所が個別訴訟の和解内容を均した上で提供された数値になります。それは、裁判所内和解の実態を分析できるように配慮されたものだと思います。

海外情報調査は、米英独中韓の五か国の特許侵害訴訟について、日本との比較および分析のための公開情報を調査し、収集しています。

また国内アンケート調査を、一方は（一般社団法人）知的財産協会会員の大手企業九二四社に対し、他方は中小企業二〇〇社に対し、四〇％相当の四四六社の回答を得ています。さらに公開情報調査の結果等を基に一〇弁護士事務所と九企業に対するヒアリング調査で回答を得ています。アンケート調査回答の四四六社中、留意すべきは、原告として特許侵害訴訟を経験した企業数は七九社（一七・七％）に止まることです。

特許侵害訴訟の数はまともか

二〇一一年～二〇一三年の三年間に地裁に提起された特許侵害訴訟は、年平均で一二一件です。この内、判決または和解に至らずに訴訟の却下または移送および取下または放棄の三六件（全体の三〇

%）を除くと、地裁で実際に裁かれた特許侵害訴訟は年平均で八五件（全体の七〇%）になります。次に、一年間に地裁で裁かれた特許侵害訴訟の八五件の内、実際に「判決」に至った訴訟は五三件（全体の六二%）で、「和解」で決着した訴訟は三二件（全体の三八%）です。

要するに、一年間に地裁で処分された特許侵害訴訟は一二一件、実際に「判決」または「和解」で裁かれた訴訟は八五件、いずれもわが国の地裁の年平均の特許侵害訴訟の数です。

ここで問題とされるべきは、「判決」か「和解」かの比率よりも、わが国の特許侵害訴訟が件数的に異常ではないといえるものかどうか。また件数の多寡については裁判所の与り知らぬことと主張できるものかどうか。

（二）米国との落差―二桁近い差の件数規模―

『第一報告書』は、同じ二〇一一年〜二〇一三年の三年間に米国連邦地方裁判所（以下、「米連邦地裁」と略す。）に提起された特許侵害訴訟は、年ベースでは四一二一件、五八〇〇件、六四四八件と、年々増加傾向にあることを伝えています。

米連邦地裁に提訴された特許侵害訴訟は、年平均で五四五六件です。日本の地裁では年平均で一二一件または八五件ですので、件数的には二桁に近い差があります。正確には、それは米連邦地裁の四五分の一か六五分の一程度です。人口や市場規模を考慮しても、いずれかが異常ということになります。

（二）ドイツ・イギリスとの対比──三倍～一二倍程度──

前章の「欧州の特許システム問題」で触れたように、ドイツには特許侵害事件を管轄する地方裁判所は一二か所あります。『第一報告書』は、デュッセルドルフ、マンハイム、ミュンヘンの三か所の地裁だけで特許侵害訴訟は年一〇〇〇件に達すると報告しています。イノベーションの停滞が著しいドイツにおいてすら、件数的には日本の地裁に比べ八～一二倍です。

また、イノベーションが完全停滞している英国においても二〇一二年から二〇一三年にかけ特許侵害訴訟が急増し、両年合わせて六四三件に達したと報告されており、年平均で三二二件ですので、件数的には日本の三倍近くになるということです。

（三）中国の特許等侵害訴訟の多寡──対比困難──

特許出願の規模では異常値を示す中国についても『第一報告書』は、中国の裁判所（地方裁判所）に提起された特許侵害訴訟は、二〇一一年に七八一九件、二〇一三年には九八六〇件と、年々増加傾向にあることを伝えています。件数的には日本の八〇倍または一二〇倍をどう評価するのか。年四〇万件が成立するという中国特許を巡る特許紛争の実態を類推すると、中国の特許侵害訴訟は、むしろ常識的という見方もできます。

脇道にそれますが、それよりも問題とすべきことは、二〇一八年一〇月一八日の読売新聞の社説でさえ「中国で共産党が司法機関の上に位置し『司法の独立』はない」とまで言及しているように、共産党による「赤い資本主義」の中国の地裁判事によって、これほどの特許侵害訴訟がどのように裁かれているのでしょうか。例えば中国企業を相手取って日米企業が特許侵害訴訟を提起したときに訴訟提起に先立つ証拠収集、保全手続など、原告側の特許オーナーにデュープロセスが保障されているのでしょうか。勿論、法律的には保障されていると思いますが、実際に原告側の特許オーナーにそうした行動が許されるのかどうかです。それは、訴訟提起後の原告側の特許オーナーにデュープロセスが保障されていることは当然の前提としてです。まさかスパイ容疑で拘束されるとか、脅されるようなことはないものと信じたいものです。共産党が仕切る国有企業を相手取り特許侵害訴訟を提起したときに、まともに訴訟対応ができるものかどうかです。外国企業がファーウェイ（華為技術）やZTE（中興通訊）を相手取り中国地裁に特許侵害訴訟を提起した事例は、ついぞ聞いたことがないので、気になるところです。中国の特許侵害訴訟の実態は闇の中にあるということでしょうか。

（四）基本的視点からの評価

わが国の地裁に提起される一年間の特許侵害訴訟の一二一件または八五件は、量的には「利用者」の視点と「経済合理性」の視点に加え、「国際的」視点から特許紛争システムとして機能しているとは、なかなか言い難いように思います。

一〇年間の特許侵害訴訟の当事者に関する分析

原告と被疑侵害者

一〇年間のわが国地裁の特許侵害訴訟の当事者に関する分析は、以下の通りです。一〇年間に原告となる特許オーナーは、四一六社です。内訳をみると、大企業が全体の三分の一相当の一四八社（三六％）を占め、中小企業が二三三社（五六％）で、残りは個人の三三者（八％）です。中小企業と個人を合わせると、全体の三分の二相当の二六六社（六四％）に達します。

国籍別に集約してみると、原告となる外国企業は、およそ一割の五二社（一一％）です。この結果から、外国企業が原告として日本市場で特許侵害訴訟を提起した状況が窺えます。当然、日本企業が被疑侵害者である可能性は高いはずです。キルビー特許事件の一方の当事者のF社が他方の当事者の外国企業T社に対して起こしたT社の特許に対する非侵害（債権不存在）確認訴訟は、その典型の一つになると思います。

これが、一〇年間に地裁で特許侵害訴訟の原告となる特許オーナーの構成です。要するに、原告の三分の二は、中小企業と個人であり、大企業が三分の一程度と少ない。なぜ原告となる大企業が少ないのか。それは、わが国の特許侵害訴訟を特徴付けるものなのでしょうか。

他方で、一〇年間に被告となる被疑侵害者は、四六〇社です。内訳をみると、大企業が全体の二分の一の二二五社（四九％）である一方、中小企業も二三三社（五一％）です。被疑侵害者の場合には、大企業と中小企業とは共に五〇％前後で均衡しており、個人を特許侵害訴訟で訴える事例は皆無です。外国企業も二社のみで、日本市場では、特許侵害訴訟で訴えられた事例はありません。

これらの事実から、イノベーティブな外国企業の一部が日本企業を提訴した特許侵害訴訟は散見できるものの、多くは日本企業同士の特許紛争という様相であり、中小企業や個人が大企業を訴える事例が多く、ビジネスの大きさからすると大企業が特許侵害訴訟を提起する事例は総体的に少ない。

次に、地裁判決を不服として高裁に上訴した一方の当事者の特許オーナーを含む原告は、一〇年間で一八三社です。内訳をみると、大企業は五五社（三〇％）であるのに対し、中小企業は一一四社（六二％）で、個人の一四社（八％）と合わせると一二八社になり、全体の七〇％を占めます。高裁に上訴した他方の当事者の被疑侵害者の被告は、一〇年間で一九九社です。地裁判決ベースの場合と同様に大企業九八社、中小企業一〇〇社で、特許侵害訴訟で提訴された企業数は均衡しています。要するに、大企業は特許侵害訴訟を回避する傾向にあるということです。

ここまでは、一〇年間に地裁および高裁の特許侵害訴訟に係った当事者の原告および被告に関する分析です。次に、実際に裁かれた訴訟の結果について分析することにします。

一〇年間の地裁および高裁の特許侵害訴訟判決に関する分析

事実上裁かれた訴訟

『第一報告書』によると、地裁における一〇年間の全特許侵害訴訟は四六八件です。判決または和解で決着した「請求に対する認容の有無」のある特許侵害訴訟は、一〇年間で四五八件でした。同じく、地裁の和解訴訟を除く高裁における一〇年間の全特許侵害訴訟は二〇四件です。地裁の場合と同様に、判決または和解で決着した「請求に対する認容の有無」のある特許侵害訴訟は、一〇年間で一九九件でした。因みに、地裁および高裁における和解は、判決と同等に扱われます。その理由は、和解は事実上裁かれた訴訟になるという位置付けです。

分析の注目すべき項目は、第一は事実上裁かれた特許侵害訴訟の勝訴率です。第二は差止および損害賠償の「請求」が棄却された特許侵害訴訟の敗訴率です。以下では、地裁と高裁における特許侵害訴訟の勝敗について分析し解説します。

地裁における勝敗――「請求に対する認容の有無」――

（一）地裁判決の概要

「請求」とは、被疑侵害者の特許侵害に対し原告の特許オーナーが提訴した理由の「差止」および／または「損害賠償」の請求です。

「請求」の全部または一部が「特許侵害」と認められた訴訟は、一〇年間で一〇二件です。母数となる一〇年間の全特許侵害訴訟は四五八件ですので、一〇年間を通して特許侵害訴訟における一方の当事者である原告側の特許オーナーの勝訴率は二二％です。

次に、「請求」の全てが「特許非侵害」として棄却された訴訟は、一〇年間で三五六件です。これは「特許侵害と認められた訴訟」との差分で差止および／または損害賠償の請求が棄却された原告側の特許オーナーの敗訴数になります。母数となる一〇年間の全特許侵害訴訟は四五八件ですので、一〇年間を通して特許侵害訴訟における原告側の特許オーナーの敗訴率は七八％です。要するに、被告側の被疑侵害者の勝訴率は七八％で、敗訴率は二二％ということです。特許オーナーが勝訴する確率が二割とは、驚くべき事実です。

今回の調査分析によって、特許という財産を巡る争いのマクロ的な実態が明らかになったということです。

（二）勝訴の実態――特許オーナーの完全勝訴は僅か一割――

『第一報告書』によると、米国の特許侵害訴訟の判決における特許オーナーの勝訴率は六〇％と報告されています。「国際的」視点から米国の六〇％と日本の二二％との特許侵害訴訟における特許オーナーの勝訴率の真逆状態を、我々はいずれがまともであると理解すべきでしょうか。本章の最初に指摘したように、特許は「発明思想」の財産です。裁判所は、被疑侵害者がビジネスしている技術または商品が特許オーナーの「発明思想」の特許を化体した、要するに当該特許が組み込まれた侵害技術または侵害商品であるという特許オーナーの訴えを裁くことになります。結果の勝訴率二二％ということは驚くべきことです。

詳細に眺めると、特許侵害者に対する製造および販売の差止と損害賠償の両方の「請求」が認容された特許オーナーの完全勝訴は、一〇年間を通しても五四件です。全特許侵害訴訟四五八件中の一二％です。『第一報告書』は、原告の特許オーナーの完全勝訴は全特許侵害訴訟の一割相当という実態を明らかにしたことになります。完全勝訴率一二％の数値に驚かないとしたら、それこそ驚くべきことです。

当事者にとって財産であるべき特許とは何であるかという疑念が当然に生じます。それらは無審査で自動登録された特許ではありません。それらの特許は、特許明細書に開示された再現性ある発明を審査官との間で、新規性、進歩性、記載要件などを巡る交渉に近いやり取りを経て「特許性あり」として有効性が確認された特許です。それに基づく特許侵害訴訟の結果がこれでは、特許オーナーは当然でしょうが特許プロでも衝撃を受けます。

（三）敗訴の実態─判事による特許無効認定が四割─

そこで特許オーナーが敗訴する実態はどうなっているのか。一〇年間の全特許侵害訴訟四五八件中、「差止」および／または「損害賠償」を含む請求の全てが退けられた特許オーナーに対する全請求棄却は三五六件でした。一〇年間を通した全請求棄却は、全特許侵害訴訟の七八％です。何を根拠に、原告側の請求が棄却されたのかまた何が敗訴事由であったのでしょうか。

根拠となる敗訴事由は、以下の通りです。

第一は、三五六件の請求棄却中、問題条文である特許法一〇四条の三のダブルトラック規定によって両当事者の主張に基づき地裁判事自らが特許無効と認定し、請求棄却された特許侵害訴訟は一三六件です。当然、当事者弁論に基づきなされた特許無効認定であって職権探知主義に基づく認定ではない。判事による特許無効認定は、全請求棄却中の三八％を占めます。それは特許オーナーの勝訴事案を含む一〇年間の全特許侵害訴訟四五八件中の三〇％に相当します。要するに被疑侵害者が特許侵害したかどうかに一切触れることなく、訴えの根拠となる特許自体を無効と認定し、被疑侵害者の対象技術または対象商品が本特許に抵触するかどうかの認定を一切することなく直ちに「特許非侵害」として請求棄却したことになります。これが全特許侵害訴訟の三割に相当し、全請求棄却の四割を占めます。これは正に驚くような事実です。

第二の敗訴事由は、三五六件の請求棄却中、特許侵害はないという事由、具体的には、本特許は有効であり本特許の「クレームアップ発明」の構成要件が被疑侵害者の対象技術または対象商品に対し「非充足」で本特許には抵触しない「特許非抵触」事由で、原告側の特許オーナーの主張が退けられた訴訟が一八八件です。全請求棄却の五三％です。それは一〇年間の全特許侵害訴訟四五八件中の四一％に相当します。

第三の敗訴事由は、三五六件の請求棄却中の六・五％に相当する残りの二三件に関するものです。これらは「特許法一〇四条の三に基づく特許無効」と「特許非抵触」の両方の事由によって請求棄却された特許侵害訴訟です。これらの訴訟事案を特許法一〇四条の三によって請求棄却された訴訟に組み入れると、原告側が地裁判事の特許無効の認定によって退けられた特許侵害訴訟は全体で一五九件に達します。それは全請求棄却の四五％を占め、一〇年間の全特許侵害訴訟の三五％に相当します。これは、特許オーナー敗訴の四割五分が地裁判事による特許無効で裁かれたという正に驚くべき事実です。

高裁における勝敗―「請求に対する認容の有無」―

（一）高裁判決の概要

これは、地裁の和解訴訟を除く特許オーナーまたは被疑侵害者のいずれか一方が地裁判決に対し高裁に提訴した特許侵害訴訟における勝敗のマクロ的な分析結果です。一〇年間を通した高裁における特許侵害訴訟は、一九九件です。

請求の全部または一部が特許侵害と認められた訴訟は、一〇年間で三七件でした。全特許侵害訴訟は一九九件ですので、一〇年間を通して高裁における一方の当事者である原告側の特許オーナーの勝訴率は一九％です。

次に、請求の全てが「特許非抵触」として請求棄却された特許侵害訴訟は、一〇年間で一六二件でした。これは、高裁における「特許侵害と認められた訴訟」との差分で差止および／または損害賠償の請求棄却された原告側の特許オーナーの敗訴数です。全特許侵害訴訟は一九九件ですので、一〇年間を通して高裁の特許侵害訴訟における原告の特許オーナーの敗訴率は、八一％に達します。結果は地裁の場合と同様です。わが国の高裁における勝訴率と敗訴率は、「国際的」視点からも際立った異常状態で、わが国の特許司法制度においては特許無効で戦える被疑侵害者の「侵害し得」状態にあることを如実に示すものであり、イノベーション力の高い特許先進国では考えられない有様です。

（二）勝訴の実態―特許オーナー側の完全勝訴は一割―

そこで、高裁における原告側の特許オーナーの勝訴の実態は、どうなっているのか。特許侵害者に対する製造および販売の差止と損害賠償の両方が認められた原告側の特許オーナーの完全勝訴は、一〇年間を通して一九件です。それは全特許侵害訴訟一九九件の九・五％で一割に達しない有様です。被疑侵害者の立場で極論すると、特許侵害者は、たとえ特許侵害で提訴されても日本では何ら動揺する必要はない。なぜなら、提訴された被疑侵害者が特許侵害者と認定されることは滅多にないからです。こうした事実に驚愕しないイノベーティブ企業の経営者が果たしているのでしょうか。

（三）敗訴の実態—高裁判事による特許無効認定は三割—

次には、高裁における原告側の特許オーナーの敗訴の実態は、どうなっているのか。上訴された特許侵害訴訟に対し差止と損害賠償の請求が全て棄却された特許侵害訴訟は、一〇年間を通して一六二件です。全請求棄却は、全特許侵害訴訟の八一％になります。何を根拠に特許オーナーの請求が棄却されたのか。何が敗訴事由であったのでしょうか。根拠となる敗訴事由について詳細にみると、以下の通りです。

第一は、一六二件の全請求棄却中、地裁の場合と同様に、問題条文である判事が裁くための特許法一〇四条の三のダブルトラック規定によって両当事者の主張に基づき、高裁判事が特許無効を認定し、特許侵害かどうかの判断を示すことなく請求棄却した特許侵害訴訟は、四六件です。それは、全請求棄却の二八％を占めます。

第二の敗訴事由は、「特許非抵触」という事由で原告側の特許オーナーの主張が退けられた特許侵害訴訟は九七件です。それは、全請求棄却の六〇％を占めます。具体的には、被疑侵害者の対象技術または対象商品が本特許の「クレームアップ発明」に抵触しない「特許非侵害」という認定に基づく判決です。

第三の敗訴事由は、一六二件の全請求棄却中の一〇％に相当する残りの一九件の内の一六件は、「特許法一〇四条の三に基づく特許無効」と「特許非抵触」の両方の事由で請求が棄却された訴訟です。これを「特許法一〇四条の三に基づく特許無効」の事由に組み入れると、問題条文の特許法一〇四条の三のダブルトラック規定によって請求棄却された特許侵害訴訟は、全請求棄却の三八％を占めます。特許侵害かどうかの認定をすることなく本特許を無効と認定し、特許侵害が成立しないという地裁判事の場合と同様に、高裁判事も問答無用の請求棄却をしています。

一〇年間を通して高裁の特許侵害訴訟の実態は、特許侵害訴訟における特許オーナーの敗訴が一六二件で、特許侵害訴訟一九九件中の八一％を占めます。他方で、特許オーナーの勝訴が三七件で特許侵害訴訟一九九件中の一九％にすぎないということです。これも驚くほかない事実です。

地裁と高裁における勝敗の総括

第一に、一〇年間を通し四五八件の地裁における全特許侵害訴訟の判決を総括すると、どのような事実が浮かび上がってくるのでしょうか。原告側の特許オーナーが特許侵害事件に対し訴訟を提起しても、事実は、裁かれた訴訟では八割方は負けるということです。次に、原告側の特許オーナーが負けた三五六件の全請求棄却中、判事が裁くための特許法一〇四条の三によって被疑侵害者による本特許の無効申立を認めて負けた訴訟は一五九件で、全請求棄却の四五％に達するという事実です。今回の調査分析では、特許法一〇四条の三が制定された二〇〇六年から二〇〇九年の地裁における特許無効化率は五〇〜六〇％の範囲で推移していることが明らかになりました。

第二に、一〇年間を通して地裁判決を不服として高裁に上訴した特許オーナーを含む一方の当事者は一八三社です。その内で大企業が全体の三〇%で、中小企業は個人を合わせ全体の七〇%になります。こうした事実から、特許侵害訴訟を回避する大企業の姿が浮かび上がります。高裁の特許侵害訴訟の一九九件について分析し総括すると、次のような事実が浮上してきます。

地裁判決を不服とし被疑侵害者を高裁に上訴しても、結果は、地裁の場合と何ら変わらないという事実です。次に、原告側の特許オーナーが八割方敗訴した一六二件の全請求棄却中、判事が裁くための特許法一〇四条の三によって被疑侵害者による本特許の無効の申立を認めて負けた特許オーナーの請求棄却は、全体の三八%の六二件に達するという事実です。要するに、高裁判事も四割近い事例において特許法一〇四条の三に規定に基づき特許オーナーが上訴した被疑侵害者による特許侵害について、被疑侵害者が申し立てた特許無効によって特許オーナーによる特許侵害を退けたということです。

これは、特許庁が職権による調査および証拠収集ができる職権探知主義によって「有効とした特許」を、今度は裁判所が有効特許に対する被疑侵害者の無効申立（抗弁）を取り上げ、原告側の特許オーナーが提訴した特許侵害については何らの判断も示さずに当事者の申立による弁論主義によって特許無効で裁いた訴訟が四割に達するという事実です。

図表2の「日米の無効化率比較」に示された米国の一・六%に対し日本の二二・六%は直視されるべき事実で、この事実が何を物語るかを考えてみる必要があります。なぜなら、日本では被疑侵害者の立場から地裁また高裁を問わずに特許に対し特許無効を申し立てさえすれば、四割方の訴訟は特許侵害があったかどうかの判断は示されずに特許無効理由で勝てることです。また被疑侵害者は、特許

侵害の対象とされた技術または商品が提訴された特許に抵触しないと主張すれば、地裁また高裁を問わずに八割方の確率で特許侵害者とはならずに済むという、要するに、わが国では被疑侵害者が特許侵害訴訟で負けることはほとんどないということです。わが国の特許司法制度に関する問題を以下の五点に集約することができます。

第一は、特許庁で散々苦労して得た「クレームアップ発明」思想の特許を財産として権利行使するために特許オーナーが被疑侵害者を相手取って特許侵害訴訟を提起しても、四割五分に達する確率で特許庁では特許無効になる蓋然性が高い財産として地裁の判事によって特許が無効にされ、原告側の特許オーナーが負けるという事実です。地裁判決を不服として高裁に上訴しても四割は、特許庁で特許無効になる蓋然性が高い財産として今度は高裁の判事によって特許が無効にされ原告側の特許オーナーが負けます。これが地裁また高裁で争われた一〇年間の特許侵害訴訟のマクロ的な実態です。

第二は、特許侵害訴訟において原告側の特許オーナーは、地裁でも高裁でも勝訴することに絶望するしかない程、特許庁で職権による調査および証拠収集する職権探知権能を有する審査官との間で精査し有効とされた特許の四割方は、地裁または高裁を問わずに判事によって特許無効と判断され、特許侵害かどうかの裁判所の判断は示されないという事実です。現状のままでは原告側の特許オーナーは何処で特許侵害の判断を求めたらいいというのでしょうか。米国の連邦地裁を選択しろということでしょうか。

第三は、これがわが国の地裁や高裁における特許侵害訴訟の現実であるなら、原告側の特許オーナーは、僅かの可能性を求め少しでも特許侵害者を牽制できる可能性が想定できるのであれば、判事による裁判所内和解の勧告を受け入れるほかないことになります。それが裁判所内和解の実態であるとするなら、一般の人々には半強制和解と映るはずです。このことは、図表1の棒グラフが示す地裁および高裁の「異常に高い和解率」から容易に類推できることです。

第四は、地裁と高裁の総括を合わせ考えると、特許庁の審査システムは極論すると無審査システムの方が訴訟経済に見合うのではないか、ましてや特許庁の審判における特許異議申立とか特許無効審判システムは鑑定に類する判定システムで十分に間に合うのではないか、そのような疑念すら浮上してきます。

第五は、知財高裁は創設されて一〇年を超えますが、こうした事実からすると、最早、わが国の特許司法制度は企業間競争を左右するビジネス紛争の処理システムとして機能していないことは、明々白々であり、最早、放置できない事態であるということです。

一〇年間の特許侵害訴訟の損害賠償判決に関する分析

日米の特許損害賠償額の落差

図表4は、特許侵害訴訟で決着した損害賠償額の日米比較です。

図表4　特許権侵害控訴における損害賠償額の日米比較

異常に低額な損害賠償額

米国2005年〜2011年				
	原告	被告	特許技術	評決額
1	セントコア	アボット	バイオ	1,338億円
2	ルーセント	マイクロソフト	情報	1,200億円
3	ミラー・ワールド	アップル	情報	500億円
4	サフラン	ボストン・サイエンス	バイオ	345億円
5	ユニロック	マイクロソフト	情報	310億円

日本2004年〜2013年（地裁）				
	事件番号	判決日	特許技術	判決額
1	平成17年(ワ)第26473号	平成22年2月22日	スポーツ用品	17億8,620万円
2	平成19年(ワ)第2076号	平成22年1月18日	測定器	14億9,847万円
3	平成14年(ワ)第6178号	平成16年5月27日	医薬	11億9,689万円
4	平成19年(ワ)第507号	平成22年11月18日	化学	11億9,185万円
5	平成19年(ワ)第3494号	平成21年8月28日	医薬	9億2,600万円

出典：平成25年度特許庁産業財産権制度問題調査研究報告書侵害訴訟等における特許の安定性に資する特許制度・運用に関する調査研究報告書

データは、平成二五年度『特許庁産業財産権制度問題調査研究報告書』で報告されたものです。以下では、これを『(特許の安定性に関する）第三報告書』または『第三報告書』とします。

わが国データでは、一〇年間で最も高額な損害賠償額は、上位四位まで一〇億円を超えています。一見すると損害賠償額が異常に低額であるといえるのかと疑問を呈する経営者やビジネスマンがいてもおかしくない。

米国データは、二〇〇五年から二〇一一年の七年間で最も高額な損害賠償額の事例です。それには前章で取り上げられた「Apple 対 Samsung」の特許侵害事件の一〇・五憶ドルの損害賠償額は含まれていない。それを当時の円・ドル為替レート八〇円で円換算すると損害賠償額は八四〇億円で、図表4の三位に位置します。

日米の間では、最高の損害賠償額は二桁違います。最高額は米国では一〇〇〇億円規模が相場で、日本では精々一〇億円規模が相場のようです。大手企業の市場競争の鍔迫り合いから生じる特許の価値は、いずれがノーマルでしょうか。

そこで高裁ベースの損害賠償額分析によってわが国の特許司法制度の在り様についてみることにします。注目すべきは、高裁ベースの特許侵害訴訟における損害賠償の請求額（以下、「賠償請求額」と称す。）に対する判決で決着した認容額すなわち損害賠償額（以下、「賠償額」と称す。）との落差です。

ここで分析に先立ち、分析結果に基づく結論を提示します。

完全な「アンチパテント」時代の特許司法制度

一〇年間を通して高裁に上訴された特許侵害訴訟の内、賠償請求額が一億円以上に相当する訴訟は九一件です。それは一〇年間を通した高裁における一七七件の全特許侵害訴訟の五一％に相当します。特許侵害訴訟の五割は、訴訟数の規模を別にすれば、特許戦略に基づくビジネス展開で生じる特許紛争を想定すると差止請求訴訟と共に極当たり前の賠償請求額の訴訟割合というべきでしょう。

この訴訟割合に対し、一〇年間を通して高裁の判決で決着した損害額が一億円以上に相当する全訴訟判決は八件です。それは一〇年間を通した高裁における一七七件の全特許侵害訴訟の四・五％です。明らかなことは、地裁の判決を不服とし賠償請求額が一億円以上に相当する訴訟の九一件の内、賠償請求額と同程度の賠償額で判決された全訴訟は僅か八件ということです。これが、高裁における一億円以上の賠償請求額訴訟と判決で決着した賠償額訴訟のマクロ的な実態です。賠償請求額と賠償額との落差は九一対八であって、判決で同程度の賠償額が得られる確率は一〇％に達しない。

こうした落差を承知の上で、ビジネス最前線で特許戦略を展開する経営者やビジネスマンがいるとは、とても考えられない。さらに問えば、特許先進国日本の産業界において五億円程度の賠償額が得られる判決は、万に一つの確率しかない実態を承知している経営者は、果たしてどれくらいいるでしょうか。

特許司法制度をみる限り、わが国は完全な「アンチパテント」（特許軽視）時代です。特許オーナーにとって特許戦略に基づく国内ビジネスで報われることは極稀ということです。これは特許侵害訴訟を回避する大企業のビヘイビアイと平仄が合います。この事実を放置すれば、特許戦略に基づくビジネスを国内展開する経営者は、いずれいなくなるということです。

次に、高裁における賠償請求額と賠償額とが五〇〇〇万円以上で一億円以下の小規模額訴訟および一〇〇〇万円以上で五〇〇〇万円以下の矮小額訴訟について、その実態を確認します。賠償請求額が小規模額の全訴訟は一〇年間を通して二四件です。賠償請求額が矮小額の全訴訟は一〇年間を通して四一件です。小規模額と矮小額を合算した一〇〇〇万円以上で一億円以下の六五件の賠償請求の全訴訟は、高裁の全特許侵害訴訟（一七七件）の三七％です。これらはビジネス訴訟としては、小規模的または矮小的な賠償請求額の訴訟のようにみえますが、訴訟数の規模を別にすれば、この割合は納得できない訳ではない。ところが、賠償請求額の訴訟に対し賠償請求額と同程度の賠償額で決着した訴訟は、一〇年間を通しても小規模額訴訟が三件で、矮小額訴訟数が四件です。合算しても七件です。賠償請求額数と賠償額との落差は六五対七であって、賠償請求額と同程度の賠償額が得られる確率は、やはり低頻度の一〇％にすぎない。さらに衝撃的なことは「〇円」決着の実態です。

賠償額「〇円」決着は八四％

被疑侵害者の特許侵害に対する製造および販売の差止と損害賠償の請求は、一〇年間で一七七件です。これが一〇年間を通した高裁における特許侵害訴訟の全訴訟です。

その内の両極端な賠償請求額の訴訟数は、五億円以上が三二件で、一〇〇〇万円以下が二一件です。それにも拘わらず賠償請求額が全く認められない賠償額「〇円」の判決で決着した訴訟は、一〇年間を通して一四八件に達します。それは一七七件の全特許等侵害訴訟の八四％です。信じ難いと思いますが、間違いのない事実です。これはすでに分析した高裁における特許無効または特許非抵触によって「特許非侵害」とした全請求棄却すなわち原告側の特許オーナーの敗訴率八一％を上回る数値です。この実態を完全な特許軽視の「アンチパテント」といわずして何と表現すればいいのでしょうか。

国際的に通用しない特許損害賠償に対する判決

『第一報告書』の分析データは、企業間の技術開発の先陣争いに使われる特許の八四％について価値を「〇円」と評価していることを示しており、企業の特許戦略に基づくビジネス的価値としては極めて低額の一〇〇〇万円以上で一億円以下の賠償請求額の訴訟六五件については全特許侵害訴訟一七七件の三七％に達しているのに、賠償請求額に相当する額での賠償額が認められたのは七件です。それは全特許侵害訴訟の四％にすぎない。

これらは、「国際的」視点から評価すると数値としてはやはり異常と評するほかない。これらはまた、明らかに原告側の特許オーナーが高裁に公平な裁きを求めても所詮無駄であるといわんばかり数値です。また「経済合理性」を実感できる損害に対する賠償額でもない。巧妙な模倣者の被疑侵害者からすると、ビジネス的には「はした金で片が付く」と高を括り、特許侵害の訴えの恐れなど、どこ吹く風で他人の特許など気にせずにフリーライド（ただ乗り）してくると思わざるを得ない事実が浮かび上がってきます。「真の特許を守る」観点からは、これが「発明思想」という財産を巡る争いの裁きといえるでしょうか。

また、こうした裁きが韓国企業や中国企業に影響を与えていないと誰がいえるでしょう。

わが国総理は、米国議会の講演で「知的財産のフリーライダー（ただ乗りする者）は決して許さない」と明言しました。ところが実態は斯くの如くです。情けない限りです。こうした事態を放置しておくことは、最早、許されないと考えるべきです。

併せて地裁ベースを概観します。

地裁ベースの分析

(一) 賠償請求額と賠償額との落差

『第一報告書』によると、一〇年間を通して地裁ベースの損害賠償請求を含む特許侵害の全訴訟は、四一三件になります。『第一報告書』は、地裁における一〇年間分の全訴訟をまとめ賠償請求額の訴訟と判決で決着した賠償額とを「〇円」から五億円以上の九段階に分けマクロ的に分析しています。誤解が生じないよう注意を喚起すると、九段階の分布には賠償請求額と賠償額(判決)とが混在しています。傾向は、高裁ベースと同様ですが、要するに、いくら賠償請求額が高額の訴訟でも、判決で決着した賠償額(判決)は極めて低額の訴訟で推移し、誰しも賠償額が一切認められない「〇円」判決の多さ(全体の七八%)に改めて驚くことになります。

(二) 日本的高額訴訟

地裁における賠償請求額が五億円以上の日本的には高額に属する訴訟は一〇年間を通して七〇件で、全特許侵害訴訟四一三件に占める比率は一七%です。一方で、五億円以上の日本的には高額に属する賠償額(判決)で決着した訴訟は一〇年間を通して六件で、全特許侵害訴訟四一三件に占める比率は一・五%です。賠償請求額の一七%と賠償額(判決)の一・五%との落差はどのように評価されるべきでしょうか。

たとえ賠償請求額が五億円以上になる高額の訴訟を提起しても、賠償請求額と同程度の五億円以上の賠償額（判決）が得られる確率は、八・五％です。それは、賠償請求額対賠償額の訴訟七〇対六による比率で一割にも達しない。しかも賠償額（判決）が二〇億円を超えた訴訟は過去一〇年を通して〇件です。わが国は特許システムの骨格をなす特許司法制度に限っては、とても特許先進国といえる在り様ではないということです。

（三）「404特許」の破天荒な地裁判決

第一章の「ガラパゴス知財」で言及した「404特許」に関する東京地裁の判事が判決した二〇〇億円強の賠償額（判決）が、日本の特許司法裁判において、いかに破天荒な賠償額であったかは、これで理解できたはずです。国際的なビジネス相場という発想自体、日本の特許司法制度では通用しない。当然、そうした相場は、わが国の特許侵害訴訟で考慮されることはないと考えるべきです。結果、高裁における「404特許」を巡る裁判所内和解の六億円程度の賠償額は、一〇億円以下というわが国の特許司法制度の相場が厳然と存在していたと考えるしかない。

少なくとも、わが国の産業界の人たちは、「404特許」の地裁での判決で決着した二〇〇億円判決を、高裁判事が卓袱台をひっくり返すような和解額六億円強の裁判所内和解で決着させたことにまさか胸を撫で下ろしていたなどということはないものと信じたい。もし産業界の人たちが自分たちも納得できる決着と評価していたとしたら、時代遅れのキャッチアップ思想から一歩も抜け出せていない人たちと評するしかない。

平成一〇年（一九九八年）に特許侵害の賠償額（判決）の上限を取り除く狙いでなされた特許法一〇二条改正は、そもそも何であったのか。特許法にそのための書類提出命令等に関する特許法一〇五条のような民訴法の特則を組み入れたのは、そもそも何のためだったのか。特許オーナーたちの嘆き節が今にも聞こえくるようです。

二〇年前の平成一〇年一月二〇日付「知的財産権保護は国益だ」とする日経記事がありました。それは、本件の特許法改正について「改正作業の骨子は知的財産権侵害の損害賠償額の引き上げ、侵害行為の早期差し止め、（略）立証を容易にする訴訟手続の改善などだ。経済のグローバル化、日本の産業の高度化という変化に現行特許法が対応できていない。（略）二十一世紀はデジタル情報革命が進み商品・サービス開発のスピードがますます速くなる。国内の知的財産権の保護体制や社会風土が、追いつき追い越せの旧体制でいいはずがない。特許法改正が日本全体の意識改革のきっかけになるべきだ。」という社説です。

二〇年経っても何らの意識改革の兆候すらみえない、また現実は改正の狙いと真逆状態にあるわが国の特許司法制度の状況には、愕然とするばかりです。

（四）日本的中規模、小規模、矮小額の訴訟

地裁における一億円以上五億円以下の中規模に属する賠償請求額の訴訟は一〇年間を通して一二六件で、全特許侵害訴訟四一三件に占める比率は三一％です。一方で一億円以上五億円以下の中規模に属する賠償額（判決）で決着した訴訟は、一〇年間を通して一八件で、全特許侵害訴訟四一三件に占める比率は四・四％です。たとえ日本的には中規模の賠償請求額の訴訟を提起しても、同程度の賠償額（判決）が得られる確率は一四％（一八／一二六×一〇〇）です。賠償請求額の残りの訴訟一〇八件は、賠償額（判決）が一億円未満か「〇」円で決着したことになります。

地裁における一億円以下の小規模に属する賠償請求額の訴訟は、一〇年間を通して二一七件で、全特許侵害訴訟四一三件に占める比率は五三％です。一方で一億円以下の小規模に属する賠償額（判決）で決着した訴訟は、一〇年間を通して六六件で、全特許侵害訴訟四一三件に占める比率は一六％です。日本的には小規模に属する賠償請求額の訴訟を提起すると同程度の小規模の賠償額（判決）が得られる確率は、三〇％（六六／二一七×一〇〇）にまで上昇します。わが国の特許司法制度でも決着する賠償額（判決）がこの程度であれば、年七回程度の判決がでるということです。ただし一億円以下で決着した六六件の賠償額（判決）の訴訟中、賠償額（判決）が「〇円以上五〇万円以下」の判決が七件という冗談のような事実もあります。

賠償請求額の訴訟に対し五億円以上の高額の賠償額または一億円以上五億円以下の日本的には中規模に属する賠償額（判決）さえ得られず、極めて少額の賠償額（判決）で決着させられ、とうてい納

得し難い原告側の特許オーナーは多いと推測されます。それを諦めるしかないとすれば、それは正に落胆の極みであり、特許先進国の日本にあるまじき在り様というしかない。そこであえて日本的には矮小額訴訟の実態をみることにします。

(五) 特許司法の矮小額訴訟の実態

地裁における五〇〇〇万円以上一億円以下の小規模に属する賠償請求額の訴訟は一〇年間を通して六〇件である一方で、五〇〇〇万円以上一億円以下の賠償額(判決)で決着した訴訟は一〇年間を通して九件です。同規模の五〇〇〇万円以上一億円以下の賠償額(判決)が得られる確率は、一五%(九/六〇×一〇〇)程度に止まります。

次に、五〇〇〇万円以下の矮小額の賠償請求額と賠償額(判決)の訴訟はどうなっているのか。地裁における一〇〇〇万円以上五〇〇〇万円以下の賠償請求額の訴訟は一〇年間を通して一一〇件である一方で、一〇〇〇万円以上五〇〇〇万円以下の賠償額(判決)で決着した訴訟は一〇年間を通して二二件です。同規模の賠償額(判決)が得られる確率は、二〇%(二二/一一〇×一〇〇)に上昇します。

注目されるのは、一〇年間を通した一〇〇〇万円以上五〇〇〇万円以下の賠償請求額の訴訟が一一〇件であることです。一一〇件の訴訟は、全特許侵害訴訟四一三件の二七%を占めており、すでにみた一億円以下の賠償請求額の全訴訟二一七件の五一%を占めていることです。この程度の賠償請求額の訴訟でも、一〇年間を通して一〇〇〇万円以上五〇〇〇万円以下の賠償額（判決）で決着した訴訟は二二件です。それは全特許侵害訴訟四一三件の五％に止まり、それはまた一億円以下の賠償請求額の全訴訟二一七件の訴訟の一〇％に過ぎない。一一〇件の賠償請求額訴訟の残りの訴訟八八件は、賠償額（判決）が一〇〇〇万円以下か「〇円」で決着したことになります。

興味深いことは、共にビジネス的には低廉すぎて下世話に「はした金」扱いになると思われる一〇年間を通した一〇〇〇万円以下の矮小額の賠償請求額の訴訟と賠償額（判決）の訴訟の実態はどうかということです。一〇年間を通した一〇〇〇万円以下の賠償請求額の訴訟は四七件です。その内訳は、五〇〇〇万円以上一〇〇〇万円以下の訴訟が二二件で、五〇〇〇万円以下の訴訟が二五件です。これに対し、一〇年間を通した一〇〇〇万円以下の賠償額（判決）で決着した訴訟は三五件に積み上がります。その結果、原告側の特許オーナーが勝訴した確率は七四％まで上昇します。その内訳は、五〇〇〇万円以上の訴訟が一二件で、一〇〇万円以上五〇〇万円以下の訴訟も一二件で、「〇円」以上五〇万円以下の訴訟が七件です。こうした矮小額の賠償額（判決）の決着を指して、特許戦略に基づく企業間の争いの結末というのであれば、最早、これは特許先進国日本の話かと疑うしかない。

賠償請求額の訴訟と賠償額の訴訟【判決】との関係

地裁における日本的には中規模に属する一億円以上の賠償請求額の全訴訟は一〇年間を通して一九六件です。それは全特許侵害訴訟四一三件の五割に近い四七％を占めます。マクロ的な分析結果の一つの結論は、全特許侵害訴訟四一三件の多寡を別にすれば、企業の特許戦略に基づくビジネス展開の特許紛争を想定すると、日本的特徴を有する極当たり前の賠償請求額の訴訟件数比率にみえます。他方で、地裁で決着した一億円以上の賠償額（判決）の訴訟は一〇年間を通して二四件です。賠償請求額の全訴訟一九六件の六％を占めるにすぎない。しかも残りの一七二件の賠償請求額の訴訟は、一億円以下か「〇」円の賠償額（判決）の訴訟で決着したことになります。

地裁における賠償額（判決）の訴訟での「〇円」決着は、八割に近い七八％です。結果は、高裁における賠償額（判決）の訴訟の場合と同じです。被疑侵害者の特許侵害に対する一〇年間を通した全特許侵害訴訟四一三件の内、「〇円」決着の賠償額（判決）の訴訟は三二三件でした。この比率は、全請求棄却による原告側の特許オーナーの敗訴率七八％と軌を一にします。原告側の特許オーナーは絶望するほかない。

ビジネス最前線で特許戦略を展開している人々は、この落差をどう評価するのでしょうか。これを承知の上で、国内での特許戦略に基づくビジネスを展開しようとする経営者がいるとはとうてい思えない。特許オーナーの思いを忖度すると、その無念さが聞こえてきます。また特許を審査または審判で散々苦労して成立させた特許プロの弁理士、特許庁の審査官、審判官たちの空しい思いを忖度すると、同情を禁じ得ない。

このマクロ的な分析データは、企業間の技術開発の先陣争いに使われる特許の価値を表す数値としては信じ難いものです。とても「経済合理性」を実感できる数値ではない。原告側の特許オーナーは権利行使する意欲を著しく削がれる一方で、被疑侵害者が巧妙な優れた模倣者であるならば、特許は手もなく真似され、特許オーナーが慌てて裁判所に駆け込んでも、ほとんどの場合はビジネス的に「はした金で」片付けられてしまうことを覚悟しなければならないということです。こうした事態を放置しておくことは、最早、許されないと考えるべきです。

三年間の特許侵害訴訟の裁判所内和解に関する分析

裁判所の門を叩かない特許オーナーたち

『(特許紛争解決に関する)第一報告書』は、当事者間和解で事前解決した経験について、回答企業四四六社にアンケート調査を実施し、その結果を報告しています。具体的には二〇一一年~二〇一三年の三年間を通して被疑侵害者の侵害商品または侵害技術を発見したときに特許侵害訴訟を提起することなく事前に解決した経験企業(特許オーナー側企業)は、回答企業四四六社中七二社で、全体の一六%です。

他方で、他社特許で警告などを受け紛争化したときに、特許侵害訴訟が提起される前に当事者間で事前に解決した経験企業(被疑侵害者側企業)は、回答企業四四六社中五四社で、全体の一二%です。いずれも私法上の当事者間の和解です。

特許侵害訴訟を提起することなく事前に解決した特許オーナー側企業の七二社（一六％）は、回答企業四四六社中で特許侵害訴訟の経験企業の七九社（一八％）に相当し、特許紛争に対する日本の裁判所の対応を熟知しており、裁判所の門を叩くことはしない経験企業を表す数値ということにもなります。特許侵害訴訟の経験企業が少ないことが、わが国特許司法制度問題の背景にあるように感じます。

裁判所内和解の数値

『第一報告書』が提示した裁判所内和解の数値は、二〇一一年～二〇一三年の三年間の裁判上和解で決着した和解件数と和解の内訳件数とを単年度に均した数値です。特許侵害訴訟における裁判上和解は、地裁における裁判所内和解かまたは高裁における裁判所内和解かのいずれかであり、いずれも判決と同等に扱われる裁きであるため、本来は、裁判所内和解の内容は公にされるものではない。そのための説明は『第一報告書』にはないのですが、この数値は個別事例が想定されないように均した数値で公表されたものだと思います。ここで和解とは、裁判所内和解のことであり、それを以下で「地裁内和解」または「高裁内和解」といい、私法上の当事者間和解と区別して解説します。

（一）地裁内和解の基礎数値

『第一報告書』には、二〇一一年～二〇一三年の三年間を通して地裁判決か地裁内和解か取下・放棄かまたは却下・移送かのいずれかで決着した特許侵害の全訴訟を単年度に均した特許侵害の全訴訟つなわち特許侵害訴訟は、一二一件と報告されています。地裁における全訴訟一二一件は、三年分が均された一年分の訴訟件数です。

特許侵害の一年分の全訴訟一二一件は、地裁判決五三件（四四％）、地裁内和解三一件（二六％）、却下・移送一一件（九％）、取下・放棄二五件（二一％）の内訳でした。『第一報告書』に示された却下・移送一一件と取下・放棄案件二五件を除くと、地裁判決と地裁内和解とを合わせた八五件は、地裁で裁かれた一年分の特許侵害訴訟になります。

『第一報告書』にはさらに、地裁判決で決着した五三件中、判決を不服とした高裁への控訴は三七件（七〇％）で、三七件の控訴の二五件（四七％）は高裁で判決され、当該判決を不服とした最高裁への上告は九件（一七％）で、九件の上告中四件（七・五％）が最高裁で判決または決定が下され、一件は上告が取り下げられたと報告されています。

以下では、原告側の特許オーナー優位の決着とか被告側の被疑侵害者優位の決着という切り口が適切であるかどうかは疑問無しとはしないのですが、物事を分かりやすくする切り口として、あえて優位の決着とか不本意な結末という表現で地裁内和解の整理を試みることにします。

例えば、地裁の特許侵害訴訟における勝敗の帰趨から一二一件に均された一年分の特許侵害訴訟の内の却下・移送と取下・放棄とを合わせた三六件（三〇％）は、原告側の特許オーナーが事実上争うことができない不本意な結末に該当し、被告側の被疑侵害者にとっては優位な決着に該当する訴訟と見做すことができるように思います。

（二）　**地裁内和解の分類別分析**

『第一報告書』はまた、三年分を一括した全地裁内和解九四件について、内容別分類に基づく分析を別途に行い、次のような報告をしています。三年間の全地裁内和解九四件中の二件は、原告側からの反訴がなく「債務不存在等確認請求事件」として調査対象から除外されています。こうした前提で、『第一報告書』の分析結果を解説します。

三年分を一括して内容別分類に基づく分析対象とした九二件の全地裁内和解は、一〇件の閲覧禁止案件を含みます。閲覧禁止決定の一〇件は、当事者またはそのいずれかが第三者への閲覧を許さないもので、和解内容の内容別分類に必要な情報は閲覧不可です。この一〇件は内容別分類に基づく分析対象から除外されています。しかしながら、この一〇件は被疑侵害者が閲覧を拒んだ結果とみれば特許オーナーに優位な決着の結果になり、逆に特許オーナーが閲覧を拒んだ結果とみれば特許オーナーには不本意な結末の結果になるはずです。問題は、マクロ的にはこれをどうカウントするかということです。

分析の対象とした九二件の全地裁内和解から閲覧禁止案件の一〇件を除いて分析対象に積み上げられた三年分を一括した全地裁内和解は八二件です。『第一報告書』には、八二件の全地裁内和解が二つに分けて以下のように分類整理されています。

第一分類は、差止給付条項（差止）が存在する全地裁内和解の四一件（五〇％）です。この第一分類は、次の三項を含みます。第一項は金銭給付条項（損害賠償）が存在する地裁内和解二九件です。第二項は金銭給付条項（損害賠償）が存在しない地裁内和解一〇件です。第三項は閲覧禁止案件で再分類不可の地裁内和解の二件ですが、この二件とすでに説明した九二件のマクロ的な分析対象から外した一〇件の閲覧禁止案件との関係は、不明です。

第二分類は、差止給付条項（差止）が存在しない金銭給付条項（損害賠償）が存在する全地裁内和解の四一件（五〇％）です。この第二分類は、次の二項を含みます。第一項は金銭給付条項（損害賠償）が存在する地裁内和解二九件です。第二項は金銭給付条項（損害賠償）も存在しない地裁内和解の一二件です。差止も損害賠償もない地裁内和解の一二件は、具体的には無償ライセンスのような和解を含むとのことです。『第一報告書』に示された和解内容の説明は、なかなか理解し難い。

地裁内和解が原告側の特許オーナーに優位な決着であったかまたは不本意な結末に終始したかを整理することができるように、あえて差止給付条項（差止）が存在しない第二分類の内、第一項を細分化した地裁内和解の整理項目（ア）と第二項を細分化した地裁内和解の整理項目（イ）とで再整理しています。整理項目（ア）および整理項目（イ）は、以下の通りです。

整理項目（ア）は、三年分の八二件の全地裁内和解の内第二分類に整理された差止給付条項（差止）が存在しない地裁内和解の金銭給付条項（損害賠償）を有する二九件（三五％）に該当するものがさらに、以下の（a）〜（d）の小項目に整理されています。

（a）は有償によるライセンス和解の一五件と、（b）は特許切れ（特許満了）による和解の五件と、（c）は原告側の製造販売中止等の事情で差止も損害賠償あるいは有償ライセンスも求めない和解の八件と、最後の（d）は原告側の特許譲渡の事情による一件です。

整理項目（イ）は、三年分の八二件の全地裁内和解の内第二分類に整理された差止給付条項（差止）が存在しない上に金銭給付条項（損害賠償）も存在しない一二件（一五％）に該当するものが（e）の無償ライセンスを含むものとして整理されています。要するに、差止もなければ有償ライセンスもない金銭給付条項が存在しない整理項目（イ）です。いずれにしても、地裁か高裁かを問うことなく差止も損害賠償もない裁判所内和解は、原告側の特許オーナーには不本意な結末ということになるはずです。

地裁内和解の総括

（一）地裁内和解の評価

裁判所内和解は、原告側の特許オーナーに優位な決着と見做す傾向があるとはいえ、果たして実態はそう評価されるものかどうか。ここで二つの視点で総括を試みることにします。

第一は、一見雑ですが裁判所内和解は原告側の特許オーナーに優位に訴訟を制したかまたは訴訟が不本意な結末で終始したか、そのいずれかによって判断することです。逆の立場で被告側の被疑侵害者にとっては訴訟が不本意な結末で終始したかまたは優位に訴訟を制したか、そのいずれかによっても判断することです。

第二は、「差止」の有無の如何に拘わらず有償ライセンスとか損害賠償の金銭給付がいか程で決着したかという事実で判断することです。少なくとも「〇円」での決着は、原告側の特許オーナーには不本意な結末で終始した訴訟に分類され、被告側の被疑侵害者には優位に訴訟を制したことに分類されるべきだと思います。

(二) 特許オーナーに優位な決着か不本意な結末かの分析

第一の視点から総括すると全地裁内和解の三年分の八二件の第一分類および第二分類に加え第二分類を再分類した整理項目(ア)と整理項目(イ)から原告側の特許オーナーにとって優位に決着したであろう地裁内和解の訴訟を積み上げることにします。

第一分類の差止給付条項(差止)が存在する地裁内和解で第一項の金銭給付条項が存在する二九件と整理項目(ア)の(a)有償によるライセンス和解の一五件とは明らかに特許オーナーにとって優位に決着した訴訟に該当すると思われます。それは合算すると四四件で、全体の五四%になります。

次に全地裁内和解の三年分で原告側の特許オーナーにとって不本意に終始した結末に該当すると思われる地裁内和解の訴訟を積み上げるとどうなるのか。第二分類の差止給付条項(差止)が存在しない上に金銭給付条項(損害賠償)も存在しない第二項の無償ライセンスを含む裁判所内和解の一二件は、原告側の特許オーナーにとって不本意に終始した結末に該当することは明らかです。さらに整理項目（ア）の（b）特許切れによる五件と（c）原告の製造販売中止等の事情による八件と（d）原告の特許譲渡事情で金銭給付（損害賠償）のない一件とを加えた一四件は、同じく特許オーナーにとっては不本意な結末であったことは想像に難くない。それらを合算すると二六件で、全体の三二％になります。

原告側の特許オーナーには優位な決着とも不本意な結末とも判断できないのは、第一分類の差止給付条項（差止）は存在するけれども金銭給付条項が存在しない地裁内和解の一〇件の訴訟と、閲覧禁止のため再分類不可となった地裁内和解の二件の訴訟です。どちらともいえない地裁内和解の一二件の訴訟は、全体の一四％になります。

損害賠償または有償ライセンスもない地裁内和解の一〇件は、特許オーナーにとって不本意に終始した結末に該当すると思われる地裁内和解の訴訟に組み入れると、それは三六件に達し、全体の四四％になります。また損害賠償または有償ライセンスもない地裁内和解の一〇件は、特許オーナーが差止できる地裁内和解の訴訟と見做し特許オーナーにとって優位に決着した地裁内和解に該当する訴訟に組み入れ、さらに二件の閲覧禁止を被疑侵害者への配慮によるものと見做し同じく特許オーナーにとって優位な決着に組み入れると、それは五六件に達し、全体の六八％になります。

地裁内和解の六八％の訴訟は、原告側の特許オーナーにとって優位に決着した喜ばしい事態となります。しかし以下の再分析からすると、そのように判断することができるものかどうか、甚だ疑わしいということに気付くことになります。

(三) 基礎数値の再分析

『第一報告書』の裁判所内の和解に関する分析数値は、いかように整理しようとも実に分かり難い。この分かり難さは本来公にされることのない和解内容であるが故の曖昧さに由来するようにも思われます。そこで再度、地裁内和解の実態に立ち返り、基礎数値の再分析を試みることにします。

『第一報告書』が整理した全地裁内和解の八二件は、三年分を積み上げた九二件から「閲覧禁止」による分析不可の地裁内和解一〇件を除いた三年分の地裁内和解の数値です。分析の最初に説明したように二〇一一年～二〇一三年の地裁で決着した一年分に均した特許侵害訴訟一二一件の内、地裁判決は五三件で、地裁内和解は三二件でした。

実態の数値を正確に認識するためには、原告側の特許オーナーに優位に決着した地裁内和解の六八％の訴訟は、一年分の数値を三年分の数値に置き換えて比較分析する必要があります。単純に置き換えた三年分の地裁内和解は、一年分の三二件から九六（三二×三）件になります。計算上の九六件は、『第一報告書』が整理した三年分の全地裁内和解の九二件と対比される数値で、その比率は〇・九六です。この比率〇・九六に基づき三年分の地裁判決を積み上げると、それは一五三（一年分の地裁判決五三×三×〇・九六）件になります。同様に三年分の地裁内和解は九二（一年分の地裁内和解三二×三×〇・九六）件になります。

すでにみてきたように、三年分の全地裁内和解八二件の実態は、三年分の実測値で分析したものです。第一の視点から総括した原告側の特許オーナーに優位な決着は四四件で、不本意な結末は二六件でした。

以下に示す「厳し目」とか「大目」とかは、すでにみた原告側の特許オーナーには優位な決着とも不本意な結末とも判断できない地裁内和解の内、特許オーナーに不本意な結末の地裁内和解に組み入れられる一〇件と、特許オーナーに優位な決着に組み入れられる一二件のそれぞれが前者の不本意な結末かまたは後者の優位な決着に組み入れられた数値になります。そうすると、特許オーナーに優位な決着の地裁内和解の訴訟は厳し目で四四件、大目で五六件（四四＋一二）です。特許オーナーに不本意な結末の地裁内和解の訴訟は、厳し目で三六（二六＋一〇）件、大目で二六件になります。

一方で、詳細分析した地裁判決における原告側の特許オーナーの勝訴率は二二％で、敗訴率は七八％でした。これはいずれも一〇年間の実績に基づく変動の少ない数値です。この数値に基づくと、三年分の全地裁判決一五三件（一年分の地裁判決五三×三×〇・九六）の内、三四（一五三×〇・二二）件が原告側の特許オーナーに優位な決着した訴訟ということになります。三年分の地裁内和解と合算すると、特許オーナー勝訴および優位な決着の訴訟は、厳し目で七八（四四＋三四）件、大目で九〇（五六＋三四）件になります。他方で、三年分の全地裁判決一五三件の内、一一九（一五三×〇・七八）件が原告側の特許オーナー敗訴になります。三年分の地裁内和解と合算すると、特許オーナーの敗訴および不本意な結末の訴訟は、厳し目で一五五（三六＋一一九）件、大目で一四五（二六＋一一九）件になります。

三年分の地裁における特許侵害訴訟の全地裁判決の推定値は一五三件です。これに三年分の全地裁内和解の八二件を加えた特許侵害訴訟は二三五件になります。原告側の特許オーナーの特許侵害訴訟における勝訴および優位な決着の訴訟と敗訴および不本意な結末の訴訟とを「勝ち組」訴訟と「負け組」訴訟とで評価すると、実態がより鮮明になるはずです。

概算ですが、三年間に地裁で裁かれた特許侵害訴訟二三五件の内、原告側の特許オーナーの「勝ち組」訴訟は厳し目で七八件（三三％）、大目で九〇件（三八％）になります。他方で、原告側の特許オーナーの「負け組」訴訟は、厳し目で一五五件（六六％）、大目で一四五件（六二％）になります。

さらに詳細分析を試みると、地裁判決または地裁内和解に含まれない却下・移送と取下・放棄を合わせた原告側の特許オーナーによる対応訴訟の三六件を考慮に入れる必要があります。理由は、これらの特許侵害訴訟の結末は、原告側の特許オーナーの事実上の不本意な結末に数えられるからです。それを地裁判決または地裁内和解の場合と同様に概算すると、三年分の特許オーナーによる対応訴訟は一〇四（三六×三×〇・九六）件になります。この一〇四件は、当然特許侵害訴訟に加算されるので、三年分の特許侵害訴訟は三三九件に積み上がります。特許オーナーによる対応訴訟は特許オーナーの「負け組」訴訟に組み入れられるので、地裁内和解と合算すると、原告側の特許オーナー「負け組」訴訟は、厳し目で二五九（一五五＋一〇四）件、大目で二四九（一四五＋一〇四）件になります。

分析し直すと三年間に地裁で裁かれた特許侵害訴訟は三三九件になるので、原告側の特許オーナーの「勝ち組」訴訟は、厳し目で全体の二三％の七八件になり、大目で全体の二七％の九〇件になります。原告の特許オーナー側の「負け組」訴訟は、厳し目で全体の七六％の二五九件になり、大目で全体の七三％の二四九件になります。これで地裁内和解の実態は、より鮮明になりました。

高裁内和解の総括

（一）評価の仕様のない高裁内和解

地裁内和解の評価と同様の切り口で高裁内和解を分析することの是非は、僅か一六件にすぎない三年分の全高裁内和解の実績で、問えるのでしょうか。しかも、三件は閲覧禁止の分類不可案件ですので、三年分の全高裁内和解は一三件です。この実績に基づく実態把握が妥当といえるのかどうか。最初に示した図表1（189頁参照）の棒グラフの「異常に高い和解率―請求金額と和解金額の分布（和解強要システムか？）」の高裁内和解の「請求金額と和解金額の分布」を一見すると、グレーの棒で示された一億円以上が五件という件数に吃驚すると同時に、白棒で示された一億円以上が八件で、損害賠償請求額（請求金額）の八件と決着した賠償額（和解金額）の五件には驚かされます。同じ一三件の高裁内和解の内、賠償額（和解金額）が「〇円」で決着させられた高裁内和解は六件です。これでは評価の仕様がない。ここでは、高裁内和解に関する分析評価はしないことにします。理由は以下の通りです。

（二）一九％の勝訴率と一〇％以下の一億円以上の賠償額（判決）

なぜかは、すでに紹介した高裁における次の二つの事実を考慮せずに高裁内和解の実態把握は無理であると考えるからです。

第一は、一〇年間の高裁における特許侵害訴訟の一九九件中、原告側の特許オーナーの勝訴率は一九％にすぎないという事実です。そして第二は、地裁の判決を不服として高裁に一億円以上の賠償請求額で提訴された九一件の訴訟中、一億円以上の賠償額（判決）が認められた訴訟は八件にすぎないという事実です。これは、高裁における一億円以上の賠償請求額と賠償額（判決）との訴訟数の落差が九一対八ですので、一億円以上の賠償額（判決）が認められる確率は、一〇％にも達しないことを示すものです。

こうした事実と、図表1のグラフにおいて白棒で示された一億円以上の賠償請求額（請求金額）の八件に対しグレーの棒で示された一億円以上で決着した賠償額（和解金額）の五件という事実関係は、どのように理解すると納得がいくのでしょうか。要するに、三年分の一三件の高裁内和解のみでの実態把握は、無理ということです。裁判所内和解の実態は図表1のグラフに示された地裁内和解件数から類推することになります。

三年分の地裁内和解の請求金額と和解金額との関係

（一）地裁内和解の基礎数値

『第一報告書』に基づき作成された図表1の棒グラフの「異常に高い和解率―請求金額と和解金額の分布（和解強要システムか？）」の地裁内和解の「請求金額と和解金額の分布」を解析します。

用語を整理しておきます。地裁内和解の請求金額は賠償請求額です。また和解金額は決着した賠償額（和解）です。いずれの地裁内和解数も七九件です。この数値は、三年分の地裁内和解の八二件の内から整理（ア）の原告側の特許オーナーの特許譲渡で対象となる特許が事実上存在しない一件と閲覧禁止の二件を除いた訴訟の七九件と見做すことができます。

日本の地裁の三年間に及ぶ特許侵害訴訟の裁判所内和解は七九件で、賠償請求額の訴訟は次のように積み上がります。

（二）賠償請求額の訴訟と裁判所内和解の訴訟

日本的には高額および中規模に属する一億円以上の賠償請求額の訴訟は一六件で、それは地裁内和解の七九件の二〇％に相当します。次に小規模および矮小額に属する一〇〇〇万円以上一億円以下の賠償請求額の訴訟は三七件で、それは地裁内和解の七九件の四七％に相当します。さらに矮小額の賠償請求額が〇円以上一〇〇〇万円以下の賠償請求額の訴訟は二六件で、それは地裁内和解の七九件の三三％に相当します。

これらの賠償請求額の訴訟と対比される地裁内和解で決着した賠償額（和解）の訴訟は、次のように積み上がります。

(三) 賠償額(和解)の訴訟と裁判所内和解の訴訟

一億円以上で決着した賠償額(和解)の訴訟は五億円以下で二件です。同規模の賠償請求額の訴訟と対比すると一二・五%(二/一六×一〇〇)です。なお五億円以上で決着した賠償額(和解)の訴訟は〇件です。次に一〇〇〇万円以上一億円以下で決着した賠償額(和解)の訴訟は一八件です。賠償請求額の訴訟と対比すると四九%(一八/三七×一〇〇)です。

さらに〇円以上一〇〇〇万円以下で決着した賠償額(和解)の訴訟は三六件です。賠償請求額の訴訟と対比すると一五七%です。決着した賠償額(和解)の訴訟数が賠償請求額の訴訟数を上回るという理解困難な数値にまで積み上がります。

なぜ、このような比率になるのか。それは、賠償請求額と決着した賠償額(和解)とが共に「〇円」以上一〇〇万円以下の矮小額の賠償請求額の訴訟が〇件であるためです。矮小すぎる金額で被疑侵害者を訴える賠償請求額の訴訟が〇件であるのは、当たり前のことです。それにも拘わらず結果は、矮小すぎる金額で決着させられた賠償額(和解)の訴訟が一六件に積み上がっています。賠償請求額と賠償額(和解)とが共に「〇円」の訴訟が三件であるのに、「〇円」で決着した賠償額の訴訟が二三件に積み上がっています。これが賠償請求の訴訟と賠償額(和解)の訴訟の比率が一五七%になる理由です。最初から「〇円」で請求した賠償請求額の訴訟三件を除いた「〇円」で決着した賠償額(和解)の訴訟二〇件は、「〇円」以上の請求訴訟を提起したにも拘わらず、「〇円」で決着させられた訴訟ということになります。これは、原告の特許オーナーに不本意な結末の訴訟であることはいうまでものないことです。「〇円以上一〇〇万円以下」の賠償請求額の訴訟は〇件であったのに、賠償額（和解）の訴訟は三六件に積み上がり、それが地裁内和解七九件の四六％に達していることに誰しもが驚かされます。

『第一報告書』の公開情報調査に基づく総括

特異な特許司法制度

以上でみてきたように、『（特許紛争解決に関する）第一報告書』の「紛争解決の全体像」で総括している「和解が日本特有ではなく他国でも通常選択される紛争解決手段である」という日本の地裁または高裁での特許侵害訴訟が米欧と同様に常識的であるというのは、当を得た評価といえるのかどうか、いかにも我田引水の印象を拭うことができない。

『第一報告書』に基づき作成された図表2（191頁参照）の「異常に高い特許無効化率―日米無効比較：二二・六％対一・六％―」に示された裁判所内和解を含む判決は、一方が二〇一三年に日本の地裁で決着した特許侵害訴訟で、他方が二〇〇九年に米国連邦地裁で決着した特許侵害訴訟です。日本の地裁で決着した九三件（判決五八＋和解三五）に対して、米国連邦地裁で決着したのは、二六一八件（判決二七〇＋和解二三四八）です。米国の特許侵害訴訟は、日本の二八倍の規模です。

判決にまで至った訴訟をみると、日本が五八件であるのに対し米国は二七〇件です。米国判決は日本の四・五倍です。日本と米国の特許侵害訴訟で何が違うかは、これらの数値から一目瞭然です。それは、判決に対する和解件数の規模が決定的に違います。日本の三五件に対し、米国は二三四八件です。概略二桁の違いがあるということです。米国の特許侵害訴訟では、特に被告側（被疑侵害者）にとっては証拠となる隠し玉が一切許されないという民事訴訟の「ディスカバリー」手続によって、原告側（特許オーナー）が申し出た証拠を洗いざらい提出させられます。日本の地裁では営業秘密を盾に証拠提出を拒むことを容認する訴訟指揮が間々あるようですが、米国連邦地裁では「ディスカバリー」手続によって隠し玉は両当事者とも許されない仕組みになっています。そのため、被疑侵害者は、訴訟の準備手続中に勝てないと判断すれば和解を模索するしかない。それが普通です。勿論原告側（特許オーナー）が完全勝訴の見込みが立たないと判断すれば、訴訟費用が半端でないことから和解を選択するのも間々あるようです。このように米国の特許侵害訴訟には和解への対応が日本と全く異なるようです。米国の特許侵害訴訟では、和解の多くが原告側（特許オーナー）に優位な決着になるということです。

『（特許の安定性に関する）第二報告書』には、一九九五年～二〇〇八年を通して米国連邦地裁で判決に至った原告側（特許オーナー）の勝訴率が三六％であるという報告があります。ところが、この勝訴率から図表2の判決数二七〇が勝訴率三六％とすると、原告側（特許オーナー）の勝訴は九七件ということになります。例えば和解で原告側（特許オーナー）に優位に決着した訴訟比率は七〇％

程度と勘案すると、原告側（特許オーナー）の実質勝訴率は六五％を超えます。日本の裁判所内和解とは全く事情を異にします。そうなると日本の特許司法制度の在り様は、とてもノーマルといえるものでないように思います。

特許侵害訴訟件数についてみると、米国は年平均で五四五六件であるのに対し、日本は一二一件か八五件です。これも概略二桁の違いがあります。人口や市場規模を考慮しても、日本の特許侵害訴訟件数の多寡がいかに異常であるかは、最早、説明するまでもない。

日本と米国の地裁で決着した判決と和解との合算件数に対する無効件数に基づく無効化率は、米国の一・六％に対し日本は二二・六％です。特許の安定性にも日米に格段の差があり、『第一報告書』では、企業の三五％が無効化リスクを恐れ和解に応じる可能性は高いとアンケートで回答しています。これは正に、地裁判事にとって判決を必要としない裁きの実態を浮き彫りにします。

国内アンケートによる特許紛争解決の実態

浮き彫りになる特許オーナーたちの不安

アンケート回答企業数は四四六社ですが、原告側（特許オーナー）として特許侵害訴訟を経験した企業は、四四六社中の七九社（一八％）であることに留意することが必要です。

またアンケートの回答分析に際し、いずれの回答にも「どちらでもない」または「どちらともいえない」という回答が五〇%前後かまたはそれ以上を占めるなど、設問に明確に答えた回答が五〇%を超えることは少なく、設問に対する回答の焦点がクリアになっていない印象です。そこで以下には、恣意的ですが明確に答えた回答を一〇〇%として、重要と思われる設問で回答傾向の明らかなものを紹介します。

(一) 被告の防御手段の充実

原告の攻撃手段と被告の防御手段の充実度合いについて、A原告の攻撃手段が充実しているとした者二三社（一三%）に対し、B被告の防御手段が充実しているとした者一五〇社（八七%）であった。この回答は、原告である特許権者（すなわち特許オーナー）の不安を如実に示すものです。実態からも特許侵害訴訟の特殊性を踏まえ、原告側の攻撃手段を一段と充実させる訴訟手続の整備が急がれるということです。

(二) 被疑侵害者の特許無効抗弁の特許オーナーへの影響

特許法一〇四条の三の特許無効の抗弁規定の制定後、原告側の特許オーナーとして、A権利行使しやすくなったとした者一九社（一五%）に対し、B権利行使し難くなったとした者一〇六社（八五%）でした。この回答は、特許侵害訴訟に係った企業のみによる回答と推定されますが、AとBとの回答比率は、原告側の特許オーナーと被告側の被疑侵害者との立場のアンバランスを如実に示すものだと思います。これからは、判事が裁く特許法一〇四条の三と特許庁の無効審判が裁くダブルトラック規定問題を最早、放置すべきでないということが読み取れます。

（三）無効判定リスクによる裁判所内和解の強要

特許権者（特許オーナー）として特許無効判定のリスクを恐れ和解に応じる可能性について、A「高い」または「どちらかというと高い」とした者一五四社（八三％）に対し、B「低い」または「どちらかというと低い」とした者三一社（一七％）であった。この回答は、特許法一〇四条の三に基づき判事が裁く被告側の被疑侵害者の特許無効抗弁の規定問題の本質を突くものであって、原告側の特許オーナーは事実上、裁判所内和解を強要され、自ら散々苦労して得た特許の安定性に不安を抱かざるを得ない事態に陥っていることを窺わせるものだと思います。

（四）地裁による技術的判断の妥当性

裁判所による特許の有効・無効に関する技術的判断の妥当性は、A「妥当」または「どちらかというと妥当」とした者一一一社（六二％）に対し、B「妥当でない」または「どちらかというと妥当でない」とした者六九社（三八％）であった。Bの回答の四割弱は、地裁判事による技術的判断が妥当であるとは見做していないということです。より具体的には、判事の後知恵で理解した「発明思想」

の特許を被告側の被疑侵害者の主張に則って特許の進歩性要件や記載要件について融通無碍に特許要件違反を展開している場合が多いのではないかという疑念です。この点はさらに深掘りする必要があると考えます。

またAの回答で妥当とした六割は、一般論として裁判所での判断には問題ないはずと理解した結果のように思われます。これは次の問いと合わせ考える必要があります。

(五) 特許庁による技術的判断の妥当性

特許庁による特許の有効無効に関する技術的判断の妥当性は、A「妥当」または「どちらかというと妥当」とした者一八九社(八四%)に対し、B「妥当でない」または「どちらかというと妥当でない」とした者三五社(一六%)であった。

この回答は「地裁による技術的判断の妥当性」についての設問(四)と対比される回答であって、回答企業の八割五分は、日本特許庁の審査審判による技術的判断が妥当であると見做しています。特許の有効無効に関する日本特許庁に対するユーザーの信頼度の高さを示す極めて当たり前の事実です。

「今回の調査研究の総括」についての解説

わが国の特許司法制度の姿

特許紛争処理の機能強化に関する『第二報告書』は、わが国の特許司法制度における特許侵害訴訟システムを分析し、結果については、かなり踏み込んだ表現で評価しています。これまで辛口の表現や評価をしてきましたが、その延長線上で『第二報告書』の「総括」を解説します。

(一) 文書提出命令

『第二報告書』は、「総括」で特許法一〇五条に基づく文書提出命令は、被疑侵害者が争点に関する証拠がないと主張した場合には被疑侵害者から文書を強制的に提出させることができない、という。ヒアリング調査は米国のディスカバリー制度の導入を含む証拠収集手段を充実すべきとの意見を紹介する一方で、営業秘密との関係でどこまで開示を強制できるのかというように、『第二報告書』は、問題の焦点を曖昧化しています。例えば証拠の多くは被告側の被疑侵害者にあることなど、特許侵害訴訟の特殊性を勘案するなら強制力のない文書提出命令や営業秘密を盾にする対応を許容することなど、実効性のない規定ということになります。米国のディスカバリー制度のように当事者に隠し玉は許されないシステム導入を急ぐべきです。

その根拠の一つになるのが、特許範囲のクレームまたは請求項に記載された「クレームアップ発明」の技術的範囲を巡る均等論の最高裁判決(ボールスプライン事件[平成六年(オ)一〇八三号]の平成一〇年二月二四日第三小法廷判決)です。実質同一性を判断する均等論は、「特許請求の範囲に記載された構成中に対象製品等と異なる部分が存する場合であっても」、五つの要件を満たすときは「右対象製品等は、特許請求の範囲に記載された構成と均等のものとして、特許発明の技術的範囲に属すると解するのが相当」という決着で、被疑侵害者の特許侵害を認めた判決です。米国では特許侵害訴訟の判断において一九五〇年代から採用されている理論であり、日本の均等論判決もそれに近いものです。実態は立証責任が交互に転換する手続で、かつ、要件を厳しくみるか緩めにみるかで特許侵害の「非抵触」の裁きが変わるという代物で、裁き如何で代理人の力量が問われ判事の評価が決まることになります。それを担保するのがディスカバリー制度になります。

(二) 損害賠償額

『第二報告書』は、今回の調査研究で日本の特許侵害訴訟において判決の四割が一〇〇〇万円以下であって「低廉な損害賠償額が判明した」と報告されています。「判明」とは、日本の特許司法制度に対する恐れ入った気配り振りです。実態は、すでにみたように日本の特許司法制度へのハードルは異常に高く、それはあたかも特許権者（特許オーナー）に対し、地裁や高裁に特許侵害訴訟を提訴させないようにしているとしか思えない有様です。

要するに「裁判所の門を叩くな」と言わんばかりの実態です。

それにも拘わらず、「総括」は、「特許侵害訴訟の件数が少ない要因の一つとして損害賠償額が低廉であることが指摘されている」と遠慮気味に慨嘆しています。損害賠償の日本的評価額は、米国とは概略二桁の違いがあり、ドイツの一〇分の一程度に過ぎないことは確認済みのことです。

そのことよりも、特許先進国日本のユーザーである産業界の人たちは、まず特許侵害訴訟を提起しても、判事によって「発明思想」の財産である特許自体が無効にされるかあるいは原告側の特許オーナーが訴えた被疑侵害者の対象技術または対象商品について、特許の「クレームアップ発明」に抵触しない「特許非抵触」と判断されることが全特許侵害訴訟の八割に及んでいる事実を肝に銘じるべきです。

その上で、産業界の人たちには、少なくとも日本がアジア地域のフォーラム・ショッピング国に相応しい、例えば国際相場に見合う損害賠償額を提示するような二一世紀型ともいうべき日本特許司法制度をどのように実現するかについて、今は、官民一体で国民的な議論を巻き起こす、ぎりぎりのタイミングとの自覚があって然るべきです。

(三) 権利の安定性

『第二報告書』は、特許が潰れにくい米国やドイツの特許侵害訴訟の実態に比し、特許がいとも簡単に潰される日本の実態に触れ、そのことが裁判所内和解を誘発している要因の一つとして特許の不安定さを挙げています。アンケート調査の結果に基づいて特許無効のダブルトラック規定によって特許法一〇四条の三の施行後の権利行使の問題で特許権者（特許オーナー）と被疑侵害者との間に「アンバランスが生じているおそれ」を指摘し、さらにまたユーザーは技術的判断における「専門官庁である特許庁」の審査審判の信頼性の高さを認めていることを伝えています。すでに解析したように、「生じている」のは事実であって、「生じているおそれ」ではないということです。

(四)「総括」の評価

ここで日本の特許司法制度を気遣ったコメントが続きますが、以下のような指摘もなされています。それは、この章の最初に指摘した「機能しない特許訴訟システム」の総括にふさわしい指摘であるように思います。

それは説得的見解であり、「権利の安定性・損害賠償額・証拠収集手続については、いずれの事項についても特許権者と被疑侵害者との間に明らかなアンバランスが生じており、特に、中小企業におけるヒアリング調査では、『模倣した方が有利で開発した新しい発明を生み出す努力を続けるべきか迷ってしまう』という声にもあるように、現状のままでは企業による特許の取得意欲を損ね、ひいては日本経済を支える中小企業のイノベーションの創出意欲を失わせることとなりかねない。そして、その結果、新産業の創出自体が滞ることにつながるおそれもあることから、権利の安定性・損害賠償額・証拠収集手続の改善は、今後の大きな課題といえる。特に、攻撃手段と防御手段のバランスは、紛争解決にとって非常に重要な視点である」と、位置付けています。

ここで象徴的な出来事を一つ紹介します。二〇一八年一二月七日に韓国の特許プロから吃驚するような情報がもたらされました。それは、「二〇一九年六月から特許権や専用実施権の侵害行為が故意的なものと認められれば、損害額の最大三倍まで『懲罰的損害賠償の責任』を負うようになる」との特許法改正案が韓国国会を通過したという事実です。特許侵害の損害賠償に衡平法の仕組みを導入したということでしょうか。背景に米国の圧力があったことが想定されますが、その一方では日本技術の後追い韓国が日本に先駆け特許先進国たらんとする韓国の思惑が見え隠れしてきます。

技術系特許弁護士・裁判官の必要性

「今回の調査研究の総括」では明示的に言及されていない、より重要と思われる方策は、米国やドイツのように技術系の特許弁護士や特許裁判官を養成するシステムを直ちに立ち上げることです。既存の仕組みや手続手段の改善では今や何も解決しないことを、我々は自覚する必要があります。それが、次の二つの提案になります。

第一は、技術系判事や特許弁護士（弁理士）の養成です。特許先進国日本としては、国を挙げてこうした事態に対応すべく少なくとも米国やドイツのように技術系判事や特許弁護士（弁理士）を養成するインフラ整備を急ぐべきです。明らかなことは、特許を巡る科学技術に関する争点に際し当事者弁論主義による両当事者の主張に基づき特許の有効性とりわけ進歩性要件および記載要件の判断には、法律系判事ではたとえ技術系調査官のサポートがあっても相当無理があるように思います。

特許プロからは、特許明細書に示された技術的課題と解決手段のアイデア（発明思想）について、何より先行技術と解決手段の発明を同時にみる法律系判事は、問題と解答を同時にみているために

「当業者が容易に想到できる発明で進歩性がない」とか「発明を再現するサポート要件がない」など、予め種明かしをした手品の如く扱う後知恵的判断がまかり通っていると考えざるを得ない。技術がこれだけ高度化しグローバル化した今は、技術系の判事や特許弁護士（弁理士）たちがしかるべき場所と所を得て活躍し特許紛争を裁かなければ、事態の根本的解決をみることはできないと考えます。

第二は、国際特許訴訟のフォーラム・ショッピング国の整備です。結論的には、特許先進国の日本自らがフォーラム・ショッピング国を目指さない限りは、アジア地域での特許紛争解決の国際的イニシアティブを担うことなど、まずあり得ない。そうした観点から、地裁でも高裁でも今求められている人材は、自らの技術的判断で弁論主義を裁くことのできる技術系判事です。

この二つの提案を一部補足するドイツの例があります。『第二報告書』によると、ドイツの例は、欧州におけるフォーラム・ショッピング国として特許訴訟地に選択されている要因の一つと考えられています。米国の特許司法裁判を担う技術系判事や特許弁護士は周知の事実です。「ドイツでは特許権の侵害については、地方裁判所における特許侵害訴訟で審理され、特許の有効性については、連邦地方裁判所における無効訴訟において審理される分離原則が採用されている。無効訴訟は連邦特許裁判所において二名の法律系判事と三名の技術系判事から成る合議体によって審理されるところ、技術系判事は、通例、理系の学位を有し特許庁における審査官としての経験を有することで、技術的および法律的な専門知識を備えている。そのため、連邦特許裁判所における判断は、専門性と予見可能性が高い」というものです。要するに、特許訴訟における技術的判断の難しさと重要性を十分に考慮された対応がドイツでも米国同様になされているということです。

日本において想定されることは、特許先進国として、技術系判事の養成と共に、特許庁の無効審判システムとは別に分離原則を採用する特許無効訴訟を裁く特許裁判所の設立もあり得ることです。

特許の有効性を保障する特許訴訟システム

問われる特許紛争処理システムの機能強化

『第一報告書』は、特許紛争に係る人たちにデータによって初めて特許侵害訴訟の実態の一部を垣間見せてくれました。『(特許紛争処理の機能強化に関する)第二報告書』は、特許プロ専門の人たちに特許オーナーたちやユーザーである大手企業の知財部の人たちが加わり特許紛争処理システムの機能強化をどのように図るべきかについて検討され、示唆に富んだ方向性が示されています。それはまた、東京地裁の部総括判事も加わり検討されたことも注目に値します。

技術系特許弁護士・裁判官の養成

『第二報告書』に対し唯一納得のいかないことは、特許の有効性を保証する特許侵害訴訟システムの観点から、技術系特許弁護士と技術系裁判官の必要性に全く触れていないことです。『第一報告書』の調査分析とアンケート調査の回答を真摯に受け止めるならば、これに触れていないこと自体が不十分です。例えば『第一報告書』のアンケート調査の設問（四）および（五）は、特許の有効性に関する技術的判断の妥当性について特許庁または裁判所のいずれで行うのが望ましいかを問う一対の設問で構成されています。設問（五）の「特許庁による技術的判断の妥当性」については、設問回答は二二四社です。アンケート全体の回答数（四四六社）の五〇％に相当します。その内で「妥当」か「どちらかというと妥当」とする回答Aは一八九社で、当設問回答中の八四％です。これに対し「妥当でない」か「どちらかというと妥当でない」とする回答Bは三五社で、設問回答中の一六％でした。この一六％は、特許庁の判断自体に納得できなかった経験による回答のように思います。実際は、特許庁の技術的判断を妥当とした設問中の回答は、八四％に達します。これは、特許庁の技術的判断が信用できることを示すものです。

次に設問（四）の「地裁による技術的判断の妥当性」については、設問回答が一八〇社でアンケート全体の回答数（四四六社）の四〇％に相当します。設問（五）と同じ設問について回答Aは一一一社で設問回答中の六二％で、これに対し回答Bは六九社で設問回答中の三八％でした。回答Bは回答Aより少ない四割弱の企業が判事による技術的判断を「妥当でない」か「どちらかというと妥当でない」としています。四割弱の企業の回答Bをどう理解すべきでしょうか。それは、後知恵的判断で理解した「発明思想」の特許に係る技術について被疑侵害者の「進歩性がない」とか「発明の再現性が不明である」等の主張を参酌し特許要件違反を展開している事例が多いためではないか推察されます。

図表5　特許性と記載要件／新規性・進歩性要件

商標、著作物、意匠等の知財の有効性は、ほぼ新規性で決まる。 ところが特許は、 　　発明を具体化した実施例の再現性等の記載要件……………………………① 　　発明が新規であるか否かで決まる新規性要件………………………………② 　　従来技術との比較考量に基づく発明の進歩性要件…………………………③ の３要件①～③がクリアされ、その有効性（特許性）が決まる。

・再現性等の記載要件は、その専門技術者がある程度判断できる、☞
・新規性は特許調査、技術調査で容易に明らかになる、☞
・発明の進歩性要件は、誰が判断するのが適当か。その発明分野に通暁した専門家でなければ判断し得ない要件である。☞
・但し、進歩性がないと判断された発明であっても、新規性があることに着目すべき、要は、従前には存在しなかった新発明ということである。

そうだとすると、四割弱の回答Bは、判断に対する納得の如何に回答したというより、当事者弁論で裁く裁判所の判断に対する信用の如何に回答したとみるべきです。この点については、さらに深掘りする必要があります。

知財の中の特許

提示した図表5の「特許性と記載要件／新規性・進歩性要件」において、「商標、著作物、意匠等の有効性は、ほぼ新規性で決まる。ところが特許は、記載要件①と新規性要件②と進歩性要件③の三要件がクリアされ、その有効性（特許性）が決まる。」と提示しました。当然、図表5には示されてないけれども、これらの要件に加え産業の利用性などの要件を含むことは、序章の冒頭で紹介した通りです。それはTRIPs協定の二七条に、知財で括られた中で特許は唯一、自らの発明思想を特許範囲に定義した出願を特許庁に申請し審査官による当該発明の実体審査をすることが前提で「新規性、進歩性及び産業上の利用性のあるすべての技術分野の発明を保護対象とする」と定められており、さらに二九条に「加盟国は、出願人に対し、その発明をその技術分野の専門家が実施することができる程度に明確かつ十分に開示することを要求する」ことが二九条に規定されていると紹介しました。

知財の中の意匠、商標、著作物などが新しいものかどうかの新規性を見極めるのに、主に目でみる図柄や理解容易な著作物等が判断の決め手になります。習熟した知財プロであれば、意匠製品や商標を付した市販品あるいは著作物の物件を検証し真正であるか偽物であるかの黒白の見通しを付けることに、それほどの困難が伴うことではないはずです。ところが、特許は他の知財と異なります。

特許は、典型的にはボールスプライン特許事件の最高裁判決で示された実質同一を判断する均等論による技術範囲の解釈によるということです。特許製品をみただけで直ちに何が発明で当該発明がなぜ特許になったのかを理解し、被疑侵害者の類似製品と比較考量して特許侵害かどうかを直ちに判別することは、たとえ特許プロであっても簡単に判断することはできない。ましてや裁判所の通常の非技術系判事にとっては尚更です。そうでなければ、特許侵害訴訟で半強制的和解を含め特許オーナーの主張の八割方を退けるような裁きにはならないと考えるからです。

刑事罰規定の適用

特許法は、一九六条から二〇〇条にかけて「刑事罰」が導入されています。同様に、商標法は七八条から八二条に、意匠法は六九条から七四条に、著作権法は一一〇条から一二二条にかけて「刑事罰」が規定されています。特許、商標、意匠に関しては、平成一〇年（一九九八年）に非親告罪の規定が導入され、また平成一八年（二〇〇六年）に「懲役刑」の上限を一〇年にする規定が導入されています。

『第二報告書』に、商標と著作物に関する検挙実績が示されています。明らかな行為などの悪質な商標権侵害の検挙数は、平成二五年に二四一件で、平成二六年には二四七件です。同じく悪質な著作権侵害の検挙数は、平成二五年に二四〇件で、平成二六年には二七〇件です。このように商標や著作物の悪質な権利侵害に対し刑事罰が適用されていますが、それでは特許侵害の検挙実績はどうか。

同報告書には検挙実績が簡単に紹介されています。商標とか著作権侵害と同様に明らかな行為などの悪質な特許侵害に対応する方策として、非親告罪の「刑事罰」規定を含む強化が順次図られてきたにも拘わらず、故意で行う悪質な特許侵害に対する検挙実績はほとんどなく、平成二五年に一件、平成二六年に〇件ということです。

同じ知財の中の特許については、特許侵害に対し、なぜかくも刑事罰が適用されないのか。特許プロなら、こうした事実を当然と考えるはずです。それは、財産として他の知財の登録要件と特許要件との決定的な違いを承知しているためです。その典型が他の知財では判断されることのない発明の進歩性要件について、日本特許庁における審査・審判の判断と裁判所における判事の判断との間に大きな乖離が現に存在し、また国際的にも各特許庁や各裁判所による判断に大きなバラつきがあることを知悉しているためです。しかも、非技術系判事による進歩性要件の判断を含む原告側の特許オーナー敗訴が八割に達する日本の特許侵害訴訟システムの実態を承知の上で、判事が「刑事罰」を適用することなど、所詮無理です。

特許の進歩性要件

国際特許のルール化

そこで特許と司法の観点から、発明の進歩性要件についての課題を提示します。また一九九一年の雑誌『パテント』一〇月号に掲載された大塚文昭の論文「米国における発明の進歩性判断について」は、課題を考察する上で、紹介すべき論文と考えます。それは、米国の最高裁判決を紹介する中で、発明保護の在り方から進歩性の適用および判断の手順が如何にあるべきかを問い、その奥行きの深さについて考察しており、国際的観点から進歩性適用の在り方を求める上で、極めて示唆に富む論文と考えるからです。

進歩性要件

特許理念は、特許の「クレームアップ発明」に対し、著作権、意匠、商標などの他の知財にはない進歩性要件を満足することを条件とする、厳しいハードルを設けています。草創期の特許システムにはないハードルです。このハードルを外すと、ジャンクパテント出願（使えない発明の特許出願）の山を築き、特許システムを機能不全にします。

進歩性要件を満足しない発明は、たとえ新規性要件を満足する新しい発明であっても保護されない。保護されないが故に、進歩性要件を満足しない発明が特許として認可されずに公開（パブリック・ドメイン）されると、結果は、競合相手の第三者によって特許侵害を構成しない競合技術とか競合製品として直ちに、しかも自由に模倣されることになります。それ故に、それがキャッチアップする後発組を刺激し、当該発明の属する分野のイノベーションを刺激するという見方があります。

しかし生々しくは、自分が苦心をしてオリジナル発明を改良し応用を施した自分の後発発明が「進歩性のない発明」と判断され、それにより競合相手の後発組によって自分の後発発明が自由に模倣されることを咎める何らの手立ても与えられないまま、類似技術とか類似品の跋扈に悩まされる理不尽さは、自分が先行組のオリジナル発明者であるが故に、より強く感じるはずです。

新規性と進歩性との狭間に存在する発明は、オリジナル発明者の先行組と二番手以下の後発組との間で、どのように調整すべきなのでしょうか。今は、こうした勝手な自由模倣以外何もしないで特許にならない先行組のオリジナル発明の改良発明とか応用発明をじっと待っている後発組が少なくない事実を知るにつけ、フェアな解決策はないものと思案したくなります。

第四章で詳述する、米国特許法の自明性型のダブルパテント禁止（他人の後発発明を、自分の先行発明の自明性［進歩性］範囲に含まれる発明として、排除する手続）とか、自明性型のターミナルディスクレーマ（自分の先行発明の自明性［進歩性］範囲に含まれるという理由で本来排除されるべき自分の後発発明を、特許期間を先行発明の特許と同時に満了することを条件に、特許として保護する手続）などは、そうした不平等感に起因した判例によって積み上げられてきた手続のように思えてならない。これらは、いずれも無理筋の手続と評価されるものですが、そうした不平等感を払拭する手立てとなる手続は、外にないものでしょうか。

今のところは、進歩性要件を満足しない発明を公開（パブリック・ドメイン）しない仕組みに期待するしかないのか、あるいはオリジナル発明の特許範囲に進歩性要件を満足しないような発明をできるだけ「クレームアップ発明」として事前に組み入れるよう努力するしかないのかもしれない。

新規性要件を満足する一方で進歩性要件を満足しない、その両者の狭間にある発明の扱いは、国際特許システムの永遠のテーマとしてはならない課題です。進歩性要件は、「その発明の属する技術の分野における通常の知識を有する者」すなわち「当業者」が公知・公用または刊行物に記載の発明から容易に発明することができたときは、その発明の進歩性は否定されると規定されているのみで、具体的な進歩性適用の基準および手順は示されていない。各国特許法の進歩性要件には大差はない。この規定内容では判断の乖離やバラつきが生じやすい。こうした乖離やバラつきは当然、是正されるべきです。

そのために進歩性の適用基準および手順は、国際的に確立される必要があります。

大塚論文

一九九一年の月刊誌『パテント』一〇月号に掲載の「米国における発明の進歩性判断について」において、大塚文昭は一九六六年の非自明性が問題となったGraham v. John Deere Co. 特許事件およびGraham判決（148USPQ 459-478［1966］）以後についての特許事件の判決で、米国の最高裁判決は「特許要件に関する裁判所の判断と議会における立法の歴史的経緯をまとめている」と紹介し、特許要件についての規定の歴史的発展を整理し、米国に限定せずに国際的に共有することが望ましい発明の進歩性判断に関する論文（以下、大塚論文と称す。）を提示しています。大塚論文によるとGraham判決は、一九五二年に米国特許法に規定された非自明性（一〇三条）に基づく以下の三項目テストの分析過程により発明の自明性または非自明性を判断するとしています。三項目テストは、段階的に（イ）先行技術の範囲と内容を定め、（ロ）先行技術と問題となるクレームアップ発明との間の差異を確認し、（ハ）当該技術分野における通常の熟練度のレベルを解明する、という非自明性判断の基本的枠組みを示した特許法制史の時代を画する判決となるものです。またこの判断に際しては、以下の補助的な条件も考慮する必要があり、この補助的条件は、（ニ）商業的な成功、（ホ）長期間求められていたが満たされないままであったニーズ、（へ）他人が失敗したという事実、などがその例示になります。

大塚論文は、Graham判決以後について「判決で示された（イ）（ロ）（ハ）の基本的判断手法は、あまりにも原則的であり過ぎたため、その各々についてさらに検討が必要」となり、判決で示された規範がどのように解釈され、運用されたかについて、例えば以下のような詳細な検討を加えています。

第一は、「実際に発明の非自明性の判断が必要となるのは発明がなされた時からかなり後になるのは当然である」ということです。発明の非自明性を判断する時期的基準は、「発明がなされた時」になります。「この事情から、判断する者には、自分自身の心理を発明がなされた時代に戻す、という極めて困難な要求が課される」ことになり、「これらの困難性は、わが国の進歩性の判断においても同様であるが、米国ではわが国におけるよりはるかに厳密な姿勢でこの問題をとらえて検討がなされている」と説明されています。なぜでしょうか。発明に接した後に先行技術について評価を下す場合に、陥りやすい過ちは後知恵（hindsight）で判断をすることです。

第二は、大塚論文は以下のような紹介をしていることです。クレームアップ発明は、「問題の特許を読み、証人の証言に接した後の裁判官にとって『自明であろう』（would be obvious）というものではなく、当該発明がなされた時点での当業技術に習熟した者にとって『自明であったであろう』（would have been obvious）ということである」、と説明されており、さらに米国は「判断が後知恵の弊害の影響を受けることに対し、極めて厳格である。」と分析しています。

これは、日米の規範における決定的な違いを説明したものと考えます。大塚論文は、米国特許法一〇三条の精神を次のように説明しています。米国では、当業者とは「発明に関連を有する特定の問題にとって合理的な範囲で適切と認められる技術についての知識を有する者」であるが、当業者といえども「先行技術はクレームされた発明を念頭において収集してはならないと判示されている」と紹介し、それはまた「発明の教示に接してはじめて知り得た知識を頼りに都合のよい先行技術だけを選別して取り出してはならず、引用例の記載全体を無視して都合のよい部分だけを抜き出し、モザイク的に組み合わせることも」許されないというのが、その精神であると分析しています。

わが国の審査実務をふり返ると、審査官個々が独自の進歩性判断が許されているような印象すら受ける時代もありましたが、今でも進歩性の判断基準は一見類似していても、実情は各特許庁間でまちまちで審査官次第という印象を受けることがあります。

大塚論文は、当時、米国が唯一最高裁判所の判決によって発明の進歩性についての判断基準を論理的に明確化し、各特許庁または各裁判所でのバラつきが大きい中、特許要件としての進歩性適用において後知恵的認定は許されないという規範を確立した米国における発明の進歩性適用の基準を、わが国の進歩性適用の実態を念頭に、初めて紹介した論文と理解しています。

わが国の進歩性基準

今やわが国の「特許・実用新案審査基準」の改定案は、産業構造審議会の下部委員会（審査基準専門員会ワーキンググループ）でオーソライズされたものが適用されています。「進歩性の判断に係る基本的な考え方」によると、「当業者が請求項に係る発明（クレームアップ発明―筆者）を容易に想到できたか否かの判断には、進歩性が否定される方向に働く諸事実及び進歩性が肯定される方向に働く諸事実を総合的に評価することが必要である。そこで、審査官は、これらの諸事実を法的に評価することにより、論理付けを試みる。」と明示し、また「当業者」について以下の条件を備えた者と想定しています。条件とは、(一) クレームアップ発明の属する技術分野の出願時の技術常識を有すること、(二) 研究開発 (文献解析、実験、分析、製造等を含む。) ための通常の技術的手段を用いることができること、(三) 材料の選択、設計変更等の通常の創作能力を発揮できること、および、(四) クレームアップ発明の属する技術分野の出願時の技術水準にあるもの全てを自らの知識とすることができ、発明が解決しようとする課題に関連した技術分野の技術を自らの知識とすることができること、の四点からなります。審査官による論理付けは、当該発明の出願時の技術水準を的確に把握し、審査官には、この技術水準にあるもの全てを自らの知識としている当業者として論理付けするよう指示しています。

正に大塚論文で解説した米国最高裁の判決を基礎に作成された審査基準の印象を強く受けます。その上で、具体的には、諸事情をどのように展開し、提供すべきかの概要も示されています。

例えば進歩性が否定される方向に働く要素として、クレームアップ発明に対して主引用発明と副引用発明を適用する動機付けは (イ) 技術分野の関連性、(ロ) 課題の共通性、(ハ) 作用、機能の共通性、および、(ニ) 引用発明の内容中の示唆、などを総合的に判断するようにと指示されています。

こうした指示に基づき法律系判事が特許侵害等の訴訟事件として進歩性適用の特許要件を裁くのは、クレームアップ発明の出願時から相当の期間が経過したときであり、出願時における技術的常識とか技術水準を主体的に判断するには、あまりにもハードルが高すぎるように思われます。

わが国の特許法一〇四条の三の適用は大丈夫か

Graham判決が示唆した如く、当該発明の属する技術分野に通暁した専門家（当業者）でなければ判断が難しい進歩性要件について当業者とはいえない非技術系判事は、両当事者の提出に係る専門技術者のいずれの主張を採用すべきかの判断が適正にできるのでしょうか。

例えば（a）～（e）の構成要件からなる「発明思想」について構成要件の全てはすでに公知だとします。発明の特許性を判断するときに、極論すると、公知技術を都合よくモザイク的に組み合わせたものにすぎず、専門家であれば容易に想到できるものとして進歩性要件を満たさない発明であるという認定は、特許庁の審査でも散見される例です。しかし、こうした認定は、オーソライズされた現行審査基準に反する後知恵的認定である場合が多く、多くは発明者を納得させるものとはならない。その「発明思想」がなぜ、それまで存在しなかったのか、また今までなぜ解決できなかったのかという課題をこれらの公知技術を組み合わせて解決できたとしたら、その組み合わせが新たな「発明思想」であって、当業者が簡単には想到しえなかった発明ということになるためです。これらの判断基準はGraham判決の補助的考慮事項（ニ）（ホ）（ヘ）に相当するものです。

特許侵害を判断するときには、すでに紹介したボールスプライン特許事件でわが国の最高裁判決は平成一〇年に五つの要件を満たすときは均等であるという同一性の判断基準を提示しています。また他の知財の商標、意匠、著作物に進歩性要件はない。発明の進歩性要件は、発明の課題とそれを解決した事実について技術的評価をした上で、適正に適用されなければならない。とりわけ進歩性要件を融通無碍に適用しイノベーションの芽を摘むようなことは、特許庁でも裁判所でも、決してあってはならないことです。現在の特許システムは、それでなくとも被疑侵害者には圧倒的に優位な立ち位置を保証しており、これ以上の融通無碍な進歩性適用は、特許オーナーと第三者とのバランスを著しく欠くものであり、慎重な適用こそが今、求められているのだと考えます。

大塚論文に続く二〇〇八年五月出版の木村耕太郎著『判例で読む米国特許法』の「第4章　非自明性（Nonobviousness）」においては、Graham 判決以後の進歩性適用に関する、例えば二〇〇七年米国最高裁判所の KSR International Co. v. Teleflex Inc. の判決で示された組み合わせた発明に関する進歩性適用のための基準のＴＳＭテスト、すなわち教示（teaching）、示唆（suggestion）および動機（motivation）の存在が前提となることなど、各判例に踏み込んだ整理がなされています。

特許法一〇四条の三の規定の存在理由を問う

特許要件に関する特許訴訟のディーリング

提示した図表6は、例示的に、特許性の三要件を含むディーリング（適用方法）についてまとめたものです。その上で特許訴訟における特許無効抗弁の在り様を提示しました。前提には特許性の三要

図表６　特許性と記載要件／新規性・進歩性要件のディールの現状

特許／文献調査は完全でない。

・時間の経過によって新文献が発見される場合があり、
・新規性及び進歩性は、その文献の出現により左右されることもあり、
・米国の特許手続では、特許出願人が新文献を知り得た段階で情報開示義務（IDS手続）が課せられるのはそのためと考える。
・わが国の無効審判手続は、特許性３要件のうち、異議申立手続経由の場合には記載要件を除く、新文献を含む新規性及び進歩性のみを争えるようにするのも一案、

特許訴訟における「無効の抗弁」

・特許侵害訴訟においては、特許無効審判を経た特許性を有する特許として、特許侵害が裁かれるように特許法104条の３の規定を削除するのも一案、
・あるいは、特許侵害訴訟で特許性判断が許容されるときは、新文献が発見されたときのみ、そのときの裁判官に許される判断は、新規性要件に限る、進歩性要件に及ぼさないようにするのが、特許権者と被疑侵害者とのバランス上、好まししい。

件のディーリングの現状があります。

特許要件の適否は、通常、代理人弁理士と発明者との共同作業によって仕上げられる出願時の出願（以下、「原出願Ａ」と称す。）の内容に、相当程度左右されます。それは出願時が技術開発競争の先陣争いの基準点となるため、公平性という観点から、例えば出願後に新たな技術的事項ｘを原出願Ａに追加する手続補正は、厳しく制限されます。要するにここでも「後知恵」は許されないということです。

（一）審査のディーリング

最初のディーリングは特許庁における審査です。原出願Ａは出願人の所要の手続を経て審査に付されます。ディーリングは、原出願Ａを担当する審査官（以下、「審査官甲」と称す。）との間で、通常代理人弁理士（以下、「代理人乙」と称す。）を介し出願人（以下、「出願人丙」と称す。）は、原出願Ａの特許性を巡り厳しい交渉

を強いられます。審査官甲は、当該発明の属する分野の当業者であり、当然、原出願Aの徹底した読込みと職権探知による関連技術の徹底したサーチ（特許／技術文献調査）に基づき、出願人丙との間で原出願Aの特許性を巡る判断のやり取りが行われます。その間、代理人乙は、出願人丙と共に審査官甲との書面によるやり取りのほか、互いの主張や真意を確認するため面接審査等を請求する場面もあります。ディーリングによって少なくとも特許性の要件をクリアしない限り、原出願Aの特許は成立しない。

ディーリングが原出願Aの拒絶査定という結末に至った場合、それに納得できない出願人丙の取り得る手段は上級審の審判請求です。

同じく職権探知による審理を、通常三人の技術系審判官の合議体によって行われます。その結末が審査の拒絶査定支持であった場合、次に出願人丙は特許庁長官に対し高裁に当該拒絶査定審決の取消訴訟を提訴する道が残されています。高裁では当事者弁論による判決次第でさらに最高裁に上告して争うことになります。これが特許庁における通常審査の一方の道筋です。

(二) 異議申立または無効審判のディーリング

通常審査の他方の道筋は、原出願Aが特許Pとして成立したときです。原出願Aの特許Pは、審査をクリアすることによって成立します。それは審査官甲によって特許の有効性が確認されたということです。出願人丙は、特許Pの特許オーナー丙になります。もしも特許Pが技術開発競争の先陣争いの真只中で成立したときに想定される場面は、少なくとも次の三場面になります。

第一の場面は、競争相手の第三者丁は、公開された特許Pを確認し自らのビジネス展開に支障を来すおそれ有りと判断したときには、特許Pの特許公報の発効日から六か月以内であれば、通常は自らの名前を伏せて特許法一一三条に基づき特許性要件に違反する証拠等を含む理由を添えた特許異議を申し立て、特許Pについて同一一四条に係る「特許を取り消すべき旨の決定」を求める手続を採るというのが通例です。この場合、特許庁長官に対する申立という審判事件になります。特許異議申立の審理は、特許審査のディーリングと同様に同法一二〇条の二の規定により職権探知主義の下で三人の技術系審判官の合議によって審理されます。また六か月以内の対応に遅れたときには、今度は、第三者丁は利害関係人として、特許法一二三条に基づき特許性の要件に違反する証拠等を含む理由を添えた特許無効の審判を請求し、同条に係る「特許を無効にすべき旨」の審決を請求する手続を採るのが通例です。この場合は、特許査定に対する査定系の特許異議申立とは異なり、第三者丁は、利害関係人であることを明らかにした両当事者間の争いということになります。それでも対世効のある特許無効になるため、この審理も同法一四五条の規定により職権探知主義の下で三人の技術系審判官の合議体によって審理されることになります。

想定される第二の場面は、第三者丁は特許オーナー丙から特許侵害等の警告などがあるまで、自らのビジネスに無関係な特許として特許Pの存在を無視することです。

想定される第三の場面は、裁判所に持ち込むことなく双方で特許Pを巡りライセンス交渉等を行う決着や、そうした交渉に先立ち原告の特許オーナー丙が特許侵害訴訟を提起することなどです。特許Pが技術開発競争の先陣争いの真只中で成立した場面であっても特許オーナー丙が特許侵害訴訟に持ち込むことが極端に少ないのは、裁判所に提訴するハードルが高すぎるためとみるべきです。

要するに、特許オーナー丙は、特許庁の審査・審判のハードルを乗り越え、次に特許後六月間以内の第三者による特許異議申立を乗り越えても、なお競争相手による無効審判のハードル越えが残されています。そういう環境の中、特許オーナー丙の特許Pの権利行使は、特許特有の「クレームアップ発明」の思想に基づく侵害訴訟において被疑侵害者からの特許Pの無効の抗弁を乗り越えて、ようやく現実のものとなるのです。

(三) 特許侵害訴訟のディーリング

特許は、特許庁において職権探知主義で特許審査、特許異議申立、特許無効の審判の各ハードルをクリアして確認された「クレームアップ発明」の発明思想という財産です。被疑侵害者が本特許を侵害したかどうかが地裁、高裁、および最高裁で裁かれます。その実態はすでにみた通りです。その際に本特許について、両当事者の主張で裁く当事者弁論主義でなぜあえて相対効の特許無効の主張を被疑侵害者に認める必要があるのでしょう。この適用を認めるダブルトラック規定の特許法一〇四条の三の規定は、今後も維持されるべき手続といえるのでしょうか。再度考えてみたいと思います。

見直すべき特許法一〇四条の三

両当事者に限らず、誰がみても「明らか」といえる無効事由が見逃されたまま特許Pが存続していた場合であれば、訴訟経済という観点から特許侵害訴訟中で裁かれることも納得できないこともない。通常は、特許Pに内在する瑕疵が見逃されたまま原告が特許侵害訴訟に持ち込むことは、まず考え難い。キルビー特許事件でみたように同一発明の判断すら容易ではない。ましてや非技術系判事が両当事者の主張だけで特許Pの「発明思想」について、現時点で進歩性要件として特許無効か有効かを適正に峻別できるとは、とうてい考えられない。『第二報告書』で推奨するダブルトラック規定の一〇四条の三の「明らか要件」や「確認的明らか要件」の導入は、宜（むべ）なるかなという印象です。

それは、米国、ドイツのように技術系判事や特許弁護士が参画した特許訴訟で、通常、実現されることだからです。『第一報告書』の当事者分析の結果、特許オーナーが原告側の大手企業は三割にすぎないのは、特許侵害訴訟における原告側の主張がまともに通ることは少なく、後知恵的判断で主張が退けられる不利な状況を承知した上で、何とか裁判所の手を借りずに、特許侵害行為に対処している現れであると推測されます。

耳を傾けるべき海外のユーザーたちの声

少なくともイノベータ企業などのユーザーとしては、日本の特許訴訟は利用し難いシステムと考えている節があります。損害賠償額の日米比較の図表4を提示した『（特許の安定性に関する）第三報告書』によると、海外のユーザーたちによる日本の特許侵害訴訟における特許法一〇四条の三の「(特許)無効の抗弁」の実態に対する批判は強烈を極めています。

海外ユーザーの第一は、米国弁護士会の米国知的財産法律家協会(AIPLA)の指摘です。

それは「(特許)無効の抗弁が容易に行われ、権利行使が満足にできない日本で特許出願する意味はない」とまで言及する有様です。米国企業の対日特許出願が二〇〇〇年~二〇一六年の一六年間に四・六万から二・四万へと六〇%ダウンさせている事実は、こうした日本特許システムの「制度的欠陥」から日本市場への米国企業の関心が急速に失われている様子を窺わせるものとみるべきです。これが米国の『スペシャル三〇一条報告書』に取り上げられていないことを、今や幸いと思うべきです。

さらに、ヒアリングで米国企業やドイツおよび韓国特許事務所の意見は、「特許侵害訴訟での特許権者の敗訴率が高いことは、日本への出願を控える要因になる」というものです。元特許技監として、少なくとも韓国企業の意を受けた韓国特許事務所に、このような評価は正直されたくない。国際特許のルール化の一翼を担う日本の産業界はこうした批判を厳粛に受け止めるべきです。

技術系判事の養成

今や、特許法一〇四条の三のダブルトラック規定を存在させる理由は雲散霧消しています。同規定の削除の検討を急ぐと共に、今は、米国ドイツのような特許紛争を裁くための技術系特許弁護士や技術系判事の養成を急ぐ必要があります。養成インフラを構築すると同時に、暫定的に技術系弁護士や特許弁理士を技術系判事に組み込んで地裁インフラとするのも一案と考えます。大手特許法律事務所の技術系弁理士は、少なからず米国のロースクールに派遣されています。さらに今は、米国の弁護士資格を有する日本の弁理士も少なくない状況です。また一九八五年の日米構造協議を契機に、日本特許庁の審査官の養成システムに米欧の大学やロースクールで先進国特許法および運用を学ぶ留学システムが組み込まれています。こうした状況は、先進国の特許システムに関する知見を高めるためというよりは、大手事務所も日本特許庁も、それぞれのスタッフの特許実務者に特許に関する国際的知識と常識を身に着けさせる必要性を痛感しているためです。

フォーラム・ショッピング国

時代はすでに新しいステージに入っています。それは、世界経済の中、新興国が科学技術の国際競争において重要な役割を担うまでに力を付けてきたことです。そうした新興国には、その役割に見合う国際特許のルール化を実現させる必要があります。そうした観点から日本の特許司法制度は、国内外のユーザーがフォーラム・ショッピング国として選択される、そのようなアジア地域のモデル的制度に仕上げていく必要があります。そのために日本の特許訴訟システムの見直しは喫緊の課題であると考えます。特許侵害訴訟における無効の抗弁は、正にこういう視点を含めて見直される必要があります。

当事者弁論主義の限界

例えば、日本における両当事者の主張に基づく弁論主義手続の限界を考えるなら、特許性の進歩性要件は職権探知によらなければ両当事者を納得させるのは無理です。『(特許の安定性に関する）第三報告書』では、米国においてすら「裁判所は、進歩性の判断時に後知恵を排除するため、文献を結合する教示、動機、示唆が当該文献において示されていることを要求している」と報告されているほどです。因みに「教示、動機、示唆」はすでに紹介したように、二〇〇七年米国最高裁判所の TSR International Co. v. Teleflex Inc. の判決で示された組み合わせた発明に関する基準のＴＳＭテストのことです。次に、特許文献や先行特許出願に記載された発明との同一性に関する特許性の新規性要件も、日本においては文字通りの同一発明でない限りは、当事者弁論主義による裁きは適当とはいえないと考えます。そうはいいつつ訴訟経済の面から特許侵害訴訟の中で、新文献による両当事者の主張から特許無効の抗弁の手続も検討の余地はあるようにも思われます。また特許性に関する記載要件は、例えば発明の再現性に関し記載された条件で再現を図っても同じ発明の作用効果を導き出せないような場合が想定されます。再現性を確認する実験データから明らかに再現できないと判断される場合には、やはり特許無効の抗弁の手続も検討の余地はあるように思われます。

いずれにしても特許侵害訴訟において特許無効にすることは、国際的観点からも極めて慎重であるべきだからです。

最後に、特許の相場を決めるのは、好むと好まざるとに関わらず裁判所の判断に左右されます。今は、少なくとも「経済合理性」を実感できる損害賠償額（判決）とはなっていない。特許紛争処理の結果は、企業間同士の争いの結果に止まるものではない。それは、今やグローバルにウォッチされるビジネスのための国際標準です。

特許先進国として、巧妙な模倣者の被疑侵害者がビジネス的には「はした金で片が付く」と高を括り、特許侵害の訴えの恐れなどどこ吹く風で、他人の特許など気にせずに、フリーライド（ただ乗り）させるような「発明思想」という財産を巡る争いの裁きにしてはならない。

直截的には「真の特許を守る」観点から、日本の特許司法制度の実態は、新興国の企業や国の特許戦略に相当の影響を与えていると見做すべきです。

繰り返しますが、わが国の総理が米国議会の講演で「知的財産のフリーライダー（ただ乗りする者）は決して許さない」と明言しました。こうした事態を放置しておくことは、最早、許されないと考えるべきです。

第四章　特許理念―発明公開代償の特許―

発明公開代償説と特許期間

最初の国際特許ルールとなる特許期間の保証

特許法は手続法といわれます。しかし、縷々説明してきたように、発明保護の理念（特許理念）は、日本の最高裁においても、図表1に示すように「一定限度で模倣を禁止することが必要であると判断し、発明を公開した者に、独占権を与えて保護する」と判示されています。

日本の最高裁判決は、誰でも分かるように「近代特許法の始まりである、英国の一六二四年専売条例では一四年以下と定め、米国連邦憲法一条八節八項は一定期間、独占権を発明者等に保証すると明記」とまで言及しています。

図表1　特許保護期間とは？

特許権の存続期間は特許制度の根幹を為すその理念は発明公開代償説にある

最高裁判決：最判平11.4.6.（膵臓疾患治療剤事件）
「特許法は、発明活動及び発明公開を奨励するためには、一定限度で模倣を禁止することが必要であると判断し、発明を公開した者に、独占権を与えて保護するのである。…近代特許制度の始まりである、英国の1624年専売条例では、14年以下と定め、米国連邦憲法1条8節8項は一定期間、独占権を発明者等に保障すると明記。」

（一）経済学的解説

発明保護のための理念は発明公開代償説です。これ以外に、発明を一定期間に限定した財産（特許）として保護する、必要かつ十分な条件を満たす理念はない。特許は、なぜ「出願日から二〇年」という期間限定付きの財産でなければならないのか。著作権のように発明から五〇年とか七〇年とかの特許期間にして何か問題が生じるのか。また「特許日（設定登録日）から二〇年」では何が問題なのでしょうか。

特許庁が実体審査をせずに一定の方式に即して申請された特許出願を自動登録していた時代は、「出願日から二〇年」も「特許日から二〇年」も、実質的に同じ特許期間でした。その時代には、特許侵害訴訟は、裁判所に提訴した特許オーナーに対し被疑侵害者は特許無効と特許非侵害（非抵触）とで争い決着させていた、と想定されます。「発明」の特殊性から、その時代の特許侵害訴訟事件において特許オーナーが勝ち切るのは困難を極めていたようです。そこで各国は、行政機関として特許庁を設け、そこで予め養成された技術系審査官の下で職権探知主義に基づく実体審査によって有効な特許を成立させる仕組みを定着させてきました。

では、なぜ「二〇年間」の特許期間としたのか。特許期間は、英国の専売条例では一四年間、旧米国特許法では一七年間、日本も平成六年（一九九四年）改正特許法までは一五年間と、各国特許法はまちまちでした。整理すると、特許期間は特許日から一五年以上かまたは特許出願を申請した日の出願日から二〇年とに大別されていました。先進国は、TRIPs交渉を通じて先進国間で「出願日から二〇年」で調整した上で、新興国の韓国を含む途上国を説得したという構図になります。

特許期間は、特許の経済財としての価値評価で決まるものであって、スティグリッツ流の経済学的解説が分かりやすく、かつ、説得的です。その解説によると、それは「知識やアイデアは公共財と考えることができる。また他の多くの公共財と同じく、それを生産するインセンティブを与えるという課題と、広く利用に供するという課題との緊張関係がある。我々の社会ではこの緊張関係について特許権で対処している」（『スティグリッツ　ミクロ経済学　第四版』627頁）というものです。その上で、「二〇年」の特許期間については「特許の存続期間が短いと、企業は技術革新による収益を短期間しか占有できない、そのとき特許による保護（すなわち独占状態）が長く続く場合に比べて技術革新のインセンティブは弱まる。特許の存続期間が長いと技術革新のインセンティブは大きいが、技術革新による便益は小さくなる。とりわけ消費者にとっては価格低下までの期間が長くなる。二〇年間という特許の存続期間は消費者の便益とR＆D投資の収益のバランスを図ったもの」（629頁）という解説が加えられています。これが正に、特許を期間限定付きの財産でなければならない根拠となる理由です。

期間限定付きが、なぜ「出願日から二〇年」なのか、なぜ「特許日から二〇年」ではないのか。何度か説明したように、ときに過保護の権利行使となる「サブマリーン特許」の通商問題等からＴＲＩＰｓ協定では「出願日から二〇年の特許期間」が選択されたということになります。しかし発明保護のための期間として、これで問題が解決したわけではない。

特許を独占的に権利行使することは、特許成立が条件であって出願手続が条件とはなっていないからです。独占的に権利行使する条件とはならない出願手続を開始した「出願日」をなぜ特許期間の起算日としたのでしょう。

(二) 特許期間の起算日

「二〇年の特許期間」は、何時から始まるのが妥当か。特許が始まる起算日は何時か。ＴＲＩＰｓ協定による最初の国際特許ルールを素直に読むと、特許期間の起算日は特許出願を各特許庁に申請した日の出願日に始まるということになります。より踏み込んでいうと、特許出願された発明について実体審査が全く施されていない、要するに特許範囲の「クレームアップ発明」も確定していない、また特許の権利解釈もできない発明の特許出願の「出願日」に、当該発明の特許期間が始まるということです。

これには通常であれば誰しも違和感を抱くはずです。審査官の実体審査前にあって未だ特許が成立していない発明であるのに、当該発明があたかも特許として効力が発生しているかのように規定されているためです。しかし、当然のことですが、日本特許法六六条には「特許権は、設定の登録により発生する」と明記され、同六七条には「特許権の存続期間は、特許出願の日から二〇年をもって終了する」と規定されています。

「設定登録により発生する特許」は、「出願日から二〇年」の出願日と発明の設定登録日（特許日）との間には「出願日から二〇年に限りなく近い特許期間」を保障するための手当てが用意されていなければならない。

それは日本特許法六五条に明記された「補償金請求権」ということになっています。これは、「出願日から二〇年に限りなく近い特許期間」を保障するものではない。実態は、ほぼ実施不能の請求権であって、それは発明保護を保障するという見掛け上の免罪符に止まるものです。

（三）不平等な特許期間

してみると、六六条と六七条の両規定から読み解ける効力を有する「特許期間」は、発明の出願日から発明の設定登録日（特許日）までに要した期間すなわち実体審査を経て発明の特許が成立するまでの期間を「特許権の存続期間」の「二〇年」から差し引いた「残りの期間」ということになります。

この「残りの期間」こそが実質的な特許期間ということになります。要するに、特許期間は「二〇年」ではない。例えば特許審査や不服審判等に手間取り特許成立までに長時間を費やした出願ほど特許期間が短くなる仕組みになっています。技術的または経済的に重要となるオリジナル発明や他と競合する発明ほど、そうした事態に巻き込まれることが多いというのも事実です。極論すると、特許成立に二〇年を要した発明の場合、その特許期間は〇年ということになります。

特許オーナーたちに対し、こうした不平等を生じることを承知の上で、米国はあえて「特許期間」の起算日として発明の「特許日」を放棄し、特許出願の日の「出願日」を受け入れています。そのときの国内説得の理由は、国際的孤立の不利益を回避するために先願主義に平仄を合わせるという理由のほかに、従前の「特許日」ではサブマリーン特許の国際展開に伴う発明の過剰保護という弊害が第三者に対する不平等を助長すると考えたからだと思います。また、出願と同時に特許審査を開始する米国の特許システムは「出願日から二〇年に限りなく近い特許期間」を保障するものとも考えていたはずです。したがって米国は、ＥＰＯのような特許審査の極端な遅延を想定していなかったか、あるいは、それを過小評価していたためだと思います。

（四）歴史的事情—「届出制」と「審査登録」主義—

特許期間を歴史的に俯瞰すると、次のような指摘ができます。特許のパリ同盟が創設された一九世紀末の欧州各国では、特許出願はフランスを中心に「届出制」の特許システムによるものでした。要するに、手続に即した特許出願をすると、その発明の特許は自動的に成立します。「届出制」とは、発明について実体審査のない「無審査登録」です。「無審査登録」による発明は、特許の有効性が検証されていないため、当該特許の起算日は当然に「出願日」になります。特許侵害事件になると、今の著作権侵害訴訟のように弁論主義の裁判で、両当事者の弁論によって当該特許の有効性確認込みで被疑侵害者が当該特許を侵害しているかどうかが、裁かれるということになります。

他方、当時にあって実体審査する「審査登録」を採用していたのは、米国が本格的な審査主義で欧州ではプロセインの流れをくむ新興国のドイツなどに限られていました。「審査登録」の特許期間の起算日は、当然に「特許日」です。因みに、当時の英国は特許出願を実体審査後に、仮登録の「公告」手続によって公衆審査に付した後に登録する「異議申立制」を併用していたようです。これも「審査登録」の一形態であり、起算日は公告日（事実上の「特許日」）でした。この公衆審査システムは日本特許法の大正一〇年（一九二一年）法に導入され、平成六年（一九九四年）の改正特許法まで維持されています。

特許期間に関する日本特許法の変遷は、大変ユニークです。米国システムを範とし先発明主義の「審査登録」主義で始まった日本特許法では、ドイツ方式に範をとり先願主義に切り換えた大正一〇年（一九二一年）の特許法以降も、昭和三四年（一九五九年）の特許法改正までは特許期間の起算日は、「審査登録」主義による「特許日」でした。すなわち昭和三四年改正特許法までは、「審査登録」主義の下で、特許は「特許日」から一五年間で満了するという特許期間が採用されていました。特許審査が長引いて特許出願の出願日から起算すると特許期間の一五年間を超える相当期間まで特許が存続する事例が生じたため、米国のサブマリーン特許のような発明の過剰保護という弊害が生じていたようです。そのため、昭和三四年（一九五九年）の特許法改正では「出願日」から二〇年を超えることができないとする上限を特許期間の一五年に重複させる暫定規定が採用されました。つまりは日本の特許期間は「特許日から一五年、もしくは、出願日から二〇年のいずれか早く満了した日」でした。TI社のキルビー特許の特許出願が、昭和三四年（一九五九年）の特許法改正が施行される直前であったため、原特許出願から再々分割された出願の「キルビー275特許」は一九八六年に事実上の特許（仮特許）が成立し、二〇〇一年まで一五年間存続したということです。

これは、大幅な特許審査の遅延が生じることを前提とした法改正で、これには発明者側の発明保護に対する在り様より行政側の政策的意図が優先されたという印象を受けます。

この規定はTRIPs協定の批准のときまで維持されます。平成六年（一九九四年）の特許法改正によって「特許権の存続期間は、特許出願の日から二〇年をもって終了する。」（第六七条）と改正されました。この改正によって、高橋是清による明治二一年（一八八八年）の特許法制定以来一〇〇年以上続いた特許期間を起算する「特許日」は、消えました。

特許期間に例外国はない

（二）リアルタイムオペレーションの保障

米国も、TRIPs交渉の特許関連項目で唯一の合意事項に基づく特許出願の日の「出願日」から二〇年をもって終了する特許期間を採用しています。そうなると、アモルファス事件に象徴される特許オーナーの責によらない特許審査遅延などは最早、放置し得ない事態であって、少なくとも特許審査のリアルタイムオペレーションの保障は、締約国の特許システムに科せられた当然の責務になります。締約国の特許無効の審判または特許司法システムにおいても特許オーナーの責によらない手続遅延は許されないということです。

特許期間は事実上短縮されるという特徴からすると、すでに指摘したことですが、EPOや中国特許庁による特許出願から一八か月後の出願公開までは特許審査を開始しないとする仕組みは、特許オーナーたちから特許期間を強制的に奪うものであって、TRIPs協定（国際ルール）違反ということになります。第二章で解説したように、EPOの異常な特許審査による遅延も、リアルタイムオペレーションを目指し必死に努力してきた日米両特許庁の特許審査に比べると、ユーザーにとっては、先進地域の特許審査代行機関としては許されることではない。これは、直ちに是正されなければならないEU問題です。

（二）特許の現存率

ここに図表2のグラフに示された特許活用の在り様を示すマクロデータがあります。特許オーナーたちが散々苦労して得た特許は、その行末がどのようになるのか。特許庁年報には、日本で成立した最新年の生存特許数が示されています。

生存特許群の特許出願は何時頃の出願で、その特許群がどの程度生存しているかが図表2から分かります。理由は簡単です。散々苦労をして特許許可を受けているので、特許出願人たちは、特許が成

図表２　特許存続期間を、なぜ一定期間に、なぜ特許出願から20年に、制限するのか？

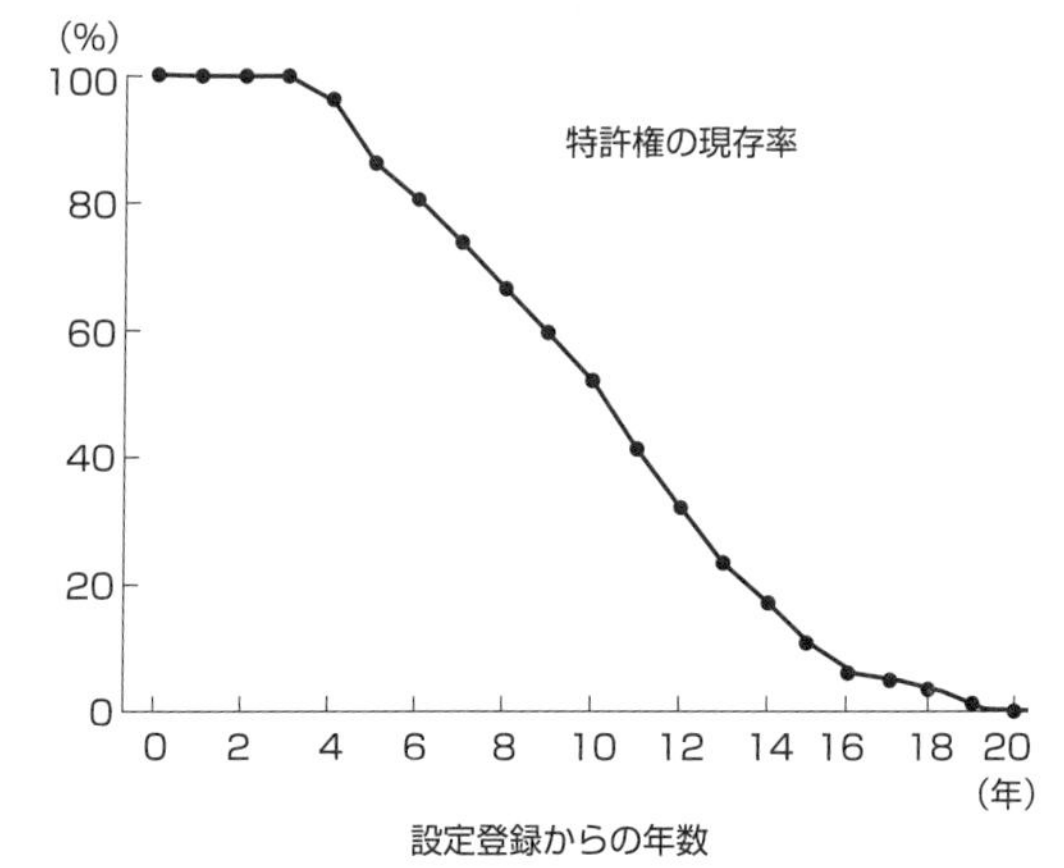

備考：・現存率は、特許権の登録件数に対する現存件数の割合のことである。
　　　・2016年末現在の数字である。
出典：『特許行政年次報告書』2017年版

立すると、通常は規定により登録料と三年分の特許料（年金）を支払うことによって特許オーナーになります。そうすると、特許された発明は特許庁に登録され特許として成立します。生存中の特許群が特許の現存数です。毎年積み上がる特許登録数に対し特許期間中に放棄等もされずに生存している現存数の割合が、特許の現存率になります。

大雑把には、二〇〇〇年の特許現存数は一〇〇万件でした。二〇一〇年には四〇%増の一四〇万件です。二〇一五年にはほぼ倍の二〇〇万件に届く規模です。日本企業のイノベーション力の高まりを感じます。第二章で指摘した日本企業の日本出願の減少傾向は何ら悲観する兆候でないことは、このことからも理解されるはずです。

（三）経済合理性に適う特許のパブリック・ドメイン

特許は、特許出願の日から二〇年をもってパブリック・ドメインにされます。医薬業界では、これをよく稼ぎ頭の特許が切れるという言い方をします。特許切れによって他のジェネリック医薬品、要するに特許切れ医薬品のコピー商品が登場し、共に価格競争の世界に入ります。稼ぎ頭の医薬特許であれば、特許切れによる医薬品のコモディティ化によって価格競争の世界に入るギリギリまで特許を使い切るのは当然です。医薬特許は、動物実験などの基礎研究をクリアしてもヒトへの臨床試験などをクリアしなければならず、特許成立から創薬が上市されるまでに要する期間は長く、掛かる費用も莫大になります。そういう状況の中、通常は上市後に特許の権利行使できる残された特許期間はすでに相当失われており、そのため、医薬特許の「残りの期間」を使い切ることは当然ですが、医薬特許の「特許期間」をフルにエンジョイできることは、まずないといっていいと思います。

それでは、医薬特許以外の特許はどうかです。特許は期限が切れると誰もが自由に使うことのできる公共財（パブリック・ドメイン）となる財産であり、有効な特許をフルにエンジョイされるものと考えるのが普通だと思います。特許が公共財となれば当然、そのアイデアは、誰でも無料で自由に利用できます。現実は図表2のグラフの通りです。

グラフから明らかなように、特許期間をフルにエンジョイされる特許は、まず例外です。通常は、途中で特許料の支払いを中止し、誰もが無料で自由に利用できるパブリック・ドメインの発明に切り換わる特許が多いということです。日本の場合、今は特許登録までは、早いものでは特許出願の日から半年程度を要し、三年目審査請求による審査着手が遅い出願は特許出願の日から四〜五年程度を要します。そのため二〇年の特許期間をフルにエンジョイできる特許は、ほぼ存在しないということです。

グラフは、縦軸が登録された特許の年次毎の現存率（%）で、横軸が特許期間の年次を表します。登録された全特許が年々放棄されて消滅していく様は、これから読み取ることができます。特許登録から四年目以降の特許数をみると、特許料を納付せずに放棄される特許は、特許登録から五年経つと現存数の一五〜二〇%を占め、同じく一〇年経つと五〇%にまで積み上がります。特許が満了近い一五年経つと、特許満了を待つことなく放棄される特許は九〇%に達します。最後まで使い切る特許は、どうみても一〇%あるかどうかです。高額の特許料を払ってでも最後まで維持していく特許は、極限られています。グラフは、経済合理性の観点から特許オーナーたちによるパブリック・ドメインが図られていることの証左です。これは、特許オーナーたちの極めて健全な経済活動というべきでしょう。

(四) 常に監視されるリアルタイムオペレーション

特許オーナーたちは、自ら途中で特許を放棄し、その発明を誰もが無料で自由に利用できるようにパブリック・ドメインとすることを厭わない事実が一方にあります。他方には、医薬特許のように特許オーナーの責によらない事情で特許切れになるという事実があります。バランス上から特許オーナーたちに一定の特許期間の延長を保障することは特許理念に適うものであり、これには議論の余地はない。そうでなければ、特許オーナーたちが自らの発明を秘匿することなくその分野の専門家であれば誰でも実施できるように世に公開し、それにより他のイノベーションへのインセンティブを促すという特許理念に矛盾することになるからです。

特許の起算点を出願日とする国際特許のルールを設定した時点で、少なくとも「出願日から二〇年の特許期間」に基づく存続期間を短縮させないようにする合理的な仕組みが必要である、ということになります。実施不能な「補償金請求権」では何の補償も発生しない。したがって、例えばEPOなどの大幅な特許審査遅延は、少なくとも国際的に許容されることではないということです。そのため、特許審査のリアルタイムオペレーションの保障は、TRIPs協定の世界では常に監視されていなければならない。これが保障されていないときは、締約国は何ら躊躇うことなく、相手国に二国間交渉、さらには紛争パネルによって是正を求めることができるということです。

ただ別途に留意すべきは、WTOの紛争処理システムの機能劣化が著しいという事実が一方にあることです。第一章で紹介済みですが、TPP合意で国際貿易ルールの特許マターに取り上げられた特許オーナー本人の責によらずに喪失した「特許期間の回復」は、こうした保障と軌を一にする措置ということになります。リアルタイムオペレーションを保障する上で、より重要なことは、出願と同時の審査請求があったときには、その出願が強制的に世に公開される前に特許審査を完了させる仕組みを提供しなければならないということです。

これは、第二章の欧州の特許システム問題で指摘した「保障されない特許期間」の項目の解決策に該当します。

（五）失われた特許期間の回復

特許出願の日から二〇年をもってパブリック・ドメインとされ消滅する特許について、それ以上の特許期間の延長は、陳腐化技術を独占させる弊害であって排除されるべきという考え方があります。例えば『逐条解説』から引用すると、「特許出願後二〇年以上も経過し社会の技術水準からみてさほど高くもなくなった発明についてなお引き続き独占権が行使されることになり、本来社会の技術進歩のためのシステムであるべき特許システムの技術進歩の障害となりかねない」（247頁）と指摘しています。一般論としてはその通りです。その一方で、実用化までのリードタイムの長い陳腐化しない医薬発明のような技術をどのように扱うのが特許理念に適うといえるのでしょうか。

現存率は、登録された特許が放棄されずに維持されている比率です。これから明らかなことは、特許オーナーたちは最早使用していないか、また要らなくなった特許を率先して捨てているのです。実に合理的です。他方で本人の責によらない特許審査の遅延等で失われた特許期間を返せという特許オーナーたちの要求もまた、合理的といわざるを得ない。結果、リードタイムのある発明の特許期間が事実上延長されるのは特許の実質の存続期間が二〇年を超えない限り、特許理念に反することはない。これが第一章の冒頭で紹介した「失われた特許期間の回復措置」です。

特許期間は、技術の陳腐化で説明するのはお門違いとはいわないまでも一面的見方にすぎないもので、特許理念に基づき発明の過剰保護にならないよう弾力的に規定されることこそが理に適うものと考えます。

出願公開システムと審査請求手続

今や時代錯誤の審査遅延システムか

大塚文昭著の『特許法通鑑（昭和34年法から最近の改定まで）〔平成九年改訂・増補版〕』（社団法人発明協会）の中で、「出願の出願公開システム」を次のように解説しています。

大塚は、「従来、審査主義を採用する特許システムでは、特許出願は、実体審査を終了するまで公開しないのが通例であった。この常識を破ったのは、一九六四年一月施行のオランダにおける特許法改正である。このオランダの新システムは、審査着手前に（略）出願の日から一八か月経過後に当該特許出願を公開する、という出願の出願公開システムと、出願の全数審査主義を排して七年の審査請求期間内に審査請求のあった出願のみを審査する（略）審査システムを基本とするものであった。」（180頁）と解説しています。

大塚はさらに、「審査登録」主義の発明を特許後に公開する仕組みに代え「無審査登録」主義の発明を全数公開する仕組みに加えて本人に特許審査対象を選択させてから、特許審査を開始する仕組みなど、いずれも従前のものとは異質なものである、と解説しています。要するに、従前は、特許出願の発明に係る実体審査を終了するまでは発明は世間に公開されない、また実体審査で特許性が確認された発明のみが特許公報によって世間に公開される、というのが特許システムの常識であったということです。この常識からすると、典型的には、膨大な特許出願を「無審査」のまま全数公開し、それでも歯止めが利かない発明の模倣盗用を防止できる免罪符は得られることなど、本来あり得ない話です。

大塚はまた、オランダの新システムは一九六八年の西ドイツが採用し、次いで日本が採用するところとなって「急激に世界的レベルで認知されるようになった。この状況を踏まえて特許審査の遅れが目立ち始めたわが国においても、この新しいシステムの導入の動きが高まってきた」（181頁）と、新システム採用の昭和四五年（一九七〇年）の改正特許法に言及しています。

特許審査の遅延を米国のように審査能力の大幅増強によるのではなく、出願から七年の間に本人に再度特許にするかどうかを問い審査請求手続を経た出願のみに絞り込ませて特許審査する審査遅延の新システムは、真に発明保護の理念に適うものとは言い難い。それは今や時代錯誤の審査遅延システムという印象を深くします。

補償金請求権の行使を問う

実施不能な請求権

特許出願の日から一八か月経過後に出願人の了解を得ることなく全出願を公開する出願公開システムは、特許審査前の発明が模倣盗用されないようにする手当を出願人に保障することなく制定されることなどは、本来、あり得ない話です。勝手な模倣や盗用の歯止めなしの出願公開システムは、出願された発明を無審査登録主義で特許成立させる、一九世紀の「届出制」を髣髴とさせる仕組みというほかないからです。

その手当こそが、なぜかオランダによって考え出された「補償金請求権」の仕組みです。これは、あたかも無審査発明の自動公開システムを補完しているかのように、出願人が特許オーナーになる前に補償金請求することを認めることによって、第三者による「無審査で公開される発明」の勝手な模倣や盗用を牽制し、かつ、抑制するように機能させようと意図したのだと思います。まさか「補償金請求権」が単なる免罪符になることを想定していたとは思われないからです。審査主義に基づく仕組みとしては結果的には、机上の空論の域を出ていないものだと思います。

この権利は何か。これが第三者の模倣盗用を牽制するように作用するものかどうか。「補償金請求権」は、出願した後に出願公開された未だ内容の定まらないクレームアップ発明が特許審査を経て登録されることを想定し、実際に登録された段階に至って初めて、特許オーナーとなった発明者または出願人が、特許侵害者すなわち実際に登録されたクレームアップ発明の模倣盗用者を相手どって補償金が請求できるという権利です。

明らかなことは、特許審査を経ていない未登録段階のクレームアップ発明は、特許となるべき特許範囲が確定されていない未確定発明の公開情報にすぎない。このことからすると、未確定発明の特許予定の請求権は、そもそも権利行使できるものなのか。定めによると権利行使は、特許範囲が確定したクレームアップ発明の登録後でなければできないとしており、これでまともな権利行使ができる代物といえるものかどうかということです。

「補償金請求権」をまともに行使した特許事件は、当たり前のことですが、このシステムを採用する国はどこも極々稀でほとんど事例がない。補償金請求権が発生しても、勿論、特許侵害行為を止める差止請求権が発生するわけでもなく、例外的に認容された賠償額も日本では第三章でみたように微々たる実施料相当額にすぎない。とりわけ、特許が裁判で簡単に潰される日本では、間違っても「補償金請求権」は、権利行使されることはない。

要するに、「補償金請求権」は規定されていてもなきに等しいものです。そうなると無審査のままの出願公開システムは、特許オーナーにとっては、極論すると何らの保障もされずに自らの発明が世間に公開されてしまい競争相手の企業とか第三者にとっては模倣盗用が勝手次第となって、真の発明者または出願人の特許オーナーたちには、「やられ損」という状態が現実のものとなるのです。

大塚は『特許法通鑑』で、「発明の公開に対する代償として認められる権利が差止め請求権を伴わない、補償金請求権のみであり、当該請求権により得られる補償金の額が通常の実施料相当に過ぎないことから、出願人の意思によらずに認められる性質の、形を変えた強制実施権ではないか、という批判もある。」（184頁）と伝えています。

出願公開の悪用を問う―跋扈する巧妙な模倣盗用―

出願公開システムを導入した一九七〇年（昭和四五年）当時、特許文献は全て紙ファイルの電子情報化以前です。特許出願は原則公開されておらず、公開されているのは全て審査や不服審判を経由して成立した特許公報だけでした。要するに、当時はクレームアップ発明の有効性が確認された特許文献しか存在しなかった。しかも半世紀前は、各国特許庁の特許文献が全て紙ファイルです。その利用は各特許庁の利用が中心であり、特許資料の利用も各特許庁のユーザー利用が前提の限定的に収集整備された資料に頼る時代でした。

この時代には、今では当たり前のように行われる、競合相手を邪魔する、あるいは、競争相手から攻撃されないようにする目的だけの騙しの特許出願などは存在し得なかったのです。そのための罰則規定も必要なかったはずです。また、当時の特許文献ファイルの海外収集は米欧二極が中心であって、それ以外は東西冷戦時代のソ連が独自に西側の特許文献を収集していたにすぎなかった。

日本特許庁は米国特許庁から提供された紙ファイルの特許文献を整備していましたが、日本特許庁からは米欧特許庁に日本の特許文献は提供されていない。一九八〇年代の半ばに至り、特許文献の電子化時代の到来を見越した日米ＥＰＯの三極特許庁会合が始まり、三極間で日米欧の特許関連文献資料の交換と共同使用が合意されました。その対象には、各庁が所有する特許文献に加え未審査の膨大な出願公開公報も含まれます。インターネットで電子化された特許文献に簡単にアプローチできるのは、勿論、さらにずっと先です。

一九七〇年（昭和四五年）の改正特許法による新システムは、極論すると、以下のような事態を全く想定することすらできなかったときに採用されています。まずは、いとも簡単に模倣盗用できる出願公開という三極特許庁の「入れ物」に先進国企業の膨大な特許出願が電子化されて埋めつくされるとは、誰も予想していなかった。また、それを新興国企業がベンチマークしながら巧妙に模倣し類似する技術や商品を開発することによって予想を超えるスピードで先進国企業にキャッチアップしてくることも想定外のことです。さらに、他社に対する騙しや牽制のための出願公開だけの目的で出願する出願行動が先進国企業間競争の中から現れることなども想定外です。

今や「補償金請求権」は、こうした事態に対し何らの機能も果たし得ない単なる免罪符にすぎない事実に、ユーザーの誰もがようやく気付き始めているということです。そうした事態を回避するために、第二章でみたように各国の特許庁はこれまで、例えば出願公開前の特許審査を許容する審査システムを導入し審査能力の大幅増強により審査体制を抜本的に強化してリアルタイムオペレーションを実現するなど、十分とはとてもいえないまでも様々な工夫をした審査システムおよび運用をしてきています。

拒絶される発明の公開阻止

出願公開システムの次なる問題は、発明を出願公開しておきながら特許審査等で拒絶した発明をどうしてくれるのかということです。特許出願は、発明は誰もが再現できるように記載されており、当該発明は誰もがいとも簡単に模倣盗用できるように、出願から一八か月経つと、強制的に公開されます。

特許オーナーになれるかどうかが決まっていない出願人は、発明が特許になるまで公開してほしくないと願っても、特許出願の日から一八か月経つと、当該発明は出願人の了解なく強制的に公開されます。しかも特許審査や不服審判で拒絶された発明は、何らの保護もされずに公共財として無償で公開されます。要は、何らの保護もされずに勝手にパブリック・ドメインにされます。日本の最高裁でさえ特許の独占権は発明を公開した代償（有償）であると判示しているにも拘わらず、一方的に公開されてしまいます。これは明らかに理不尽といわざるを得ない発明保護の不完全な仕組みの「欠陥特許システム」です。審査主義国の出願公開制度導入以前には、審査で合格した特許公報以外の特許文献は存在しなかったことを思い起こすと、今日の事態がより鮮明になるはずです。

出願公開前の特許審査の提供

一方的に全出願を出願公開した上で特許審査によって拒絶した発明まで無償公開するのは、発明保護の理念（特許理念）に反する行政行為という他ない。勿論、出願公開を厭わない出願人はいます。

本人または当該企業が納得ずくの出願公開であれば、特許理念と矛盾しないことは、いうまでもないことです。

また一方で、旧米国特許法の特許システムのように競争相手からすると出願公開システムのない、例えば出願から一〇年以上経って突然浮上するようなサブマリーン特許は、発明保護によるフェアな技術開発競争に反するということも明らかです。では、どうするのが望ましいのか。

答えは明快です。それは、出願人の対応如何によりますが、特許出願の日から一八か月後の出願公開前に特許審査を決着させる仕組みと手続を提供することです。少なくとも特許先進国の日米は、率先してこれを実現する必要があります。なぜか。それは、すでにリアルタイムオペレーションが視野に入っているのは特許先進国の日米に限られているためです。その日米両特許庁の審査結果が利用できなければ、他の新興国や途上国に出願した同じ発明について、それらの特許庁において原出願の出願日から一八か月後の出願公開前に特許審査を決着させることは所詮無理と思えるからです。

米国内論争の結末

ここで一つの話題を提供します。それは、先発明主義から先願主義に切り換えた米国の意図は奈辺にあったかということです。

米国は、なぜ先発明主義から先願主義に切り換えたのか。そのときに特許出願の出願公開システム導入を含む先願主義への転換を巡る半世紀以上にわたる国内における特許理念論争を、どう乗り越えたのか。米国は、自ら仕掛けたＷＴＯのＴＲＩＰｓ協定である「出願から起算して二〇年で終了する特許期間」を受け入れ、かつ、日米特許合意の「特許出願の日から一八月経過後に、自動公開する出願公開システム」を、特許理念上、どのように調整をして自らの特許システムに組み入れたのか。

考えられることは、以下のような事情によるものと思われます。グローバル経済下で先陣争いを余儀なくされる技術開発環境にあって、コモディティ化する技術や製品を巡り国境を越えてまで互いのせめぎ合いが激化するインターネット時代を迎え新技術情報の秘匿と公開とをどうするかは、その当時にあっても国際ルールとしてはゆるがせにできない課題であったはずです。

それは、第一章の図表８（73頁参照）に示す、一九八五年の貿易政策行動計画によるプラザ合意と共に、レーガン政権の「米国の産業競争力復活の要であったプロパテント（特許重視）政策」からも類推できることです。

米国は自他共に、許容される新技術の秘匿期間として一年半程度の「一八月」を適当と見做す一方で、先願主義への転換と組み合わせた「特許出願の日から一八月経過後の発明の強制的公開」を「止むなし」として、受け入れたのだと推測されます。

米国は、一九八六年に日本特許庁に対し日米共同特許庁構想の非公式提案をしています。提案の背景には、米国は当然、先発明主義から先願主義への転換と、特許出願の日から一八か月経過後の発明公開の実施とを想定していたと考えられます。米国は審査遅延対応の審査請求手続を導入することなく「一八月」で特許審査を決着させるシステムの実現を目指したのでしょう。

他方で米国は、グローバル経済下では、米国の「サブマリーン特許」が国内市場においてすら発明の過剰保護に当たるとの指摘があって、その弊害をゆるがせにできないという判断もしたのだと思います。結果、自国の権利を超える米国の特許戦略により「出願日から二〇年の特許期間」を受け入れたと考えられます。

恐らくは、このような経緯があって、米国はオバマ大統領のときにようやく、長期の国内議論を収斂させイノベーション機能が発揮できる様々な工夫を組み込んだ先願主義の特許システムを誕生させたのでしょう。それは正に、特許先進国の米国の圧倒的な力量を感じさせるものでした。

それに引き比べたとき、ＥＵまたは欧州のグローバル経済下でのユーザーのための特許戦略は全くみえてこない。特許先進地域としてのＥＵまたは欧州は、いかにも物足らないという印象を拭うことができない。

ＰＰＨシステムの適正化

第二の国際特許ルールを支えるＰＰＨシステム

（一）リアルタイムオペレーションを補強する

特許出願人（または企業）の対応如何によりますが、出願から一八か月の出願公開前に特許審査を決着させる仕組みと手続の提供こそが、第二の国際特許ルールとなるべきものです。これは言うは易く行うは難しです。究極のところ、発明を特許するか拒絶するかを出願公開前に決着させることは、特許審査や不服審判をリアルタイムオペレーションで裁く処理能力に左右されるためです。

米国特許商標庁をみると、第二章でみたように米国特許商標庁の審査官増員は限界に近い印象です。そうした状況での特許審査の最終処分までに要する期間の二五～二六か月は、未だにリアルタイムオペレーションが実現できていないということです。米国特許商標庁は、なおも審査官を増員し、その処理能力を高めなければならない状態にあるということになります。

これを確実に実現する最善策はあるのでしょうか。日本特許庁の早期審査審理が参考になると考えます。確かなことは、各国特許庁は自らの審査処理能力で対応するしかないのです。ところが、自らの審査処理能力を抜本的に改善する策は、米国特許商標庁の場合には最早単独では限界に近いということです。日本特許庁は、審査官増員による強化に加え、外部サーチ機関を認定し当該機関のサーチャーに新規性および進歩性要件に必要な特許文献サーチを代行させるシステムを採用し、審査処理能力の抜本的強化を実現しています。

米国特許商標庁が日本特許庁と同様のシステムを実現できるとは限らない。残された方策の一つは、二か国以上の特許庁による特許審査ハイウェイのＰＰＨシステムを適正化し、同システムを実効性のあるものにしていくことだと思います。それは、究極的には特許審査について各国特許庁が特許成立させるか拒絶するかの主権を維持しながらも、互いに特許出願の審査処理能力を合理的にシェアできとです。

るＰＰＨシステムの適正化を国際的に進め、各国の特許審査を国際標準に近づけるように仕向けるこ

　ＰＰＨシステムは、同じ発明に対して一方の国の特許庁が特許したときの審査結果を他方の国の特許庁に提供し、それを受け取った他方の国の特許庁は、同じ発明に対する審査結果を実質的に利用し特許要件の特許文献サーチを極力合理化し特許判断するという取決めです。ＰＰＨシステムのイメージは、同じ発明に基づく複数国への重複出願に対し相互に確認できるように標準化する特許審査のサポートシステムに近いものです。これに早期審査が組み込まれている協定の場合には、その利便性と重要性が十分に知れ渡っています。

　ＰＰＨシステムは、『特許庁年報』をみると、各特許庁が特許審査の業務をシェアするという経済合理性に適うシステムとして各国特許庁間で協定のシステム化が進んでいます。しかし先進国間ですらシステムおよび運用はばらばらで標準化のための条件が整っていないため、未だまちまちのＰＰＨシステムに止まった状態です。

　今こそ標準化のための条件整備を急ぐときです。事実、ＥＰＯや中国特許庁は日本特許庁の間でＰＰＨシステムの取決めをしているのですが、ＥＰＯや中国特許庁の実情からすると、それらの取決めが機能しているのかどうかについては論評のしようがない。少なくとも、それらをまともに利用しているユーザーがいるとは思えない。

（二）ＰＰＨシステムの概要

一般には馴染みの薄いＰＰＨ―Patent Prosecution Highway―という特許審査ハイウェイの協力システムは、端的にいうと、同じ「クレームアップ発明」に対して一方の国が特許したときの特許審査結果を他方の国に提供し、それを受け取った他方の国の特許庁は、同じ「クレームアップ発明」に対する特許審査結果を実質的に利用して特許するかどうかを決するという取決めです。ＰＰＨシステムのイメージは、同じ「クレームアップ発明」に基づく複数国への重複出願に対し相互に確認し合えるように標準化する特許審査のサポートシステムに近いものです。同協定は、ともかくもまともに特許システムを運用する途上国の存在しないＴＲＩＰｓ交渉以前には、全く思いもよらなかった協力システムです。

（三）ＰＰＨシステムのモデル

例えば二〇一五年に日米欧（ＥＰＯ）韓の間でＰＰＨシステムの標準化に成功した場合、米国特許商標庁の特許審査の処理能力に与えるインパクトがどの程度になるかについて推定してみます。二〇一五年の米国の特許出願は五九万件です。その内訳をみると、米国人による米国出願は二九万件で、外国人による米国出願は三〇万件です。外国からの米国出願が全体の半分強を占めています。米国では全出願が特許審査されます。そうなると外国人による三〇万件の米国出願の内、日本人による八・六万件、ＥＰＣ締約国のヨーロッパ人による九・三万件、韓国人による三・八万件ですので、日欧韓の三極からの米国出願は、外国人による米国出願の七三％強の二二万件まで積み上がります。

米国人による米国出願の二九万件は、米国特許商標庁自らが特許審査で決着させることになります。しかし、通常は同じ「クレームアップ発明」の特許出願は日欧韓それぞれの特許庁にも申請されているので、それらの特許出願のほとんどは各特許庁でも特許審査されることになります。現実にはあり得ない話ですが、各特許庁が責任をもって自国からの米国出願の特許審査を代行すると、米国特許商標庁に与える二二万件分の特許出願に係る特許審査の負担にどのように影響するのかです。特許という財産権の設定は、特許するかどうかを決するのは各国の主権に係る問題ですので、一〇〇パーセントのワークシェリングは無理ですが、自国での審査結果を米国特許商標庁に通知することによって米国特許商標庁は、特許文献サーチによる特許審査の負担軽減度合いを五〇％程度にまで見込めることとなります。そのような仮定に立ってＰＰＨシステムを標準化できると、米国特許商標庁の特許審査の処理能力は、二二万件の二分の一分程度にまで浮かすことができる勘定です。しかも、その標準化によって各特許庁間の特許審査のバラつきも解消されることになります。互いにＰＰＨシステムに早期審査の取決めを組み込むことができると、一石二鳥に止まらない多面的効果が期待できることになると考えます。例えば、第三章の「特許の進歩性要件」の中で指摘したように、各国特許法の進歩性要件に関する規定振りに大差はないが、その適用と結果をみると、その判断には乖離やバラつきが生まれ、こうした乖離やバラつきは当然に是正されるべきであり、そのために進歩性の適用基準および手順は、国際的に確立される必要があります。ＰＰＨシステムの標準化は、その有力な手段となることは明らかです。

それはさて置き、第二章で積算したように、二〇一五年のときに米国特許商標庁の特許審査官一人当たりの処理能力は、六六件／年でした。そうなると、標準化されたＰＰＨシステムによる特許審査の一一万件分の負担軽減は、単純計算で特許審査官の現有戦力の二割相当の一七〇〇人分になります。実現すれば、これは正にワークシェリングの極致というほかないものになるはずです。

国際特許のための残された課題

世界特許の話

世界特許とか国際特許法は、何時頃本格的に議論されるようになったのか。話は古く一九世紀後半の「万博時代」にまで遡ります。万国博覧会は、当時、欧米先進国で毎年開催され、その中で一八七三年のオーストリア＝ハンガリー帝国主催のウィーン万博のときに米国等によって出品された例えば農業機械等の展示品に係る発明が同国特許法で正当な保護を受けられるかどうかの懸念が表明され、そのことが発端となり、同国特許法での保護強化と共に、ウィーン万博後に国際特許法のための国際会議が開催されることになったという歴史があります。

特許審査の相互利用構想

そのときの国際会議が目指したのは、世界特許の実現です。それからおよそ一五〇年、世界特許構想は、各国の主権尊重という枠組みの中で構想倒れに終始してきました。その実現に向けWTOのTRIPs協定で第一歩が踏み出されていますが、相互確認を可能にするために各国特許法を調和させるという理想には、各国の主権の壁は厚く高いという印象です。なぜでしょうか。TRIPs交渉以前は「技術的優位性の維持」を目論む国と「技術的後進性の固定化」を恐れる国との間で、典型的には、先進国対途上国という思い込みだけのせめぎ合いが延々と続き、「パリ条約改正外交会議」に象徴されるように各国特許法を標準化する国際的議論は、遅々として進展しなかったためだと思います。背景には、帝国主義時代の兵器開発のように技術開発競争は先進国間または先進国企業間の競争にしかみられないという思い込みが当時の「G七七か国」と称された途上国側にあったためだと思います。また先進国間でも、軍事的に対立した状態では、新技術や新発明を「盗んだら盗み勝ち」がまかり通っていたのではないか。今では決して許されないことです。健全な特許システムは、創造的破壊の連鎖によってイノベーション力を高めるように機能します。インターネット世界は、その機能をさらに高めることになります。このことは今や、実証済みです。そうした国際競争環境の中、今考えるべき課題は、むしろ巧妙な模倣盗用の窃盗行為を跋扈させないように各国の特許システムをどう調和させ機能させるかということだと思います。

各国の特許法は、今や先願主義手続に統一されています。今後国際特許のルール化のためには、主要な特許要件である記載要件と新規性要件と進歩性要件の三要件に加え、特許出願の日を起算点とする「出願日から二〇年の特許期間」を最大限に保障し、かつ、出願公開前の特許審査を提供し、出願後一八か月以内に特許するか、拒絶するかを決するリアルタイムオペレーションを提供することが先決です。

しかし、それだけでは国際特許のルール化として十分ではない。

肝心なことは、出願後一八か月以内に前後して申請された同一発明に係る複数出願をどう調整し、いずれの出願の発明を特許するかを決する仕組みの整理が残されているということです。整理は当然、特許理念に整合していなければならない。

整理されるべき基本的仕組みは、「後発発明の保護限界の明確化」と「先行発明の過剰保護の整理」というコインの裏表のような保護手続の在り方です。これらを調整し標準化することなく理想とするPPHシステムによる発明の相互確認は、まずあり得ないということです。

後発発明の保護限界

(一) セルフコリジョン手続

国際特許ルールとして整理されるべき仕組みの第一は、欧州における特許システム問題として取り上げた「セルフコリジョン(自己衝突)手続」のように後発発明を例外なく排除するというEPO型先願主義手続を放置しておいてよいのかということです。二〇〇八年の特許法改正によって事実上の

ＥＰＣ型先願主義に切り換えた中国特許法も当然俎上に上ります。二重特許（ダブルパテント）の発生は原則許されない。ところが、二重特許にならずに特許という財産になり得るオリジナル発明者の後発発明で先願にはクレームアップされていない「保留発明」までをも排除するのはオリジナル発明者（出願人）のイノベーション意欲の芽を摘むことにもなりかねない。それは「不完全な発明保護手続」です。

再確認すると、「セルフコリジョン手続」は、次のような仕組みです。最初は、同じ発明による複数出願が前後して申請されたときに後願の「クレームアップ発明（後発発明）」が先願の「クレームアップ発明（先行発明）」と同一発明であるときは、二重特許回避の観点から、本人の発明か他人の発明かの区別なく、先願主義の手続によって後発発明は特許されない。財産となる特許を認定する観点からは、先行発明が特許になるのは当然の帰結です。後発発明が特許されないのも当然です。これは「セルフコリジョン手続」ではない。

「セルフコリジョン手続」は、オリジナル発明または発明者に限り適用される手続です。それはオリジナル発明者の後願の後発発明を同一発明者の先願の「保留発明」と同一発明という理由で特許にしないとする手続です。両発明は共に、未公開であって特許成立しても二重特許にならない発明同士です。より詳細には、この手続は、先願の発明者と同一発明者による後願の後発発明が当該発明者の先願で明細書または図面に記載されているがクレームアップされていない「保留発明」であるときに適用される手続です。この手続は、先願主義に基づくものではない。これは、二重特許にはならないオリジナル発明者の後発発明がオリジナル発明者の先願には記載された「保留発明」と実質同一の発明であるという理由で特許しない手続です。二重特許にならないオリジナル発明者の後発発明をなぜに特許しないのでしょうか。

理由は簡単です。それは、未公開のオリジナル発明者の発明に対し他人の後発発明を特許しない手続と平仄を合わせることによって先行発明者（先発組）と後発発明者（後発組）とを区別せずに同等に扱うために、オリジナル発明者向けに設けられた「手続」ということです。ただし、他人の後発発明を特許しない手続は公開または未公開状態の如何に依らず、先に開示されるかまたは先に開示された先行発明に対する後発発明は、排除されるという先願主義の手続であって、「セルフコリジョン手続」ではない。先行発明者を後発発明者と区別せずに同等に扱う「セルフコリジョン手続」は、特許理念上如何なる問題を孕むものであるかを考えてみる必要があります。

先願に記載されてはいるけれどもクレームアップされていない発明すなわち「保留発明」は、未公開の先願の特許範囲を除く部分の明細書または図面に記載された発明です。それはまた、先願のオリジナル発明者（出願人）がパブリック・ドメインとしていない発明です。それにも拘わらず先願にクレームアップされていない「保留発明」を、本人か他人かの区別なく特許しないとする「セルフコリジョン手続」は、限られた特許期間の中で、オリジナル発明者（出願人）のイノベーション力を奪う手続であって明らかに特許理念に反します。

「セルフコリジョン手続」を日本特許法の「拡大先願権」手続、または米国特許法の「先公開主義」手続、さらには「ターミナルディスクレーマ」手続、要するに自分の先行発明の範囲に含まれるという理由で本来排除されるべき自分の後発発明について特許期間を先行発明の特許と同時に満了することを条件に特許として保護する手続と比較考量し、限られた特許期間の中でオリジナル発明者または出願人のイノベーション力を高めるという特許理念に適う手続は、これらの手続のいずれであるかは、問い質すまでもなく明らかなことです。

（二）日本の「拡大先願権」

日米欧三極の先進国・先進地域の特許法は、一九八〇年代の日米特許対話に象徴されるように、歴史的には、先進国同士のせめぎ合いの中で互いに理に適う特許システムに自らの特許法を調和させ共通のルール化の実現を試みてきた。そうした調和を目指す先進国・先進地域三極にあってＥＰＣ（欧州特許法条約）は、今なお独自の特許システムを頑なに維持しています。これに倣う新興国特許法もあります。調和しない国際特許ルールがユーザーにもたらす負担の大きさは半端ではない。このことは繰り返し説明してきた通りです。これが問題の本質の一つです。

「セルフコリジョン手続」が「無審査登録」主義で始まった欧州での独自進化による手続なのか、はたまた、オランダの一九六四年施行の特許法の出願公開と審査請求システムと共に生まれた手続なのかは不明です。しかし、限られた特許期間の中でオリジナル発明者のイノベーション力を削いではならないという特許理念の観点からは理解し難い手続です。日米両特許法の手続と比較し、改めて調和点を探る必要があります。

日本の場合、オリジナル発明者ではない他人の後発発明の保護限界はどうなっているのか。一九七〇年の特許法改正によって、出願公開と審査請求手続の導入と共に、他人の後発発明について、公知公用の基準で排除する新規性要件の規定（特許法第二九条第一項）と先願主義の二重特許排除規定（特許法第三九条第一項）とがあるにも拘わらず、さらに特許を受けることができないとする新規性要件に関する規定（特許法第二九条の二）が新設されました。なぜでしょうか。これは「拡大先願権」と通称されます。

この呼称の根拠は、審査請求手続の法改正によって審査着手の順番が出願順から審査請求順に切換わり、そのため先願と後願との審査順序が前後する事態が想定されます。その対策について『逐条解説』は、「先願に記載された範囲全部に先願の地位を認めておけば先願の処理を待つことなく後願を処理できる。」と説明をしています。ここでいう「先願の地位」とは「先願に記載された範囲全部の地位」に相当し、「処理」とは審査処理することです。この説明によると、二重特許の排除規定（特許法第三九条第一項）を拡張した新規性要件の規定のようにみえます。それ故、「拡大先願権」と呼称されているのです。

ところが、これでは、オリジナル発明者（先発組）の後発発明とオリジナル発明者ではない他人（後発組）の後発発明とは、区別されることはなく同等に扱われることになり、いずれも先願に記載された同一発明によって排除されることになります。これは正にＥＰＣ型先願主義と同じ扱いです。

しかし、『逐条解説』を読み解くと、発明の新規性要件に関する規定であるにも拘わらずあたかも先願主義であるかように発明の特許性を裁く新設規定（二九条の二）は、先願が出願公開される前に他人によって申請された後願の後発発明が先願の明細書または図面に記載されている発明であるときは、たとえ先願が出願公開される前であっても先願がいずれ世の中に公開される場合には、他人の後発発明は次のような理由で特許されるべきではない、と規定されています。その理由とは、他人の後発発明について「その内容が先願と同一内容の発明である以上（略）新しい技術をなんら公開するものではない。このような発明に特許権を与えることは（略）特許システムの趣旨からみて妥当でない。」というものです。

そのため新設規定の但し書では、後願が本人によってなされたものであるときは、この限りでないと定めています。すなわち新設規定は、特許システムの趣旨から他人の後発発明に限って適用されるものです。オリジナル発明者の後発発明は、別扱いされるということです。

「拡大先願権」の理論的根拠は、オリジナル発明者の先願にはクレームアップされていない「保留発明」で、明細書または図面には記載されている発明であって、それが公開された場合には、本人が先願に続き申請した後願の後発発明は、イノベーション力をさらに強化する発明活動の一環で、先願では、クレームにアップされない「留保発明」の延長線上にある発明であるので、本人が申請した先願に記載された保留発明と同一発明という理由で排除されるべきでないということです。

根拠は、『逐条解説』で説明されているように、初めて新技術を世に公開したのは、本人が申請した先願に記載された発明と実質同一の後発発明であって、しかも本人の先願の「クレームアップ発明」と同一発明ではないので、排除されるべきないという見解によるものです。

本人が申請した先願の先行発明ではない保留発明が公開されることを条件に、本人の後願の後発発明を保護する発明と見做すという理論的根拠からすると、常識的には「先公開主義」の発明を保護する「先公開発明権」とでも称するのが馴染みやすいと思います。

(三)　米国の「先公開主義」

日本特許法の「拡大先願権」を立法する際に参考として旧米国特許法の新規性要件の第一〇二条e項［改正法第一〇二条a（2）］には、本人の後発発明の出願に先立ち、他人の同一発明があり、その同一発明が公開されている場合には本人の後発発明は、特許を受けることができないと規定されています。この新規性要件に関する規定は、旧米国特許法の先発明主義の下でも、また先願主義の下でも最初の発明者でなければ特許を得ることはできないことを示すものです。同規定は、未公開かまたは未特許の先願に対し先願の出願日を基準として他人のなした後願の排除効を認めるとする米国最高裁判所の判決を立法化したものです（酒井国際特許事務所企画室編『米国特許出願実務ガイド』二〇一二年　経済産業調査会　333頁）。

これは、本人による発明と他人による発明との調整規定で公開を条件に本人の先行する同一発明に対し他人の後発発明を排除する効力を認める一方で、本人の後発発明は、排除されることはないというものです。

これこそが「拡大先願権」と同趣旨の先行発明者のイノベーションをさらに刺激するための後発発明者に対する先行発明者のアドバンテージです。特許オーナーが「最初の発明者」でなければ特許を得ることはできないということは、正に『逐条解説』の「特許システムの趣旨」に相当する先願主義手続に優先する特許理念そのものと見做すことができます。

先行発明の過剰保護の整理

(一) 自明性型の二重特許(ダブルパテント)禁止

国際特許ルールとして整理されるべき仕組みの第一は、セルフコリジョン手続でした。同じく整理されるべき仕組みの第二は、米国の自明性型のダブルパテント禁止手続です。

例えば、米国特許法には、先公開主義が拡張解釈され特許理念からするとオリジナル発明者または出願人の過剰保護に相当する印象を拭えない手続が含まれます。

それが問題である根拠は、日欧の特許法でいう進歩性要件に相当する米国特許法第一〇三条に規定される自明性要件にまで先公開主義を拡大適用していることです。二重特許(ダブルパテント)の禁止は、あくまで同一発明に適用されるのが限界であって、同一発明を超える他人の自明性発明まで先公開主義を拡大適用しているのは行き過ぎというほかない。少なくとも他人が申請した後願の出願時には、オリジナル発明者または出願人が申請した先願に記載された発明は公知文献とはなっていない。

そのような状況は、要するに先願に記載された発明が他人には未だ秘匿状態にあるということです。後願の出願時に後願の発明者または出願人は、先願に記載された発明内容を知る手掛かりはない。

米国の自明性要件は、後願の発明者の知りようのない先願に記載された発明を基礎に他の公知文献を組み合わせ、容易に想到し得る自明な発明と認定し、後願の後発発明を排除し拒絶しています。これは、どう考えても無理筋の理屈というほかないように思います。

理屈上は、他人の後発発明に対し、オリジナル発明を出願した時点での技術水準と見做し、未公開のオリジナル発明を根拠に自明性要件を判断していることになります。しかし、拒絶される後発発明者にしてみれば、自分には知りようのない全く未知の未公開文献を根拠に非自明性で特許しないと宣言されたようなもので、納得のいく話にはならないように思います。

こうした米国特許法の自明性要件の拡大適用は、特許理念に反する過剰保護の手続と見做さざるを得ない。国際特許ルール化の観点からは、見直されるべき手続と考えます。

(二) ターミナルディスクレーマ手続

次に、いずれも本人が申請した先願の先行発明である「クレームアップ発明」と遅れて申請した後願の後発発明である「クレームアップ発明」とが共に、同一発明であると認定されたとき、米国特許法では、極めてユニークな手続で処理されます。

両発明共に本人が申請した「クレームアップ発明」であるので、通常は、日欧と同様に、実質同一なってしまいます。そのため後発発明は排除されます。二重特許は、実質同一発明の特許が複数存在することになるので、財産としては通常、あり得ない話になるためです。

しかし米国特許法では、一定条件を満たす後発発明は特許されます。条件とは、同一発明者または出願人が実質同一の後発発明の特許を先行発明の特許期間と同時に満了させ、かつ、権利行使するときは両特許を一体で用いることです。それは、先行発明と後発発明の両特許を同時にパブリック・ドメインとすることによって二重特許を一特許に擬制させているようなものです。これは、米国特許法独自のターミナルディスクレーマという後発発明の特許期間の一部を、先行発明の特許期間に合わせ残りの特許期間を放棄する手続になります。

この手続のユニークさは、自分の後発発明が自分の先行発明の特許を根拠に非同一性の特許要件をクリアできないときにターミナルディスクレーマ手続によって自分の後発発明を特許にできるようにするということです。これを同一性型のターミナルディスクレーマ手続ということができます。見方を変えると、特許または「クレームアップ発明」の解釈または設定は、それほど厄介なものであるということにもなります。そうなると後発発明の特許オーナーは、特許審査において審査官による自分の先行発明の特許を根拠に、自分の後発発明を非同一性の新規性要件違反という認定の拒絶手続に対しても、また特許侵害訴訟においては特許侵害被疑者による自分の先行発明の特許を根拠に非同一性の後発発明の特許無効主張に対しても、ターミナルディスクレーマ手続で対抗できることにもなります。

特許紛争の長い歴史から生まれたオリジナル発明者すなわち特許オーナーをサポートする米国型の二重特許（ダブルパテント）回避手続と称すべきものです。それは、人によってまちまちになりがちの特許性に対する見解の相違を合理的に処理する優れた特許審査または特許訴訟手続と評価されるものです。それはまた、現行の各特許システムが押し並べてキャッチアップする側の後発組が、圧倒的に優位な手続が提供されていることから少しでも、先発組のオリジナル発明者すなわち特許オーナーをサポートする手続として国際特許ルールに推奨される価値は十分にある手続と考えます。そのためには、オリジナル発明の過剰保護になる次のような問題の整理が前提になります。

（三）自明性型のターミナルディスクレーマ

問題は、米国特許法では、ターミナルディスクレーマ手続を自明性にまで拡大適用していることです。具体的には、自明性型のターミナルディスクレーマは、後発組が申請した後願の後発発明に対し先発組の先願の先行発明との間で自明であるときは、自明性要件の一〇三条で排除し拒絶します。その一方で、先発組が申請した後願の後発発明が先発組の先行発明との間で自明であるときには、自明性型のターミナルディスクレーマ手続で両特許期間が同時に満了することを条件に救済され特許されます。これでは、先発組を自明性の範囲まで保護の限界を一方的に広げているのに、後発組の後発発明に対しては自明性の範囲にまで拡大し一〇三条（自明性要件）で排除し拒絶していることになります。先発組と後発組のフェアな競争によりイノベーションを喚起するという観点からは、自明性型のターミナルディスクレーマは先発組とはいえ、オリジナル発明者すなわち特許オーナーに対しては過剰保護で特許理念に反することになります。

しかし、自分の後発発明が自分の先行発明の特許を根拠に非同一性の新規性要件をクリアできないときに同一性型のターミナルディスクレーマ手続によって自分の後発発明を特許にできるようにすることは、経済財として、独占的に権利行使する特許を特徴付けるものです。これはむしろ、特許理念に適う手続というべきです。

特許範囲に発明思想を多面的に定義する多項制の記載要件からすると、同一性型のターミナルディスクレーマは、特許オーナーに認められた特許理念と整合する合理的な発明保護手続の一つと評価されるべきものと考えます。

例えば、日本特許法における特許範囲の多項制の記載要件は、特許範囲には「請求項に区分して、各請求項ごとに特許出願人が特許を受けようとする発明を特定するために必要と認める事項のすべてを記載しなければならない。この場合において、一の請求項に係る発明と他の請求項に係る発明とが同一である記載となることを、妨げない。」と、特許法第三六条第五項に規定されています。

これは、一特許であるかのように擬制された、同時に独占的に権利行使され同時に特許期間が満了するなどの一定条件を満たす実質同一の発明は併存させることができるということです。つまり各請求項または各クレームに記載された「クレームアップ発明」は、全て権利行使できる特許となるので、特許明細書に記載された実質同一の複数発明は、それぞれが特許として成立しているということです。それと同じ理屈で同一性型のターミナルディスクレーマ手続によって、自分の先願の先行発明と自分の後願の後発発明とが、実質同一の発明であるにも拘わらず一定条件を満たすが故に、併存できるということです。

ＰＰＨシステムの最適化条件

さて先行発明の保護の適用範囲を他人の後発発明に限るという先公開主義が第三の国際特許ルールになると、セルフコリジョン手続は禁止されるということです。

それはまた、同一性型のターミナルディスクレーマ手続を組み合わせることができるということにもなります。

ただし、自明性型の二重特許（ダブルパテント）禁止と自明性型のターミナルディスクレーマは、整理されなければならないものです。

これで、ＰＰＨシステムの標準化を実現する必要最小限の条件がようやく整うことになります。つまりは、特許出願の審査または不服審判手続と運用を調整することによって、特許理念に適う国際特許ルールが実現するということです。

進歩性適用の国際的標準化

他の知財では判断されることのない発明の進歩性要件については、第三章で詳細に解説しました。日本特許庁における審査・審判の判断と裁判所における判事の判断との間に大きな乖離が現に存在し、また国際的にも各国特許庁や各国裁判所による進歩性を適用するかどうかの判断に大きなバラつきがあることは周知のことです。そこで、特許と司法の観点から発明の進歩性適用についての課題を提示しました。

今やわが国の「特許・実用新案審査基準」の改定案は、産業構造審議会の下部委員会（審査基準専門員会ワーキンググループ）でオーソライズされたものが適用されています。「進歩性の判断に係る基本的な考え方」によると、「当業者が請求項に係る発明（筆者注：クレームアップ発明）を容易に想到できたか否かの判断には、進歩性が否定される方向に働く諸事実及び進歩性が肯定される方向に働く諸事実を総合的に評することが必要である。そこで、審査官は、これらの諸事実を法的に評価することにより、論理付けを試みる」こと、と明示し、また「当業者」について以下の四点の条件を備えた者が想定されています。四点とは、（一）クレームアップ発明の属する技術分野の出願時の技術常識を有すること、（二）研究開発（文献解析、実験、分析、製造等を含む。）ための通常の技術的手段を用いることができること、㈢ 材料の選択、設計変更等の通常の創作能力を発揮できること、および、㈣ クレームアップ発明の属する技術分野の出願時の技術水準にあるもの全てを自らの知識とすることができ発明が解決しようとする課題に関連した技術分野の技術を自らの知識とすることができること、からなります。審査官による論理付けは、当該発明の出願時の技術水準を的確に把握し、審査官には、この技術水準にあるもの全てを自らの知識としている当業者として論理付けするよう指示しています。要するに後知恵による論理付けは「ダメ」ということです。

その上で、具体的には、諸事情をどのように展開し、提供すべきかの概要も示されています。例えば、進歩性が否定される方向に働く要素として、クレームアップ発明に対して主引用発明と副引用発明を適用する動機付けは、㈠ 技術分野の関連性、㈡ 課題の共通性、㈢ 作用、機能の共通性、および、㈡ 引用発明の内容中の示唆などを総合的に判断するようにと指示されています。

こうした指示に基づき法律系判事が進歩性適用の特許要件を裁くのは、クレームアップ発明の出願時から相当の期間が経過したときです。そうした判事にとって、出願時における技術的常識とか技術水準を後知恵によらない論理付けで主体的に判断するには、あまりにもハードルが高すぎるように思われます。

発明の進歩性要件は、発明の課題とそれを解決した事実を技術的に十分の評価した上で、適正に適用されなければならない。とりわけ進歩性要件を融通無碍に適用しイノベーションの芽を摘むようなことは、特許庁でも裁判所でも、決してあってはならないことです。

発明の進歩性または自明性という特許要件に関する特許の特異性を考慮すると、当該発明の審査を担当する審査官による認定のバラつきとか、特許侵害訴訟において当該発明の特許の有効性を当事者弁論で裁く判事による判例のバラつきとかが、ある程度避け難いことから、日米EUの三極間でこの課題のルール化を検討する必要があります。

これを国際的に標準化する上で、今のところ、日米が主体的役割を担わざるを得ず、それ故に日米両特許庁の責務は極めて大きいものと考えます。第二章の「特許登録率のマクロ分析」でみた七〇％強の特許登録率の日米特許庁と五〇％に達しないEPOの特許登録率とを勘案すると、日米EPOの三極で標準化することなど不可能だからです。

これは当面、リアルタイムオペレーションを実現している日米が共同で国際的に問題となる特許を評価するような国際評価機関の創設も視野に入るものと思います。

先公開主義のグレース・ピリオド

研究成果として論文等で発表された発明の保護

ＴＰＰ合意の特許マターで紹介した研究論文発表のための猶予期間、いわゆる「グレース・ピリオド」を第六の国際特許ルールにする必要があります。特許理念からすると、特許出願に先立つ研究論文発表の一年間の猶予期間を許容する、いわゆるグレース・ピリオドは、先公開主義の適用範囲に組み入れられるべき手続になります。具体的には、特許出願より先行する研究成果の論文等の発表または発表された論文等に含まれる発明は、先公開発明に該当します。

グレース・ピリオドとは、一年以内に特許出願を申請することを条件に、当該発明が発表された論文後の他の文献または他の特許出願では排除されない「先公開発明権」として、保護されるということです。これは、科学技術の研究で論文発表に鎬を削る日々を送る研究者にとっては、自らの浮沈に係る研究成果、またはそれに内在する発明の保護手続と理解されるべきものです。通常、特許手続を上回る厳しさで区別されるのが、科学技術論文の後先です。後発組の二番手論文が世に出ることはない。それはアカデミアにおける研究競争の激しさと研究成果の評価に対する厳格さに由来するものです。勿論、特許出願するタイミングは論文発表に先立つことは好ましいことですが、そうすることは、研究競争との兼ね合いからすると、研究者は、現実離れした対応を余儀なくされます。それは研究者にとって可能だとしても例外的な事例に止まるものです。

そのため、一年間を限度に発明を公表する「先公開発明権」を容認し、一年以内に特許出願することによって、その特許出願はその間の第三者による同一発明の先願や他の論文を先行文献として拒絶されないようにする仕組みが必要です。それがグレース・ピリオドすなわち猶予期間手続であり、第六の国際特許ルールに位置付けられるべき項目になります。科学技術研究の成果は、次なるイノベーションを刺激し技術革新の素材になるとの観点からすると、当然の措置の一つと考えるのが自然だと思います。

すでに指摘したことですが、日本特許法の第三〇条には「発明の新規性の喪失の例外」規定は、一年の猶予期間による先公開主義の手続に切り換える必要があります。具体的には、本人が論文発表をした一年以内に第三者が同じ発明を特許出願するかまたは同じ発明を含む論文発表をした場合、本人の発明が誰よりも先行することを条件とする「先公開発明権」に基づき、本人の発明の特許化が第三者によって妨げられることはないようにするということです。

グレース・ピリオドの国際的調和

長期にわたり、米国に先願主義手続の導入を逡巡させてきた理由の一つは、このグレース・ピリオドの国際的調和でした。研究成果を特許出願に優先して論文発表すると特許化できない欧州システムや、本人の論文発表の一年以内にその論文に含まれる発明を第三者によって特許出願されると、本人の発明も第三者の発明も特許化されない、つまりは発明に無関係な他人が漁夫の利を得る日本システムでは、米国が先願主義手続に平仄を合わせ国際特許ルール化を目指すべきと国内説得することなど、とうてい不可能であったはずです。この点は、今回の日本特許法改正によって完全に払拭されたのでしょうか。

科学研究とイノベーションとの関係の深さ、および、その重要性を考えるとき、これは、国際特許ルールとして、「先公開発明権」を含む先願主義手続に平仄を合わせ確立されるべき特許マターになります。

発明公開代償による国際特許ルール

六つの国際特許ルール

この章は、以下のようにまとめることができます。

国際特許ルールの第一は、「出願日から二〇年の特許期間」の保障です。本人の責によらない喪失した特許期間の回復措置は、これに含まれます。また特許審査・審判のリアルタイムオペレーションも保障される必要があります。

国際特許ルールの第二は、各国は特許出願の日から一八か月後の出願公開前に特許審査・審判を完了する特許審査・審判システムを提供することです。これには実効性あるPPHシステムが不可欠です。そのためにPPHシステムの標準化の条件は、整備されなければならないと考えます。それによって、国際的に特許審査・審判手続のリアルタイムオペレーションが実現されます。実効性あるPPHシステムは、先発組に対する強制的な出願公開によるハンディキャップを補完する手続になり得るということです。

国際特許ルールの第三は、セルフコリジョン（自己衝突）手続を整理し、オリジナル発明または発明者に「先公開発明権」を認める手続を提供しオリジナル発明に対する二重特許（ダブルパテント）禁止の適用を前後する同一発明に限り認め、自明性（進歩性）の二重特許禁止にまでは拡大適用しないようにすることです。これにより、実効性あるPHシステムのインフラが整うことになります。

国際特許ルールの第四は、先公開主義に基づく同一性型のターミナルディスクレーマ手続を提供し、それにより、先発組と後発組との発明保護のバランスを図る一方で、先発組のオリジナル発明が過剰保護にならないよう自明性型のターミナルディスクレーマ手続を整理することです。

国際特許ルールの第五は、発明の進歩性または自明性という特許要件に関する特許の特異性を考慮すると、当該発明の審査を担当する審査官による認定のバラつきとか特許侵害訴訟において当該発明の特許の有効性を当事者弁論で裁く判事による判例のバラつきとかがある程度避け難いことから、当初は日米両国で、最終的には日米ＥＵの三極間で、進歩性要件の国際的標準化を進め、国際的にオーソライズされた進歩性適用の是非が判定できるようにする枠組みを検討することです。

国際特許ルールの第六は、先公開主義に基づき、出願のための一年間の猶予期間のグレース・ピリオドに限って、「先公開発明権」を提供することです。それは、イノベーション力を左右する科学技術の研究で論文発表に鎬を削る日々を送る研究者に提供されるべき手続です。特許理念からすると、それは、特許出願に先立つ研究論文発表の一年間の猶予期間を許容する「先公開発明権」の手続になると考えます。

互いに監視できる特許司法システムの整備

二つの特許司法システムの整備

特許司法システム整備の第一は、各締約国はリアルタイムオペレーションを保障する弁論主義による特許紛争を裁く特許司法システムを整備し、互いに同一事案の特許訴訟を監視できるようにすることです。特許は通商上の経済財です。その監視には、第三章で分析したように、適正な損害賠償や和解手続など、特許司法システムとして国際的にバランスのとれた仕組みになっているかどうかの検証が含まれると考えます。

特許司法システム整備の第二は、アジア地域における特許訴訟のフォーラム・ショッピングを日本が担えるように整備することです。それによって、グローバル・モデルの特許訴訟の国際フォーラム・ショッピングを担う米国と、欧州地域において国際評価の高い特許訴訟の国際フォーラム・ショッピングを担うドイツ（将来はEU特許裁判所か）とが、事実上、実績評価されているときに、日本特許司法をアジアの特許訴訟を裁くように位置付け、三極の特許訴訟のフォーラム・ショッピングを形成することです。しかしながら、第三章でみたように、日本の地裁および特許高裁の現状では、三極の一翼を担う特許訴訟のフォーラム・ショッピング国になるなど、とても無理というほかない。そうならないための大前提は、特許先進国の日本の特許司法システム問題を「利用者」の視点、「経済合理性」の視点、「国際的」視点から抜本的に見直すことです。具体的には、例えば日本特許法の一〇四条三の規定を廃止、費用は嵩むけれどもディスカバリー手続を導入し被疑侵害者の隠し玉を許さないようにすることです。

その対応が拙速であればある程、日本問題として国際的にクローズアップされます。場合によっては、日米通商問題にされるか、はたまた、アジア地域の特許訴訟のフォーラム・ショッピング国を目指す中国、韓国、台湾、ＡＳＥＡＮの国々との競争において、後れを取るという信じられないことにもなり兼ねない。

結論的には、新興国などの模範となるべき特許先進国として、少なくともアジア地域の特許紛争解決の国際的イニシアティブを担うという自覚が、通商行政や特許行政はいうに及ばず日本の特許司法システムに係る人々、そして産業界に求められているのだと考えます。

そうでなければ日本は特許司法システムに関するアジアの孤児となることは避け難く、アジア地域のフォーラム・ショッピング国など、夢のまた夢に終わります。

そのためにも、特許司法システムに技術系判事が登用され、弁論主義の下で納得のいく科学技術論争の裁きが日常化することを期待したいものです。ここで、第三章で提示した提言を繰り返します。

技術系判事や特許弁護士【弁理士】の養成

特許先進国の日本としては、国を挙げて、こうした事態に対応すべく、少なくとも米国やドイツのように技術系判事や特許弁護士（弁理士）を養成するインフラ整備を急ぐべきです。明らかなことは、特許を巡る科学技術に関する争点に際し当事者弁論主義による両当事者の主張に基づき法律系判事自らが特許の有効性を判断することには、無理があるということです。特許プロの目からは、それは法律系判事による後知恵的判断がまかり通っていると見做さざるを得ないということになります。そうした技術系判事や特許弁護士（弁理士）たちがしかるべき場所と所を得て活躍することによって特許紛争が裁かれなければ、事態の根本的解決はみえてこない、と考え、当分の間、日本特許法一〇四条の三の適用は止めることです。さらに特許訴訟手続にディスカバリー手続を導入し被疑侵害者の隠し玉を許さないことです。

国際特許訴訟のフォーラム・ショッピング国

結論的には、特許先進国として自らがフォーラム・ショッピング国を目指さない限り、アジアでの特許紛争解決の国際的イニシアティブを担うことなど、まずあり得ないことです。そうした観点から、今求められている人材は、自らの技術的判断で弁論主義を裁く技術系判事です。

第五章　国際特許システムの在り方を問う

幅広い検討の場の提供

特許理念に立脚する国際特許システム

第一章の「国際特許ルールのロードマップ」で、「発明保護の理念（特許理念）に立脚した国際特許システムの実現は、グローバル競争の適正化という観点からは、今がそのタイミング」と言及しました。それはまた、「日米二か国のイニシアティブで進めていくしかない」ということも指摘したところです。

第二章の「特許データからみる各国の特許事情」では、特許先進地域にあるまじきＥＰＯ（ヨーロッパ特許庁）の特許事情と、未完の国際特許システムを背景に巧妙な模倣盗用が野放し状態に近く、しかも技術移転を強要するが如き国家資本主義的外資導入政策が展開され、その結果である経済成長では「正の連鎖」を享受してきた新興国の特許事情と、新産業を生み出す世界のイノベータ企業の四分の三を占める日米両国の特許事情とをそれぞれ概観してきました。

新興国の「正の連鎖」による高度経済成長は、先進国の「負の連鎖」による低成長経済と対比されるものですが、未完の国際特許システムを甘受せざるを得ない環境の中、日米両国企業はなお、新産業をたゆみなく生み続けるイノベーション力を発揮している一方で、欧州企業は、かつての栄光は何処かと思わせるようなイノベーション力を停滞させている有様について、欧州の特許問題と関連付けて説明してきました。

第四章「特許理念―発明公開代償の特許―」では、国の特許政策または企業の特許戦略面で、日米両国は、自らの課題を抱えつつも提示された国際特許システムのための課題について、主導的立場でルール化を進め実現していくしかない、ということも指摘してきたところです。その例証となるのは、間違いなく日米両国主導でまとめ上げられたＴＰＰ協定第一八章「知的財産」の中の特許マター（三七条～五四条）と行政上および司法上の権利行使マター（七一条～七七条）との規定群であると確信しています。

国際特許システムの課題は、どのような手順と枠組みでルール化し実現するのが望ましいのか。本章では、そのルール化を実現する道筋を提示することにします。参考となる事象は、冒頭で紹介したＧセブンの特許庁長官の非公式会合に寄せた参加者の大いなる期待があった反面、実務官庁を仕切るトップの人たちの努力にも拘わらず、実務世界の限界を感知させられた参加者の感慨があったということです。詳細な調整および慎重な準備を経た非公式会合は、なぜか一回限りの対話で終始し、継続発展には至らなかった。実務官庁であるが故の限界なのでしょうか。現実はまた、WTOの二〇年の間に「国際特許は通商特許」また「特許は通商上の経済財」という認識が世界経済を支える確固たる地位を占めるまでになっています。

これらを考え合わせると、国の特許政策および企業の特許戦略を考える幅広い検討の場が今こそ必要です。その場がどのような態様で提供されるべきかが、今、問われているのだと思います。いわば「イノベーションと特許」という幅広い検討は、当然、特許政策はいうに及ばず、特許司法政策、通商貿易政策、さらには科学技術政策に色濃く反映されるものだと考えます。

冒頭で紹介した二〇一五年八月八日号で『ザ・エコノミスト』が提起した論策は、これまで営々と先進国間で形成してきた特許システムを再検証すべきときを迎えていると指摘し、その根拠は欠陥特許システムのまま途上国や新興国にも流布され、国際特許システムがグローバルなイノベーションに決定的なダメージを与えていることを懸念する論策であったと認識しています。

参考となる他の事象は、米中の貿易特許戦争です。一方的な新技術・ノウハウの冒認・窃盗行為を含む幅広い特許戦争とも評すべき米中貿易戦争の行方によっては、グローバル経済に大きく転換をもたらすことすら想定されます。それは正に、未だに各国が異なる様々の特許システムを堅持し、かつ、国際特許システムが未完のまま現在に至っていることに起因していることです。

最後は、提示した国際特許システムの八つの課題を中心に、日米が主導的立場でルール化の実現を進める道筋を提示できれば、と考えています。その道筋がみえても、その実現には国内的また国際的に困難を極めることは必至です。

平成二九年（二〇一七年）一一月二四日、政府は、「総合的なTPP等関連政策大綱」をTPP等総合対策本部で決定しています。TPP等は、米国が抜けたTPP一一（か国）の凍結項目を含む「包括的及び先進的な環太平洋パートナーシップ協定」のCPTPP（Comprehensive and Progressive Agreement for Trans-Pacific Partnership）、および日EU経済連携協定EPA（Agreement Between The European Union and Japan for an Economic Partnership）という二つの協定のことを指します。

TPP協定第一八章の「知的財産」に対応する日EU経済連携協定（EPA）の「知的財産」は、第一四章の一条（冒頭の規定）～五五条（紛争解決）に規定されています。それには、TRIPs協定の「権利行使」規定に基づく約束を確認するEPAの「権利行使」ついて、四〇条～四八条に規定されています。また五二条一項の「協力」には、日EUは共に「知財の保護の重要性が増大していることを認識して（略）知財に関して協力する」と謳い、次に二項には、「知財に関する国際的政策の策定」とか「研究、イノベーション及び経済成長のための知財の利用に係る政策」とか「世界的規模の知財の侵害に対する共同の努力についての一層の活動に向けた可能性の探求」に言及しています。さらに三項には、そのための「国際的規律の枠組みを改善するための活動（略）について協力する」

と定めています。

ＥＰＡの特許マターは、「第六款　特許」の三二条〜三五条の三規定です。各規定は、国際特許システムのルール化を実現する道筋を探る上で、興味深い内容を含むものです。

またＴＰＰ交渉で日米が中心にまとめ上げたＴＰＰ協定の特許マターとＷＴＯ・ＴＲＩＰｓ協定の特許マターとの落差を知ると、ＴＰＰ協定の枠組みを利用するという道筋がみえてきます。米中の貿易特許戦争の決着が全くみえてこないのに比べると、多少の時間がかかることを覚悟すれば、提示したルール化の実現は不可能ではないと考えます。

まずは、二〇年前に立ち返り、Ｇセブンの特許庁長官たちによる非公式会合の様子を紹介します。

Ｇセブンの特許庁長官たちの非公式会合

仕掛人はポール・ハートナック英長官

冒頭で紹介した特許庁長官による非公式会合は、一九九九年五月に東京で開催されました。これは、ウルグアイ・ラウンドのＴＲＩＰｓ交渉での先進国間の対立によって積み残された課題解決の突破口を見出そうとする試みの一環です。議題は建前上「ＴＲＩＰｓの見直し」と「知財訴訟を含む権利行使」と「ＷＩＰＯ関連事項」でしたが、新規項目にＴＲＩＰｓ交渉の先進国間の積み残し項目、要するに、米国問題の「先願主義手続」と「早期公開制度」の採用の是非が、事前に提示されていました。

これは、一九八三年以来の日米ＥＰＯの三極特許庁（首脳）会合が定着していたときに発想された、しかも特許法改正に影響力を行使できるマンデートのある特許庁長官の非公式会合という構想でした。狙いは、日米欧の先進国間の対立の解消です。それによって、国際特許システム構築の障害となる積み残された課題解決の糸口を探ることでした。各国特許庁が独自で特許システムを管理・運営していた当時としては、非公式とはいえ相当ユニークな特許庁長官会合であったように思います。

この構想は、特許世界の先進国間対立解消の難しさを承知していた英国特許庁のポール・ハートナック長官の発想によるもので、一九九八年六月就任の日本特許庁長官の伊佐山建志と面談した際に共に議論し、意気投合し、共同企画され、通商プロでもある伊佐山のイニシアティブによって、各国の特許庁長官との間で、慎重な意見の調整を行い、開催にまで漕ぎつけたのだと思います。その調整の一つが、同年秋に米国のフロリダで開催された日米ＥＰＯの三極特許庁（首脳）会合でした。

因みに、ハートナック長官は、英国貿易省会計担当部長から公募で一九八九年に特許庁長官に就任し、一〇年の経験を踏まえていますが、経歴上は英国新技術開発事業団の事務局長経験が八年に及んだ人物でした。一方、日本特許庁の伊佐山長官は、その経歴が旧通産省の通商・貿易畑が長く日米通商マターなどに深く関わり貿易局長および通商政策局長を経て特許庁長官に就任した通商プロと評される人物でした。ただハートナック英長官の本会合への出席は、心臓疾患のため、代理出席になったことは誠に残念なことでした。

フロリダ会合での調整

一九九八年一一月、常夏のフロリダで、米国特許商標庁（USPTO）のブルース・レーマン長官、EPO（ヨーロッパ特許庁）のインゴ・コバー長官、日本特許庁の伊佐山長官による、定例の三極特許庁会合が開催されました。

因みにEPOのコバー長官はドイツ連邦司法省の事務次官を経て、一九九六年EPO長官に就任しています。それまではドイツ代表でEPO管理会合にも出席していた、正に法律プロと評すべき人物でした。

このとき、伊佐山長官はすでに、英国のハートナック長官、ドイツのノルベルト・ハウク特許商標庁長官および欧州連合（EU）のDG1（外交）のモーエンス・ピーター・カール総局次長とDG15（産業政策）のヘインズ・ズーリック総局次長との間で、特許法改正についてマンデートのあるGセブンの特許庁長官による非公式会合の東京開催について打診し意見交換と調整を行った上で、フロリダ会合に参会しています。

因みにドイツ特許商標庁のハウク長官は、経歴上はドイツ特許商標庁で機械系審査官の経験を積み、ドイツ連邦特許裁判所判事を経験し、四年間のドイツ連邦特許裁判所副長官を経て、一九九五年ドイツ特許商標庁長官に就任しています。ドイツ特許商標庁では初めての技術系特許庁長官です。

合意内容

三極の「フロリダ合意」は、次のようなものでした。

第一は、日米ＥＰＯの三庁に加えＰＣＴ（国際）出願を管理するＷＩＰＯ事務局のサイバー・オフィス化、要するに各特許庁とＷＩＰＯのＰＣＴ出願の受付処理する事務処理のペーパーレス（電子）化を加速することでした。狙いは、世界同時化する技術開発競争を支える情報処理の電子化インフラを共に整備し特許審査の同時化および迅速化と国際的標準化とを併せて実現するためです。

第二は、同じく三庁に同一出願人または企業が順次出願を申請した同一発明について、文献サーチを含む審査を共同で行うためのインフラを整備することです。具体的には、前年の一九九七年に京都で開催された三極特許庁会合で合意された三庁の共同特許審査プロジェクトで試験的に進めていたＰＣＴ出願の共同審査を本格化するために特許審査基準の統一化のための比較研究をするというものでした。それは、例えばマルチメディア技術とか遺伝子断片（ＥＳＴｓ）など三庁で審査基準の平仄を合わせた運用を実現するためです。

第三は、同じく三庁で所有する特許文献等の情報を三庁の審査官だけでなく特許プロを含む民間ユーザーの誰もが何処からでも無償あるいはマージナルコストでアプローチできるようにするために日米ＥＰＯの三庁は協同で特許情報政策を展開するということでした。

制度調和に消極的なＥＰＯ

フロリダ合意の中で二〇年後の現在でも未だ実現していないのは、同一出願人による同一発明についての日米ＥＰＯの三庁間の共同特許審査（第二合意事項）です。

最終形態は、審査結果の異同について三庁間で相互確認するというものです。当時はＰＰＨシステムなど、姿、形もないときでしたので、日米ＥＰＯの三庁間の共同審査は、大仰にも世界特許構想といわれていたものです。今なら多分、ＰＰＨシステムの標準化構想ということになるのだと思います。しかし、これは所詮無理な構想でした。理由は単純です。突きつめると、ＥＰＯには自らが運用する欧州特許法条約（ＥＰＣ）に組み込まれた特許法を改正するマンデートは与えられていない。そのためＥＰＯの対応は極めて消極的でした。

ハートナック英長官がＧセブンの特許庁長官による非公式会合を構想した背景には、次のような事実を承知していたためだと推察されます。それは、日米ＥＰＯの三庁の特許審査による相互確認などはあり得ない、所詮、絵にかいた餅に過ぎないということを承知していたことです。ＥＰＯが特許審査代行機関に止まっている限りは、相互確認は日米が自分たちの運用する特許法をＥＰＣ（欧州特許法条約）に合わせるしかない。それは、かつて葬り去られた米国特許法改正のときと同じ轍を踏むことであって、本末転倒という話になります。本筋は、欧州連合（ＥＵ）またはＥＰＣ締約国が特許理念に立脚した特許法を検討すべき時期に来ていたという話です。

ウルグアイ・ラウンドにおいてＴＲＩＰｓ交渉が先進国間の対立で未完で妥結した背景には、一方に先発明主義から先願主義への手続転換ができなかった米国の国内事情があったことは確かです。それと対置されるのは、マンデートのないＥＰＯがセルフコリジョン手続すなわちＥＰＯ型先願主義にこだわり先公開主義の特許理念に基づくシステムへの転換、および、早期公開前の審査開始を拒み続けてきたことです。英国のハートナック長官は、ＥＰＯの組織防衛的な頑なな対応がより大きかったことを、ＥＰＯのコバー長官共々、十分に承知していたのだと思います。

今になってみると、ＥＰＯの頑なな対応は、ＥＰＣ締約国のユーザー企業においてすら、ＥＰＯの利用を躊躇い、むしろ米国特許商標庁を自分たちの地域特許庁であるかのように利用しＥＰＯへの出願より米国への出願を優先させている実態が如実に物語っています。

これまで、欧州連合（ＥＵ）またはＥＰＣ締約国が手を拱いてＥＰＯのこうした対応を暗黙の内に認知してきたことが問題でした。結果的には、ＥＰＯをして欧州のイノベーションを沈滞させ、先進国間の特許制度調和を停滞させ、グローバル・イノベーションを矮小化させてきたとみるべきです。欧州域内外のユーザー企業は勿論のこと、日々実務対応を余儀なくされる欧州域内外の特許プロたちも、このことを決して見逃してならないことです。

その理由は、互いに特許システムを調和させる努力は、典型的には、ＥＰＯ型先願主義を唯一の特許理念であるかのように振る舞うＥＰＯを加えた先進国間の四半世紀以上の長きにわたるＷＩＰＯでの国際的ハーモナイゼーション議論に象徴されます。テーマの響きは爽やかでしたが、ＥＰＯを交えた特許システム調和論は、所詮、みせかけだけの国際シンポジウムのテーマのようなもので、当然、国際特許ルールの実現に結実することはなかった。そうした努力は徒労に終始してきたということです。

フロリダ会合から二〇年

ともかくもフロリダ会合から二〇年経過した今や、ここでの第二合意事項以外は、第三合意事項のインフラ整備や特許情報政策による民間ユーザーのための情報サービスは、日米ＥＰＯでは完璧に整備され、また第一合意事項のＷＩＰＯ事務局を含む情報処理の電子化によるサイバーオフィスも今はいずれも当たり前の事実になっています。

なぜ共同特許審査のみがうまくいかなかったのかは、当時にあって以下の事情から容易に推察できたことです。

それには、米国の先発明主義手続とＥＰＯ型先願主義手続との埋まらない溝、またＥＰＯによるリアルタイムオペレーションを保障する出願（自動）公開前の審査と先公開主義の特許理念とに対する無理解および無視さらに各国特許法の実務上の標準化がされていない特許要件とりわけ進歩性要件の審査基準のバラつき等の事情が、挙げられます。

米国の先発明主義手続はすでに、先公開主義を前提する先願主義手続に切り換えられています。残りの事情は未解決のままです。それらは、ＰＰＨシステムを有効に機能させるため、今や早急に検討されるべき事情として浮上しています。

フロリダ会合は、一方でこうした表舞台の合意事項もありましたが、他方では舞台裏で特許法改正についてマンデートのあるGセブンの特許庁長官による非公式会合のための事前調整が行われていました。このときの最大の難関は、ここで米国のレーマン長官および次期長官になるディッキンソン長官代行の同意を得ることであったように思います。

二人の異色の米国特許商標庁長官

ここでブルース・レーマン長官について付言しておきたい。日本特許庁の伊佐山長官より四代前の麻生渡長官のとき、WTOのTRIPs協定合意の前年の一九九四年（平成六年）に、日米両国は長い特許摩擦を巡る貿易交渉の結果、ようやく特許合意に至り、両国の特許庁長官はLehman-Asou Accordにサインしています。このときの米国特許商標庁（USPTO）の長官がブルース・レーマンでした。フロリダ会合では彼は、在任五年の長きにわたり長官を務めていたことになります。レーマン長官は、かなりユニークな経歴をもつ人物でした。

歴代の米国特許商標庁の長官は、同庁が実務官庁であるため通常は特許弁護士の実務経験者が任命されるのですが、二代前のジェラルド・モシンホフ長官とレーマン長官は共に、そうした経歴のない議会工作などに長けた異色のコミッショナー（長官）ということになります。二人は共に、レーガン大統領時代の米国の特許戦略展開に深く関わっていた人たちです。

第一章で紹介した図表8（73頁参照）のように、レーガン政権は、「米国特許史のターニングポイント」に位置付けられる「米国の産業競争力復活の要であったプロパテント（特許重視）政策」を積極的に展開しています。カーター政権時代までの経済不振から米国経済を再生させた最大の要因の一つに位置付けられるプロパテント政策は、一九八〇年の産学連携法ともいうバイドール法（連邦制資金による研究開発の成果を幅広く活用できるようにした産学連携法）、一九八二年の特許高等裁判所に相当するCAFC（特許事件などの特定分野を専属管轄する合衆国連邦巡回区控訴裁判所）成立に関する法案の上院と下院での可決などの国内の知財インフラ整備、各国の不十分な知財保護に対する「アメとムチ（Carrot & Stick）」のバイ・ラテラル、ユニ・ラテラルの通商交渉の攻勢に象徴される対外政策など、アンチパテント（特許軽視）政策からプロパテント（特許重視）政策へのドラスティックな政策転換でした。

ジェラルド・モシンホフは、一九八〇年にNASAの顧問弁護士から特許商標庁長官に就任し、一九八五年に退官するまでの五年間、当時のボルドリッジ商務長官の信頼を得て、法曹界との調整など、米国特許戦略展開に深く関わった中心人物の一人でした。

一方、同時期に下院司法委員会スタッフ弁護士として一〇年の経歴を有する人物でカストマイヤー議員スタッフであったブルース・レーマンは、米商務省に属する弱小機関で予算的にも劣悪な特許商標庁の基盤強化策、例えば予算強化のための料金関連法（Fee bill）の議会工作など、レーガン政権の特許戦略展開のための議会工作で重要な役割を果たしていました。そのことについて、退官後のインタビューで元長官のモシンホフが高く評価していた人物でした。

レーマンは、一九八六年に日米共同特許庁構想を日本に提案したドナルド・J・クイッグ長官の後を受け、特許商標庁長官に就任したのですが、日米特許紛争に関わる機会の多かった筆者には、両長官とも米国のプロパテント（特許重視）政策を中心となって支えてきた人たちという印象です。レーマン長官は、在位五年で、マイアミでの三極長官会合を最後に退官することになります。

日米と日EPOのバイ会合

伊佐山長官は、米国特許商標庁のレーマン長官およびトッド・ディッキンソン長官代行とのバイ会合で、Gセブンの先進国特許庁による非公式会合の開催を翌年（一九九九年）の春に東京で開催する方向で、意見調整しました。レーマン長官およびディッキンソン長官代行は共に、特許法改正についてマンデートのあるGセブンの特許庁長官のみによる非公式会合が有意義なものであるとの認識を示し、かつ、同会合へのディッキンソン長官代行の参加を確約しています。

その際に伊佐山長官が提示した内容は、新規項目を含むTRIPs協定の見直しと、特許侵害訴訟を含む権利行使、WIPO関連の三点であり、EU幹部の参加も視野に入れていました。

次に、EPOのコバー長官とのバイ会合はどうであったのか。伊佐山長官は、このときにコバー長官に直截的な問いを投げかけています。問いは「EPOはWTO・TRIPsのような政策的事項について議論し得る権限を有しているか」、要は、政策的事項についてのマンデートがあるのかということ、および「そうした議論を主要国との間でやりたいと思うか」というものでした。正に通商プロの面目躍如という印象を与える問いかけであったように感じました。これに対するコバー長官の答えも実に明快でした。

「ＥＰＯにはその権限はない」という答えでした。要は、マンデートは与えられていないというものです。ただ主要国の特許庁長官同士の意見交換とか調整内容には「関心はある」とのことで、これはＥＰＯ幹部の非公式会合への傍聴が認められた理由でした。

フランス長官等との調整

伊佐山長官はさらに、フランス産業財産権庁（ＩＮＰＩ）長官のダニエル・アンガー長官と、一九九九年一月末には日仏特許庁のバイ会合を含め、英独米の三長官の賛同を得た非公式会合開催の調整を終えていました。

因みに、アンガー長官は、一九八七年にフランス産業・郵政・電気通信省の管理財務総局の副局長に就任し、八年間の経験を踏まえ一九九四年に産業財産権庁長官に就任しています。当時、フランスの特許法は、審査主義を採用し、直接に同庁に申請された出願に対しサーチレポートによって新規性および進歩性の特許要件を示し、新規性要件をクリアした発明を特許する仕組みになっていました。そうした事情のあるアンガー長官から伊佐山長官に、日仏特許庁の協力要請が、このとき届いていました。

伊佐山長官はなお、議題の調整については、ＥＰＯのコバー長官の立場を配慮し、ＥＰＯ関連事項を含めないことで議題についての事前調整を行っています。彼はまた、一九九九年三月以降特許法改正の国会対応を余儀なくされるため、議題調整は特許技監に指示した旨を英独仏の三長官とEU幹部に伝えています。

これを受け、冒頭に紹介したことですが、特許技監として筆者は同年三月に議題調整を兼ねて欧州を訪問し、英独仏の各特許庁長官およびEUのDG15（産業政策）のズーリック総局次長に面談し意見調整をしました。このときの非公式会合の意図は、未完のWTO・TRIPs協定をしっかりとした国際特許ルールに仕上げるための先進国間の確認と事前調整でした。

新興国の特許事情は考慮の外

振り返ると、その意図には途上国の中国または新興国の韓国などの特許事情は全く考慮されていなかった。当時、WTOの世界が生み出した新興国がこれほどの勢いで高度成長するとは、当時、誰も全く想定していなかったということです。

典型は、今日の中国の特許事情です。二〇一六年の中国企業の中国特許庁への国内出願の申請が年間一二〇万件に達すると、誰が想定し得たでしょう。対比されるのは科学技術および特許先進国のトップを走る米国の特許事情です。米国企業の米国特許商標庁への国内出願の申請は三〇万件です。米国の国内出願は中国の国内出願の四分の一という事実を知ると、米中貿易特許戦争の根の深さが、より鮮明です。

非公式会合の概要

二日間にわたり東京で開催された非公式会合の概要の一部を紹介すると、各国長官のプレゼンテーションと、それに関するディスカッションが中心でした。各国長官は以下のリポートを行い、討議をリードしました。

紹介すると以下の通りです。

米国は「二一世紀における先進技術（バイオ、ソフトウェア等）の保護の在り方」について、生命科学特許のチャクラバティ特許事件（米国最高裁が一九八〇年六月に生物［微生物］自体の発明に特許適格性を認めた事件）や金融ビジネス特許を例に問題提起をしています。

ドイツは「早期公開制度と先願主義手続の透明性のあるルール化と研究者の救済手段としてのグレース・ピリオドの在り方」を積極的に提起しています。これは、当然ですが米国が先願主義手続に転換することを想定した内容で、正に先見の明ありというべきです。

日本は「合理的特許取得手段の改善（適正な特許要件の提示）と国際的な特許制度調和の促進」をどのように進めるべきかについて問題提起をしています。

フランスは「効果的権利行使の保障の在り方」について議論をリードし提案をしています。

英国は「技術革新のための特許庁（特許行政）の役割、特許情報の普及、料金政策、技術移転政策等」を例に、特許庁は実務官庁に止まらず行政庁として機能と役割の強化を謳い、議論をリードしています。

またオープン・ディスカッションとして、日本議長による「次期ＷＴＯラウンドの知財マターの扱い」も討議されました。

二〇年前に東京で開催された非公式会合でしたが、今日の国際特許ルールのための課題の多くが提示されていることに改めて驚かされます。特に今からみると、唯一の技術系特許商標庁長官であるドイツのハウク長官の積極的提案は、実に示唆に富むものであったと、改めて感銘します。

日米による特許戦略設計

特許制度史の教訓

国際特許システムのルール化は、原則、それまたはそれらを通商マターとして裁かない限りは実現しません。紳士協定に限界があることは、ウルグアイ・ラウンドのＴＲＩＰｓ交渉の当初から同協定に至る過程において経験済みのことです。これは正に特許制度史の教訓です。Ｇセブンの特許庁長官会合は、改めて国際特許システムおよび運用のルール化をＴＲＩＰｓ協定以前の特許世界に戻してはならないということを伝えるものでした。

結論は、最初は日米両国の通商当局の主導によって日米両国の特許対話を再開することです。次に米ＥＵ間さらには日ＥＵ間で、国際特許システムの課題について特許対話を開始することです。

特許対話による課題のルール化

第一は、「出願日から二〇年の特許期間」の保障です。本人の責によらない喪失した特許期間の回復措置は、これに含まれます。また特許審査・審判のリアルタイムオペレーションも保障される必要があります。このことについて日米両国の間に認識の差はない。後はＥＵとの関係で決まります。ＥＵはＥＵ特許裁判所および共同体単一特許条約（ＣＰＣ）を実施する必要があります。これはＣＰＣに組み込まれるルールになります。特許侵害事件の訴訟で発明保護の規範をつくることができないＥＰＣ（欧州特許法条約）および締約国の特許審査を代行しているＥＰＯの運用との関係をどうするかは、ＥＵとＥＰＣ締約国との調整問題です。

因みに日ＥＵ経済連携協定（ＥＰＡ）の特許マターの第三三条三項に、日ＥＵは「それぞれの領域における単一の特許保護制度（統一された司法制度を含む）を定めることの重要性を認識する」としています。この司法制度はＥＵ特許裁判所を想定しているはずです。

第二は、日米で特許出願の日から一八か月経過後の出願公開前に審査を完了する特許審査システムを実現することです。そのために、まずは日米両国間で実効性あるＰＰＨシステムを実現することです。ＥＵは共同体単一特許条約（ＣＰＣ）の実施に当たり、もしＥＰＯにＣＰＣの共同体単一特許のための審査を代行させる場合には、米ＥＵ間および日ＥＵ間でも実効性あるＰＰＨシステムを実現する方策を検討する必要があります。これに関し、ＥＰＡの特許マターの第三三条五項には、日ＥＵは

「（略）出願人が効率的かつ迅速な態様で特許を取得することができるようにするため、調査及び審査の結果の相互利用（例えば特許協力条約に基づく利用その他の利用［注］）を促進する協力について十分に考慮する」としています。［注］には、「この利用には、特許審査ハイウェイに基づくものを含めることができる」として、ＰＰＨシステムの利用に言及しています。日米ＥＵの三極間でＰＰＨシステムが実現し、互いのワークシェアリング効果を想定すると、出願公開前の特許審査は、現実のものになると確信します。

第三は、日米ＥＵ三極間でＥＰＯ型先願主義すなわちセルフコリジョン手続の禁止を宣言し、同時に、オリジナル発明（または発明者）に「先公開発明権」を認める手続を提供することを宣言することです。これは、中国特許法のセルフコリジョン手続の禁止も視野に入ります。ただし日米両国間では、オリジナル発明に対する二重特許（ダブルパテント）禁止の適用について前後する同一発明に限り認めることとし、自明性（進歩性）の二重特許禁止にまでは拡大適用しないことで調整する必要があります。これにより、実効性あるＰＰＨシステムのインフラがようやく整うことになります。

第四は、日米ＥＵの三極間で先公開主義に基づく同一性型のターミナルディスクレーマ手続を実現することです。その際には、日米間で先行組と後発組との発明保護のバランスを図る一方で、先行組のオリジナル発明が過剰保護にならないよう自明性型のターミナルディスクレーマ手続を整理することが前提になります。

第五は、発明の進歩性また自明性という特許要件に関する特許の特異性を考慮すると、当該発明の審査を担当する審査官による認定のバラつきとか、特許侵害訴訟において当該発明の特許の有効性を当事者弁論で裁く判事による判例のバラつきとかが、ある程度避け難いことから、日米EUの三極間で、この課題のルール化を検討する必要があります。検討する中で、最大の課題は、特許要件の進歩性適用の判断基準を国際的に確立していくことになる、と考えます。これは当面、リアルタイムオペレーションを実現している日米が共同で、米国での最高裁判所の判例を基礎に問題となる特許を評価するような国際評価機関の創設も視野に入るものと思います。第三章で紹介した日本特許庁のオーソライズされた進歩性要件の審査基準と平仄が合うことは確認済みのことです。

第六は、日米EUの三極間で先公開主義に基づき出願のための一年間の猶予期間のグレース・ピリオドに限って、「先公開発明権」を実現することです。それは、イノベーション力を左右する科学技術の研究で論文発表に鎬を削る日々を送る研究者に提供されるべき手続です。発明保護の理念（特許理念）からすると、それは特許出願に先立つ研究論文発表の一年間の猶予期間を許容する「先公開発明権」の手続になります。これは二〇年前の非公式会合においてドイツのノルベルト・ハウク特許商標庁長官が提起し、議論をリードした課題になります。

因みに日EU経済連携協定（EPA）の特許マターの第三三条四項には、日EUは「実体的な特許法の国際的調和、特に、猶予期間（「グレース・ピリオド」—筆者注）、先使用権および継続中の特許出願の公開についての調和を促進するために引き続き協力する」と規定されています。またEPAの第五二条三項の「協力」には、日EUは「知財に関する国際的な規律の枠組みを改善するための活動

（既存の国際協定の一層の批准を奨励すること並びに知財に関する国際的な調和、管理、及び行使を促進することを含む）（略）について協力するよう努める」と謳っています。このことは、国際特許システムのルール化をシンポジウムのテーマのように扱うことは、最早、許されないことと考えるべきです。

第七は、少なくとも日米ＥＵの三極間では、互いに監視できる特許司法システムを整備することです。より具体的には、リアルタイムオペレーションで特許紛争を裁く特許司法システムを保障し、互いに同一事案の特許訴訟を監視できるようにすることです。そのためには、ＥＵの特許裁判所の創設は急がれます。正に急務というべきです。

特許は今や通商上の経済財です。その監視には、第三章で分析したように、特に日本における適正な損害賠償や和解手続など、特許司法システムとして国際的にバランスのある仕組みになっているかどうかの検証が含まれると考えます。そのため日本は、特許侵害訴訟のためのディスカバリー手続を導入し被疑侵害者の隠し玉を許さないようにすることが肝心です。

最後の第八は、特許訴訟の国際フォーラム・ショッピングを整備することです。欧州は、ＥＵに設立されるＥＵ特許裁判所が担うことになると想定されます。すでに高い評価を得ているドイツの知財および連邦地裁の技術系の判事の人たちが、その母体となるはずです。米国には世界の特許に関するルール化をリードしてきた米国の合衆国連邦巡回区控訴裁判所と称し得るようなＣＡＦＣが存在しています。

問題はアジア地域にあります。アジア地域における特許訴訟のフォーラム・ショッピングは、特許先進国の日本が担う以外にない。しかしながら第三章でみたように、日本の地裁および知財高裁の現状では、日米EUの三極の一翼を担う特許訴訟の国際フォーラム・ショッピング国になるなど、今はとても無理です。特許訴訟の国際フォーラム・ショッピング国になるための大前提は、特許先進国の日本の特許司法システム問題を「利用者」の視点と「経済合理性」の視点に加え「国際的」視点から、早急にかつ抜本的に見直す必要があります。その第一弾となるのは、特許法一〇四条の三を整理することです。それと同時に技術系裁判官の養成システムを立ち上げることです。

最近の新聞記事で「知財、英語で訴訟可能に」との見出しが躍り、「最高裁と官民で『国際裁判部』を検討」（日本経済新聞、二〇一九年三月一〇日付）を垣間見るにつけ、取り繕うような裁判所の姿だけが目立つようで気になります。本稿の始めに取り上げた『ザ・エコノミスト』が問題視する欠陥特許システムを再構築するような検討がなされているのだろうかという疑念は、残念ながら拭いきれていません。

世界の真の特許を守るために

我々は、今こそ未完のＴＲＩＰｓ協定をどうすべきかを考えるときです。世界の真の特許を守るために、その協定または代替する枠組みの中に特許のフリーライダー（ただ乗りする者）は決して許さないという国際特許ルールをいかに組み込み、いかに格上げしていくのか。日米二か国間の新たな通商協定が検討されるのであれば、ＴＰＰで凍結された特許マターにＴＰＰに組み込まれていない特許マターを加え、日米両国が率先して未完の国際特許システムを補完することによって国際的な科学技術や特許の巧妙な模倣戦略を阻止するしかない、と考えるべきです。

「知財保護ＷＴＯに限界」、米通商法三〇一条による「トランプ政権、対中制裁へ」という二〇一八年三月二三日の日経記事は、正に二年前に予感していた通りの出来事で、確かに対中制裁のタイミングは、正に今かもしれない。

マスコミは勘違いしているようにみえます。経済財の特許は、一義的には政治問題ではなく通商貿易問題です。米国は何年にもわたって米通商法一八二条に基づく『スペシャル三〇一条報告書』で警告してきたことであり、実態が変わらなければ、こうしたユニ・ラテラルやバイ・ラテラルの通商交渉を積み上げ、最終的にはマルチ・ラテラルの通商上の国際ルールに格上げしていくしかないのだと思います。「特許という財産」は通商上の経済財です。「盗んだら盗み勝ち」という特許発明の巧妙な模倣や明らかな窃盗行為は、最早許されないということです。

また「中国が知的財産権の強国になってきた」という記事も、正確な分析とはいえない。極論すると、中国は、トムソンロイターデータによる分析から明らかなように、発明の巧妙な模倣や明らかな窃盗行為が跋扈する「先進科学技術の模倣盗用に長けた「強国」にすぎない」という見方もできるということです。イノベータ国からすると、問題は、これで稼ぐという中国の通商特許政策がみえてくることです。米経済学者のローラ・タイソンは、トランプ政権による米通商法三〇一条に基づく制裁関税について、二〇一八年七月七日の『週刊東洋経済』のコラムで、背景には「中国は知的財産権を侵害したり、中国進出を望む外国企業に中国企業への技術移転を強要したりと、あらゆる手段を駆使し外国から技術を奪ってきた」と明言しています。

不思議な中国の特許システム

実務官庁の日・米・EPO・韓・中の特許庁による五庁会合開催の契機となった二〇〇六年のときの中国の特許出願は、二二万件でした。その内訳は、外国企業からの中国出願が九万件で、中国企業の中国出願が一三万件でした。今みると、そのときの中国の特許出願構造は極めてバランスがとれていました。

第二章で分析したように、まさか一〇年後の二〇一六年に中国企業による中国出願が一二万件から一二〇万件になるとは誰も予想していなかったことです。その間の、ZTEやファーウェイほか国有企業など中国企業から日米欧韓の主要四か国特許庁への出願、要するに、中国企業の海外出願は二〇一五年に至って三万件程度です。中国企業が膨大な中国出願をするメリットは何か。中国政府は「第一二次五か年計画」で、二〇一五年までに特許出願および実用新案出願の目標値である二〇〇万件を達成したと豪語する意図が分からない。特許先進国のつもりだとすれば笑止というしかない。ジャンクパテント（使われない特許）出願の山をまともな特許の山であるが如く褒めそやす日本のマスコミのお粗末さには、特許プロとして苦々しい思いを拭うことができない。金に飽かせた捏造行為の

図表1　日・米・中・EPOの特許出願件数の推移

（単位：万件）

		2000年	2006年	2010年	2015年	(2016年)
日本	全出願数	48.6	40.9	34.5	31.9	31.8
	日本人出願数	(38.9)	(34.7)	(29.0)	(25.9)	(26.0)
	外国人出願数	(9.7)	(6.2)	(5.5)	(6.0)	(5.8)
	外国への出願数	11.0		15.4	16.3	
米国	全出願数	33.2	42.6	49.0	58.9	60.6
	米国人出願数	(17.6)	(22.2)	(24.2)	(28.8)	(30.4)
	外国人出願数	(15.6)	(20.4)	(24.8)	(30.1)	(30.2)
	外国への出願数	17.3		10.0	12.1	
中国	全出願数	12.2	21.0	39.1	110.2	133.8
	中国人出願数	(2.5)	(12.2)	(29.3)	(96.8)	(120.5)
	外国人出願数	(9.7)	(8.8)	(9.8)	(13.4)	(13.3)
	外国への出願数	0.3		1.2	3.2	
EPO	全出願数	14.3	13.5	15.1	16.0	15.9
	EPO出願数	(6.2)	(6.6)	(7.4)	(7.6)	(7.6)
	外国人出願数	(8.1)	(6.9)	(7.7)	(8.4)	(8.3)
	外国への出願数	15.4		13.8	16.2	
世界	全世界	137.3	179.1	198	288.9	
	（除く中国）	125.1	158.1	159	178.7	

注：外国への出願数：五大特許庁（日米中EPO韓）間相互の出願数の合計
出典：『特許庁年報』2000年版～2018年版

なせる業とでも評すれば、いいのでしょうか。

　図表1は、日・米・中・EPOの特許出願推移です。二〇〇六年～二〇一五年の一〇年間に全世界の特許出願は、一八〇万件から二九〇万件と異常増加しています。ところが、中国のみを除くと全世界の出願は、増加分が一〇年間で二〇万件程度と適正推移であることが分かります。問題は図表1から鮮明です。

　増加分が一〇年間で一〇〇万件の中国企業の中国出願の推移をどう理解すればよいのか。創造的破壊の連鎖などは、全く考えられない。見解を問われれば、それは国を挙げての特許および新技術の窃盗行為の煙幕以外に思いつかない。それはまたまともな特許システムおよび当該システム運用によるものではない。それは明らかに通商上の非関税障壁に類するものです。この異常現象は、処理不能な特許文献によって国際特許システムを破壊するものであって最早、各国勝手が許される事態ではない。直近の新聞記事の「米中、技術覇権争う」は、まともな新技術と模倣技術との争いという様相しか思い浮かばない。中国は一方的に「ハイテク分野で世界の覇権を握ろうと野心をむき出しにしている」という米経済学者のローラ・タイソンの指摘こそが、まともな認識というべきです。

特許プロの常識からすると、一国の一二〇万件の特許出願は、何とも異様で理解し難い特許制度の歴史上、初めてみる魔訶不思議な数値です。国際特許ルールのシステム構築に先立ち、日米のイニシアティブで中国が作り出した異常環境には直ちに対応すべきでしょう。特許庁は、通常は実務官庁です。実務官庁同士の意見交換を旨とする助け合い精神が肝心と考えているのだとすれば、それは、巧妙な模倣で国際競争力を発揮している新興国の「正の連鎖」を助け先進国の「負の連鎖」を塩漬けにするようなものです。

共通する経済事象は「フェアの連鎖」でなければならない。トランプ政権が米通商法三〇一条に基づき知財侵害の制裁措置を表明した背景にある事実は、「アンフェアの連鎖」で国際特許システムを破壊する中国の異常な特許政策にあると考えるしかない。

ところで、「Gセブンの特許庁長官たちの非公式会合」を紹介する中で、今日の中国の特許事情について、米国の国内出願は中国の国内出願の四分の一という事実を知ると米中貿易特許戦争の根の深さが、より鮮明になると指摘しました。その根の深さを象徴するような中国の知財訴訟に関するホット情報が、本稿の校正中に突然、中国の法律事務所から飛び込んできました。それに触れないのはフェアではないので、ここに紹介します。それは、二〇一九年一〇月一六日に北京知財裁判所の副長官(Jinchuan CHEN)の講演で発表された内容の要約(Summary of The Trail of Foreign intellectual property cases in the Beijing intellectual Property Court)です。それはよると、「二〇一九年の上半期で受理した外国国籍の当事者と中国国籍の当事者とによる知財訴訟は一三七三六件で、伸び率は年率八・四%、その外国国籍の当事者には香港、マカオ、台湾は含まれていないとのこと、また同じ上半期に処理されて決着した裁判所と行政庁とで争った知財事件は一〇七五五件で、伸び率は年率四〇・四%とのこと、外国国籍の当事者が裁判所で勝訴した割合が六八%、行政事件で勝訴した割合は四九%、また知財訴訟で決着した賠償額の平均が一九万二二二〇ドル」という調査内容が含まれます。しかし、知財事件の総数に占める、七知財の内の特許事件がどの程度であるかは不明です。ただし「技術関連の事件(特許侵害訴訟のことか—筆者注)の内、賠償請求額の八七%超が賠償額として認められている」と紹介されています。今のところ真偽のほどは確かではないのですが、要約内容とはいえ驚くような数値の列挙であることは確かです。

第三章の「特許紛争解決の実態の分析」の中で中国の特許等侵害訴訟の多寡について触れ「中国の特許侵害訴訟の実態は闇の中」と指摘しました(214頁)が、これはその一端を垣間見せる情報でしょうか。しかし、これ程の詳細情報が、なぜ今、公にされたのかは、よく分かりません。米国向け知財情報の発信ということでしょうか。

日本の特許戦略（ＰＰＨシステムの標準化）

対外戦略

一方、日本はどうすべきかです。第三章で縷々説明してきたことですが、今は、少なくともアジア地域のフォーラム・ショッピング国に相応しい特許司法制度を実現することが先決だと思います。そうした前提に立ち、日米のイニシアティブで両国は通商的課題として特許庁間で互いの特許法改正をも視野に入れ、ＰＰＨシステムを実践的に作動させ、互いにワークシェリングする特許審査を実現することです。

そのために、特許要件の進歩性適用の判断基準を国際的に確立する国際評価機関の創設を含む特許システム検討委員会およびＰＰＨシステム実行ワーキンググループを日米両国特許庁に立ち上げるのも一案です。同検討委員会を立ち上げる際に、互いの特許ユーザーがサポートする特許プロおよび通商プロ合同ワーキンググループで構成されるのが相応しい。

検討項目は、当然、第四章に示した「発明公開代償による国際特許ルール」になると考えます。それは、「新規で有用な発明を世の中に提供した代償として一定期間、その発明を排他的に独占する権利を付与する」ことです。それを保障する特許システムは、今のところＴＲＩＰｓ協定における「出願日から二〇年の特許期間」のみですが、最終形態は、第四章で提示した六つの国際特許ルールを、まずは日米交渉で合意し日米の特許システムとして完成させることです。さらに、少なくとも日米EUの三極間で互いに監視できる特許司法システムを整備し、互いに同一事案の特許訴訟を監視できるようにし、日米欧三極に特許訴訟の国際フォーラム・ショッピングのインフラを整備することです。そのためには、日本も被疑侵害者の隠し玉を許さないディスカバリー手続を導入することです。

同様に、逐次、米EU、日EUの間に、そのための特許プロと通商プロで構成される日米EUの三極特許マター検討委員会を立ち上げ、最終形態は、米EUまたは日EUの二極あるいは日米EUの三極交渉で合意し、EUの共同体単一特許条約（CPC）の特許システムを六つの国際特許ルールに基づき可及的速やかに構築するよう促すことです。これがEU特許裁判所と一体で運用される姿こそ、グローバルに展開される巧妙な模倣や明らかな窃盗行為を抑え込み、イノベーション機能を発揮する特許システムとなり、日米EU間で目標とする国際特許システムに仕上がるものと考えます。

目指すべき日本の特許システム

最終形態のPPHシステムは、特許保護に関する国または地域独立の原則という属地主義の呪縛から解放された、発明保護の理念（特許理念）に基づく多国間ルールを構成する標準化された特許審査システムとなるものです。具体的には、早期公開前審査、先公開主義による審査を保障し成立した特許の有効性は、原則職権探知主義で裁かれることを併せて保障するものです。

図表2　適正保護／適正競争（過当競争排除）の実現

わが国は、国際的観点による、
知財司法の制度／運用のレビュー
知財弁理士・弁護士の制度／運用のレビュー
知財行政の制度／運用のレビュー
が求められており、とりわけ特許行政について、
・特許出願後18か月後に強制（早期）公開制度の運用改善（早期公開前審査の義務化、審査請求制度の廃止、早期公開を悪用した虚偽発明／模倣発明等の規制等）
・クレーム（請求項）の多項制の運用改善（発明のクラスター化による特許の奨励＝巧妙な模倣対策）
・特許期間の実質的保障（少なくとも20年の存続期間）
・１年間の猶予（グレース・ピリオド）期間（論文競争と特許の調整）
・引用発明の立証問題（虚偽記載の立証手段）
・国際ルール化事項（早期公開前の審査、ターミナル・ディスクレーマの国際ルール化、セルフコリジョンの国際的禁止等）
の検討が急がれる。

そうした想定によると、最重要な日本の特許政策は、まずは特許訴訟に技術系判事を配することです。それにより弁論主義の徹底、「侵害し得」とはならない適正な損害賠償の算定、および、特許訴訟前後の証拠保全手続、科学技術研究との調整規定である猶予期間（グレース・ピリオド）手続に基づく規定等の見直しを併せて行い、ウルグアイ・ラウンドのＴＲＩＰｓ交渉が目指したノルム（norm）の発明保護基準のルール化と権利行使（enforcement）の特許の独占実施を保障するルール化の徹底を図ることだと考えます。

特許理念と適正競争の実現

国際特許システムの設計は、図表2に示す、創造的破壊の発明を適正に保護する仕組みを目指し、適正競争を実現することに尽きます。これが結論です。

まとめると、三点です。

第一は、「特許という財産」は、ＴＲＩＰｓ協定の締

結以降、通商上の経済財であって、問題があれば全て通商問題です。各国の特許政策といえども、それらは国際交渉を含む国際ルールメイキングの問題だということです。特許システムについては、国際競争ルールとして未完のままですので、これを整合性のある枠組みに創り上げるということです。創造的破壊機能を組み込んだ枠組みをどのように創り上げるのか。分かり切ったことですが、それは発明保護の理念（特許理念）と整合するシステムおよび運用を目指すことです。

第二は、技術開発成果の適正保護と適正競争の保障です。わが国の場合には国際的観点から特許司法制度および運用のレビュー、弁理士・特許弁護士の制度および運用のレビュー、さらには図表2に示す課題についての特許行政の制度および運用のレビューなど、これらを速やかに実践に移していくことです。前提となるのが、第三章の無効の抗弁のための新たな方策として「技術系特許弁護士・裁判官の必要性」で指摘した技術系判事の登用です。真の特許を世界的に保護するために「通商上の経済財」の特許について技術的判断を適正に行う技術系判事です。特許プロの中には、そうした資質を身に着けた人材が生まれているのです。

第三は、本格的ＰＰＨシステムの標準化の実現です。これはワークシェリングに象徴される特許審査の実施機関の課題であると同時に、発明の適正保護と適正競争を保障する通商上の課題にもなります。これを単なる二国間の特許庁の取決めとか協定に終わらせてはならないのです。最終形態は、各国特許法にビルトインさせるべき課題になるものと考えます。発明保護の理念（特許理念）に立脚すると、「出願日から二〇年の特許期間」のうち発明公開の代償に見合う特許期間は、当然保障されます。こうした観点から、特許法による特許システムおよび運用を標準化し、記載要件とか新規性、進歩性要件などを整合性のあるものに仕上げることです。

最後に

二〇〇〇年に本格化したＷＴＯのＴＲＩＰｓ協定は、まもなく二〇年目を迎えます。その恩恵を受けた新興国の経済発展は目を見張るものがあります。今は、この節目に、世界の真の特許を守るための世界共通の創造的破壊の特許システムを実現し、それによって特許先進国のみならず新興国においても、科学技術の適正競争を実現しグローバル・イノベーションによる経済発展を目指すときです。

後書き

『特許制度七〇年史』から一言

一九五五年（昭和三〇年）に『特許制度七〇年史』が上梓されました。ときの通商産業大臣の石橋湛山は、その巻頭言の中で「わが国の今日の特許制度に堅い基礎を築いた故高橋是清氏」に触れ、「特許制度の真価を認識し、これが確立に力を尽くすだけの心がけをもつ国において、初めて産業の発達は期待しうる。こういうことを、わが特許制度の歴史は語るのではないか。」と、特許制度七〇年史を編んだ志を披瀝しています。認識の深さにはただ敬服するばかりです。

『特許制度七〇年史』の「特許庁の思い出」に登場する明治から大正にかけ、特許庁に奉職した人たちの中で、先発明主義から先願主義への転換期の大正一〇年（一九二一年）法改正に係った元特許局機械部長の三根繁太氏は、次のような大変興味深い話を披露しています。因みに彼は明治四一年の東大工卒で、三二年間、機械分野の審査審判に従事し、課長として大正一〇年法改正の衝にも当たった人物です。

興味深い話の第一は、明治三八年（一九〇五年）に制定施行されたドイツの実用新案法に倣った先願主義の実用新案法と整合させるために、最適の特許システムとして高橋是清によって評価導入された制度創設以来の日本特許法の最先発明特許主義（先発明主義）を一蹴し、最先出願特許主義（先願主義）に切り換え、結果、「今日におけるようにスッキリしたものになった。もっとも発明抵触手続（複数発明の後先を決する審査手続―筆者注）は、本家のアメリカにおいても、余りに完備した手続がかえってしばしば公衆の怨嗟の的になるとの批判がある位であるから、上記の改正は本家を一歩追い越したことになる訳であった。」と述べ、最初に明治三八年に導入された先願主義の実用新案法有りというコメントには、些か面食らいます。

興味深い話の第二は、特許範囲確認審判の経験から特許請求の範囲の記載要件を強化する意図で「特許請求の範囲には発明の構成に欠くべからざる事項のみを一項に記載すべし」の一項を特許法改正に加える提案をし、特許の権利解釈のバラつきの防止を同特許法の施行規則に組み入れることで図ったということです。実用新案法と同様に新興国ドイツの特許法に倣った単項制手続の誕生です。そのため制度創設以来の多項制手続を止め、再び多項制手続が復活する一九八八年まで、日本はガラパゴス特許法を甘受することになります。自己の新製品や新技術が他社から特許侵害と警告されないような防衛的特許の取得には単項制手続で十分ですが、新製品や新技術で他社を牽制しながら新市場を形成するようなイノベーティブな発明の特許を積極的にビジネス展開するには、単項制手続での対応は困難を極めます。そのため、単項制手続の審査でもカテゴリーの異なる方法と装置のような併合出願は認められていました。ところが、単項制時代の審査実務では、例えば製造工程の組み合わせからなる装置と製造工程の組み合わせからなる方法の発明が併合出願された場合には、ときに当該装置と当該方法とは実質的に同一発明であると認定し、いずれか一方を選択するようにという内容の拒絶理由通知がまかり通っていました。ビックリするような話ですが、筆者にも、権利行使の実態を知らずにそうした審査実務を先輩審査官から指導を受け、実施していた時期がありました。正に弁解の余地なしです。

興味深い話の第三は、彼が弁理士になり生産現場での苦心が並大抵でないことを痛感し慨嘆したことを披瀝しています。筆者にも共感する内容です。その内容とは、「明細書は、発明の目的とする課題を解くところの秘密公開の文書すなわち解答である。これを読めば専門智識を有する限り、誰にでもわかるはずである。これを審査の俎上に持ってきた場合、審査では問題と解答とを同時に見るのであるから、あたかも種明かしをした手品をみるようでさっぱり感心が起こらない。いずれをみても尋常茶飯事に見える。（略）往々にして創造性の所在を否定する禍根となる。ことに問題（しばしば難問を含む）に対する解答が簡単であればある程、一層平凡視される虞がある。しかるに、発明の方ではそれがかえって苦心の所産である場合が多く、かつ、手段が簡単である程、工業的価値は増すのである。この理屈は、ようやく後年になって悟り得たのである。」と、新発明を後知恵で評価してしまう過ちに陥るという感慨を吐露しています。

現行特許法の一〇四条の三に基づき特許の有効性を判断する判事たちは、こうした轍を踏んでいないことを願うばかりです。

彼は、さらに一九五九年（昭和三四年）の戦後初の特許法改正について、「今次の法規改正に当って、憲法に特許制度を設ける目的を明示するか、しからずんば、特許法の劈頭に立法目的を掲げて誤用濫用の余地なからしめられんことを切望するものである。」と結んでいます。

日々特許実務に携わりながら二〇年近い経験を踏む中、本稿を纏めなければならないという気持ちは、三根繁太氏の最後のコメントと共通するものがあります。

二人のサポータ

またこの気持ちを後押ししてくれた二人の人物に触れずに、本稿を閉じることはできない。

一人は、筆者が代表取締役を務める株式会社特許戦略設計研究所の社外取締役に就任し筆者をはじめスタッフに対する厳しい基礎的実務指導と教育を無償で請け負い、当社および筆者が代表弁理士の特許業務法人ピー・エス・ディ事務所の立ち上げを陰に陽にサポートした中村合同特許法律事務所のパートナーである弁理士の大塚文昭氏です。『特許法通鑑』（一九九六年　発明協会）を上梓し、本稿で紹介引用させて戴きました。また、特許審査および裁判所の実務における進歩性要件の融通無碍ともいうべき適用に国際的視点から一石を投じ、国際的に通用する進歩性の適用基準と実務についてわが国で初めての論説『米国における発明の進歩性判断について』（『パテント』[vol.44, No.10] 一九九一年　48～56頁）を世に問うた特許プロです。筆者には、かけがえのない大恩人の先生です。先生からは本稿について、独断と偏見が多すぎると厳しいご批判とご指摘を頂きました。それらは浅学な筆者の対応能力の限界を越えており、十分に対応できたかどうか甚だ疑問といわざるを得ないのですが、先生の著作および論説の本稿での紹介引用は全て筆者の責任によるものであることをお断りしておきます。

他の一人は、第二章で紹介したグリーンアーム株式会社ＣＥＯの細川恒氏です。細川氏はむしろ、旧通産省で国際経済課長としてウルグアイ・ラウンド交渉の全体を仕切り、また通商産業審議官として日米貿易交渉で名をはせた元官僚で、退官してからは起業を通じ「細川ネットワーク」とも称すべき人材インフラを駆使し自ら構想したビジネス概念の商標化、特許化を図り、新ビジネスを展開してきた、正に異色のＣＥＯです。筆者には大先輩になりますが、退官後には『大競争時代の通商戦略』（一九九三年　日本放送出版協会）を上梓しており、そこからはウルグアイ・ラウンドの交渉項目を巡る水面下での日米、日欧の鍔迫り合いなどがみて取れます。二年前に筆者が講演内容を相談したときに筆者の尻を叩き、講演だけに終わらせずに一特許プロの気概をもって本に纏めるよう促してくれました。本稿にも丁寧に目を通していただき、様々な切り口の厳しい意見を賜りました。誰に読ませたいのか、どのような読者を念頭に纏めたのかなど、はたと戸惑うご指摘がある一方で、最後まで修正を諦めず仕上げるようにと励まされています。

お二人のご指摘、ご批判がなければ本書が世に出ることはなかったと確信しています。また、お二人のご指摘等に十分にお応えできない自らの不甲斐なさに苛立ちますが、この辺が限界と思い仕上げとしました。

特許庁を仕切る方たち

最後に、筆者が特許庁に奉職した頃の話を交え、関わった人たちへの思いを込め紹介させていただきます。敬称は略させていただきます。

筆者の特許庁入庁は一九六八年でした。米国のＧＭ、フォード、クライスラーのビッグスリーが欧州に上陸し、次は資本自由化する日本だといわれ、世界企業のＩＢＭやＧＥが圧倒的な迫力で迫るような時代で、今から考えると隔世の感があります。当時は、欧米、特に米国との圧倒的な技術格差が取りざたされていた頃です。中堅の特許庁技官グループが主体的にまとめた『明日をひらく特許—技術の躍進のために—』（昭和四三年　特許庁編）は、欧米との圧倒的な技術格差を特許データに基づき分析し、日本企業への警鐘と提言を含む、当時注目されたわが国初の「特許白書」でした。その中心になった先輩は、後に特許技監となる本邦初の日本特許情報機構を立ち上げた城下武文（故人）と斎田信明（故人）の両先輩でした。何も知らずに入庁した筆者には、まぶしいような先輩たちでした。

また、通常一年から二年という短期間に長官として特許行政を仕切られた方々についても触れておきたい。

その人は、情報化時代に向けた特許システムの転換期を仕切った長官です。旧通産省の外局で予算的にも弱小機関で劣悪な日本特許庁の基盤強化策として特許特別会計制度を立ち上げ、現特許庁庁舎の建設を提起し、霞が関でのサイバー・オフィスの先駆けとなる特許庁のペーパーレス・システムの実現を促し、途上国が大勢を占めるＷＩＰＯのマルチ会合の限界を察知し国際的枠組みに日米二極または日米ＥＰＯ三極の特許庁会合を新たに立ち上げ、国際特許システムをＷＩＰＯマターからＷＴＯマターへと繋げた長官、その人が若杉和夫（故人）長官です。中曽根政権の土光臨調の真只中で特許庁長官の二年在任後に通商産業審議官に転任し、日米の知財問題を含む対外通商問題も総括しています。若杉長官と一体で行動を共にされたのが斎田信明特許技監です。

次に紹介したい人は、ウルグアイ・ラウンドの交渉開始時に日本の特許戦略展開を仕切られた黒田明夫長官です。在任僅か一年でしたが、黒田長官は日本特許庁に国際課と従前の審議会に国際部会を新設し、特許を含む知財を通商マターに衣替えさせた長官という評価がぴったりします。そのときに特許審査部から国際課長に転任し上司として共にガットのＴＲＩＰｓ交渉に携ったのが油木肇先輩であり、また特許法改正の審議室長を担当したのが次に紹介する人物です。

高度成長期の日本特許法については、ガラパゴス特許法と揶揄されてきた大正一〇年法以来の流れで独自進化してきた日本特許法の補正手続や特許の権利範囲を画定する「特許請求の範囲」について、アンシャンレジームとも称すべき「要旨変更」概念を「ニューマター禁止」へと切り換え、一方的な「必須構成要件」認定を制限するという近代的な補正手続へと切り換える法改正を手掛け、また単一制手続の「特許請求の範囲」の記載を特許理念に基づく近代的な「請求項」を複数認める多項制手続に切り換える法改正を手掛けられたのは、現最高裁判所の山本庸幸判事です。現役で今も活躍されていることは、特許プロにとって、誠に心強い限りです。最新情報ですが二〇一九年九月にご退官され、今後は弁護士としてご活躍されると伺っております。

さらにWTO・TRIPs合意を受け平成五年および六年（一九九三〜四年）の日本特許法の抜本見直しを行う際に特許審査部・審判部と総務部・総務課の制度審議室（小林健二審議室長）との、いわゆる技官と事務官との共同作業体制で仕切ることができたのは、戦後の特許法改正では初めての出来事ではなかったかと考えています。そのときに筆者と共に特許庁の特許審査部に所属しながら作業部隊の筆者らを陰に陽にサポートしてくれた油木肇先輩と、Gセブンの特許庁長官非公式会合を舞台裏で国際課長として差配した後輩の守屋敏道とは共に、現役時代から今まで筆者を見守ってくれた戦友のような人たちです。感謝すべき現役時代の戦友は多いと思い込んでいますが、油木肇特許技監と守屋敏道特許技監の二人の存在なくして今の自分はないと実感しているところです。

本書のタイトル

本書を『創造的破壊の特許—世界の真の特許を守るために—』とあえて講演のときと異なるタイトルに切り換えた理由は、特許世界にあって、筆者が次のような事象に深く関わる機会で得たという思いによります。その思いとは、ＷＴＯ協定の附属書一Ｃに規定されたＴＲＩＰｓ協定（Agreement on Trade Related Aspect of Intellectual Properties—知的財産権の貿易的側面に関する協定—）の特許合意が国際ルールとしては未完のままで妥結し、それに先立つ日米特許対話でも合意に至らなかった特許問題が未解決のままで積み残されたことです。そうした認識でＷＴＯ・ＴＲＩＰｓ協定の二〇年を鳥瞰すると、韓中の高度経済成長と日米の低成長経済とは、背景に機能していない国際貿易ルールを感じざるを得ない。その最たるものが創造的破壊機能をもつ特許マターではないかという認識でした。

筆者には、米国が仕掛けた米中貿易戦争は米中特許戦争という認識になります。日本もまた一〇年前に、日韓貿易問題として特許戦争を仕掛けるべきであったのではないかという思いがあります。

今回、筆者の長年の念願であった通商と特許との関係や国際特許システムの課題について、一般読者にも関心をもってもらえるように仕上げたいとの思いがありました。それが徒労でないことを願うばかりです。

幸運にも株式会社中央公論事業出版の代表取締役社長の中田哲史様に粗原稿に目を通して戴き、営業部長の神門（かんど）武弘様には微に入り細に入りご指導を戴きながら修正等を加え、出版の運びとなる僥倖に恵まれました。両氏には深く謝意を表する次第です。

最後に、三年前の日本弁理士会での講義内容について、特許プロからのメールを勝手ながら紹介させていただき、全体の話を閉じます。

——金曜日は、大変内容の濃い、貴重なご講義をいただき誠にありがとうございました。私も含め、審査請求制度や公開制度など、特許制度の基本的な部分については疑問を抱くことなく既定のものと受けいれてしまっている方がほとんどであると思います。よって、これらの常識と思っていた制度が、スピーディな権利化や権利活用を妨げたり、新興国への技術流出やただ乗りを助長し、日本の経済的停滞をもたらすとは思ってもおらず、講義を聴かれていた皆様は、驚きとともに、新たな視点の持ち方を発見されたのではないかと思います。『創造的破壊の特許制度』を楽しみにしております。——

著者略歴

佐々木信夫（ささき　のぶお）

1944年生まれ、出身地 北海道（留辺蘂町）

68年武蔵工業大学卒業、特許庁入庁、71年審査第三部（物流機械）審査官、74年通産省官房総務課企画室係長、77年ジェトロ海外研修生（ワシントンD.C.）、78年審査第三部（物流）審査官ほか（併任）特許制度問題検討委員会委員（～79年）、81年総務部総務課長補佐企画室長、84年（併任）特許特別会計導入検討ＷＧ委員、86年審査部日米共同特許庁構想検討作業WGリーダ、同年総務部国際課多角的交渉対策室長、88年総務部調査官、89年審査第二部調整課審査基準室長、90年総務部国際課長、91年審査第四部医療審査長ほか審査・審判部制度改正（平成5年及び6年特許法改正案）検討WGリーダ兼任、93年審査第二部上席審査長（農水産）、94年審査第二部調整課長、96年審査第三部長、97年審判部長、98年特許技監、99年通商産業省・特許庁退官。

その後、北海道大学客員教授、北海道TLO（株）技術顧問、北海道東海大学環境研究所教授、札幌医科大学客員教授を経験し、その間に（株）特許戦略設計研究所代表取締役、特許業務法人ピー・エス・ディ代表弁理士として現在に至る。

主な論著

「揺籃期の特許制度」雑誌『発明』Vol.77 no.7～12, Vol.78 no.1～8：1979/7-1980/8（発明推進協会）

「日米特許制度の比較、検討」『[ワールドワイド知的財産権] 激突から大調和へ』椎名素夫編、1994年（ダイヤモンド社）

「我が国の特許制度―国際標準化を目指して―」BUSINESS REVIEW（イノベーションと特許)、46巻4号：1999年（一橋大学イノベーション研究センター編／東洋経済新報社）

「地方から見たわが国の科学技術と知財～地方を拠点に活動をする一知財人の見解」雑誌『Patent』2010年10月号（日本弁理士会）

「日米特許対話の今日的評価」『知財立国の発展へ』編集中山信弘ほか、2013年（発明推進協会）

「大丈夫か日本の知財戦略（9）安倍政権　三本の矢　成長戦略と特許政策」雑誌『科学フォーラム』2013年10月号（東京理科大学出版会）

創造的破壊の特許 ―世界の真の特許を守るために―

2020年1月9日　初版印刷
2020年2月1日　初版発行

著　者　佐々木信夫

制作・発売　中央公論事業出版
〒101-0051　東京都千代田区神田神保町1-10-1
IVYビル5階
電話　03-5244-5723　URL http://www.chukoji.co.jp/

印刷／藤原印刷　製本／松岳社　装丁／studio TRAMICHE

ISBN978-4-89514-505-3 C3050